枯竭油气藏型储气库开发建设系列丛书

地面工程建设管理

刘中云　编著

中国石化出版社
·北京·

图书在版编目(CIP)数据

地面工程建设管理 / 刘中云编著. — 北京 : 中国石化出版社, 2021.6
ISBN 978-7-5114-6125-4

Ⅰ.①地… Ⅱ.①刘… Ⅲ.①油气田-地面工程-工程管理 Ⅳ.①TE4

中国版本图书馆 CIP 数据核字(2021)第 092656 号

中国石化出版社出版发行
地址:北京市东城区安定门外大街 58 号
邮编:100011 电话:(010)57512446
发行部电话:(010)57512575
http://www.sinopec-press.com
E-mail:press@sinopec.com
北京捷迅佳彩印刷有限公司印刷
全国各地新华书店经销
*
787 毫米×1092 毫米 16 开本 15.50 印张 377 千字
2023 年 12 月第 1 版 2023 年 12 月第 1 次印刷
定价:138.00 元

序

我国天然气行业快速发展，天然气消费持续快速增长，在国家能源体系中的重要性不断提高。但与之配套的储气基础设施建设相对滞后，储气能力大幅低于全球平均水平，成为天然气安全平稳供应和行业健康发展的短板。

中国石化持续推进地下储气库及配套管网建设，通过文96储气库、文23储气库、金坛储气库、天津LNG接收站、山东LNG接收站、榆林—济南(榆济)管道、鄂安沧管道以及山东管网建设，形成了贯穿华北地区的“海陆气源互通、南北管道互联、储备设施完善”的供气格局，为保障华北地区的天然气供应和缓解华北地区的冬季用气紧张局面、改善环境空气质量发挥了重要作用。

目前，国内地下储气库建设已经进入高峰期，中国石化围绕天然气产区和进口通道，计划重点打造中原、江汉、胜利等地下储气库群，形成与我国天然气消费需求相适应的储气能力，以保障天然气的长期稳定供应，解决国内天然气季节性供需矛盾。

通过不断的科研攻关和工程建设实践，中国石化在储气库领域积累了丰富的理论和实践经验。本次编写的“枯竭油气藏型储气库开发建设系列丛书”即以中原文96储气库、文23储气库地面工程建设理论和实践经验为基础编著而成，旨在为相关从业人员提供有益的参考和帮助。

希望该丛书的编者能够继续不断钻研和不断总结，希望广大读者能够从该丛书中获得有益的帮助，不断推进我国储气库建设理论和技术的发展。

中国工程院院士 [signature]

前　言

地下储气库是天然气产业中重要的组成部分，储气库建设在世界能源保障体系中不可或缺，尤其在天气变冷、极端天气、突发事件以及战略储备中发挥着不可替代的作用，对天然气的安全平稳供应至关重要。

近年来，我国天然气消费量连年攀升，但储气库调峰能力仅占天然气消费量的3%左右，远低于12%的世界平均水平，由于储气库建设能力严重不足，导致夏季压产及冬季压减用户用气量，甚至部分地区还会出现“气荒”，因此加快储气库建设已成业界共识。

利用枯竭气藏改建储气库，在国际上已有100多年的发展历史。这类储气库具有储气规模大、安全系数高的显著特点，可用于平衡冬季和夏季用气峰谷差，应对突发供气紧张，保障民生用气。国外枯竭气藏普遍构造简单，储层渗透率高，且埋藏深度小于1500m。我国枯竭气藏地质条件复杂，主体为复杂断块气藏，构造破碎、储层低渗、非均质性强、流体复杂、埋藏深，这些不利因素给储气库建设带来巨大挑战。

我国从1998年就已经开始筹建地下储气库，20多年来已建成27座储气库，形成了我国储气设施的骨干架构，储气库总调峰能力约$120\times10^8m^3$，日调峰能力达$1\times10^8m^3$，虽在一定程度、一定区域发挥了重要作用，但仍然无法满足日益增长的天然气消费需求。

据相关预测，到2025年，我国天然气调峰量约为$450\times10^8m^3$，现有的储气库规划仍存在较大调峰缺口。季节用气量波动大，一些城市用气量波峰波谷差距大，与资源市场距离远，管道长度甚至超过4000km，进口气量比例高，等等。这些都对储气库建设提出了迫切要求。

中石化中原石油工程设计有限公司(原中原石油勘探局勘察设计研究院，以下简称“中原设计公司”)是中国石化系统内最早进行天然气地面工程设计和研究的院所之一，40年来在天然气集输、长输、深度处理和储存等领域积累了丰富的工程和技术经验，尤其在近10年，承担了中国石化7座大型储气库——文96、文23、卫11、文13西、白9、清溪、孤家子的建设工程，在枯竭油气藏型储气库地面工程建设领域形成了完整、成熟的技术体系。

本丛书是笔者在中国石化工作期间，在主要负责中国石化储气库规划和文23储气库开发建设的工作过程中，基于从事油气田开发研究30多年来在储层精细描述、提高油气采收率、钻采工艺设计、地面工程建设等领域的工程技术经验，按照实用、简洁和方便的原则，组织中原设计公司专家团队编纂而成的。旨在全面总结中国石化在枯竭油气藏型储气库开发建设中取得的先进实践经验和技术理论认识，以期指导石油工程建设人员进行相关设计和安全生产。

本丛书共包含六个分册。《地质与钻采设计》主要包括地质和钻采设计两部分内容，详细介绍了储气库地质特征及设计、选址圈闭动态密封性评价、气藏建库关键指标设计，以及储气库钻井、完井和注采、动态监测、老井评价与封堵工程技术等。该分册主要由沈琛、张云福、顾水清、张勇、孙建华等编写完成。《调峰与注采》主要包括储气库地面注采与调峰工艺技术，详细介绍了地面井场布站工艺、注气采气工艺计算、储气库群管网布局优化技术、调峰工况边界条件、紧急调峰工艺等。该分册主要由高继峰、孙娟、公明明、陈清涛、史世杰、尚德彬、范伟、宋燕、曾丽瑶、赵菁雯、王勇、韦建中、刘冬林、安忠敏、李英存、陈晨等编写完成。《采出气处理、仪控与数字化交付》详细介绍了采出气脱水及净化处理工艺技术、井场及注采站三维设计技术、储气库数字化交付与运行技术。该分册主要由宋世昌、丁锋、高继峰、公明明、陈清涛、郑焯、吉俊毅、史世杰、王向阳、黄巍、王怀飞、任宁宁、考丽、白宝孺等编写完成。《设计案例：文 96 储气库》为中国石化投入运营的第一座储气库——文 96 储气库设计案例，主要介绍了文 96 储气库设计过程中的注采工艺、脱水系统、放空、安全控制系统以及建设模式等内容。该分册主要由公明明、丁锋、李光、李风春、龚金海、龚瑶、宋燕、史世杰、刘井坤、钟城、郭红卫、李慧、段其照、孙冲、李璐良、荣浩然、吴佳伟等编写完成。《设计案例：文 23 储气库》为文 23 储气库设计案例，主要介绍了文 23 储气库建设过程中采用的布站工艺、注采工艺、处理工艺及施工技术。该分册主要由孙娟、陈清涛、高继峰、李丽萍、曾丽瑶、罗珊、龚瑶、李晓鹏、赵钦、王月、张晓楠、张迪、任丹、刘胜、孙鹏、李英存、梁莉、冯丽丽等编写完成。《地面工程建设管理》详细介绍了储气库地面工程 EPC 管理模式和管理方法，为储气库建设提供管理参考。该分册主要由银永明、刘翔、高山、胡彦核、仝淑月、温万春、郑焯、晁华、刘秋丰、程振华、许再胜、孙建华、徐琳等编写完成。全书由刘中云、沈琛进行技术审查、内容安排、审校定稿。

本丛书自2017年12月启动编写至2021年2月定稿，跨越了近5个年头，编写过程中共有40多人在笔者的组织下参与了这项工作，编写团队成员大都亲身参与了相关储气库开发建设过程中的地面工程设计或管理，既有丰富的现场实践经历，又有扎实的理论功底。他们始终本着高度负责的态度，在完成岗位工作的同时，为本丛书的付梓倾注了大量的时间和精力，力争全面反映中国石化在储气库建设领域的技术水平。

此外，本丛书在编纂过程中还得到了中国石化科技部、国家管网建设本部、中国石化天然气分公司、中石化石油工程建设有限公司和中国石化出版社等单位的大力支持，杜广义、王中红、靳辛在本丛书编写过程中给予了充分的关心和指导。在此，笔者表示衷心的感谢！

当前，我国的储气库建设已进入快速发展期，在本丛书编写过程中，由中原设计公司承担的中原油田卫11、白9、文13西储气库群，以及普光清溪、东北油田孤家子储气库建设也已全面启动，储气库开发建设的经验和技术正被不断地应用在新的储气库地面工程建设中。

限于笔者水平，书中不妥之处在所难免，敬请各位专家、同行和广大读者批评指正。

编著者

目　　录

第一章　储气库群设计

第一节　建设背景与概况

一、发展基础

（一）储气库建设面临形势

（1）我国天然气消费持续快速增长，储备设施建设的缺口巨大。

自2001年起，我国天然气消费保持了快速、稳定增长；2001年，全国天然气消费达$274\times10^8m^3$，到2018年达$2803\times10^8m^3$，年均增速为15%，是全国能源消费增速的2.2倍，在我国一次能源消费中所占的比重达8%。虽然如此，天然气在一次能源消费中的占比仍远低于世界平均水平(24%)，且在居民气化水平、用气指标、天然气在工业燃料能源消费中占比，以及发电用气比例、气电量占比等指标均远远落后于世界平均水平。

党的十八大以来，国家持续推进实施能源革命战略，《能源发展“十三五”规划》和《天然气发展“十三五”规划》进一步明确，要加快推进天然气发展，提高天然气在一次能源消费中的比重，把天然气作为中国的主体能源之一。2017年7月，国家发展改革委等十三部委联合发布《加快推进天然气利用的意见》，重点推动天然气在城市燃气、工业燃料、天然气发电、交通运输等领域的应用，目标是到2020年天然气在一次能源消费中的占比力争达到10%左右，到2030年力争将天然气在一次能源消费中的占比提高到15%左右。

天然气消费规模的增加和消费结构的变化，将进一步刺激天然气储备调峰需求的增长。近年来，为落实大气污染防治要求，在各地政府的强力推动下，我国北方地区城镇燃气和天然气发电项目等季节差异大的消费需求增长很快，不断拉大冬夏峰谷差。目前，华北地区冬夏平均峰谷比已接近3∶1，北京等重点城市接近10∶1，而新增农村用气项目冬夏峰谷比最大可达30∶1，给天然气的安全、平稳供应提出了严峻的挑战。按照目前天然气消费增长趋势，预测到2030年我国季节调峰需求将达到$700\times10^8m^3$左右。

地下储气库作为国际公认的最经济的季节调峰设施，在我国天然气调峰保供中具有重要的地位。从欧美国家来看，地下储气库调峰是季节调峰的首选手段。我国地质构造丰富、类型多样，具备加快地下储气库建设的基础条件。随着我国天然气调峰需求的增长，地下储气库建设面临难得的发展机遇。截至2021年底，我国已建成地下储气库的有效工作气量约$261\times10^8m^3$，这与快速增长的调峰需求相比明显不足。为提高天然气安全保供能力，国家明确规定天然气销售企业承担所供应市场的季节(月)调峰供气责任，城镇燃气企业承担所供应市场的小时调峰供气责任，日调峰供气责任由销售企业和城镇燃气企业共同承担，并在天然气购销合同中予以约定。天然气销售企业应当建立企业天然气储备，拥有不低于其年合同销售量10%的工作气量。加快储气库建设，提高储备能力成为补齐我国储备能力短板的重要手段。

（2）天然气对外依存度上升客观上要求必须逐步建立天然气战略储备。

从典型国家的天然气储备发展来看，天然气储备随着天然气市场的发展逐步完善。其最初的目的主要是用于季节调峰，后来随着储备市场的需要、政府的要求，天然气储备才逐步具有战略意义和以营利为目的的商业储备功能。大部分国家在天然气快速发展的初期就开始筹划天然气储备设施建设，国外天然气储备设施建设大都经历了几十年甚至上百年的时间才逐步完善。国外一般对天然气储备设施建设有明确的政策规定。美国等都制定了《天然气法》，对天然气生产、输送、销售等有明确和系统的规定；日本出台了专门的《天然气储备法》，通过立法来支持建立国家天然气储备，要求国家承担30天储备量、民间承担50天储备量；意大利针对欧盟对天然气管制的要求，出台法令要求天然气管道进口商储备天然气。

从储备规模来看，对外依存度较高、年消费量或进口量较大国家的储备规模相对较大，储备的天数较长，如法国天然气为全部进口，储备比例高达31.5%，储备天数为115天；意大利天然气进口依存度为89.2%，储备比例为23.1%，储备天数为84.5天；美国天然气储备比例为17.8%，储备天数为64.9天；以出口为主的俄罗斯天然气储备比例也达到了15.4%，储备天数为56.3天；只有依赖北海气田的英国，在不考虑气田储备的前提下，其储备比例较低，仅为4.9%。

国内天然气储备设施建设起步较晚，储气能力较小。只有京津地区、大港油区、华北油区建设了部分地下储气库。目前，我国天然气对外依存度已高达42.5%，天然气进口超过日本成为全球第一大进口国，但是储气库工作气量只有$85\times10^8m^3$。已建储气设施不能满足调峰的需要，还要通过气田产量调整、减供或中断可中断用户供气等措施进行调峰。因此，必须加大储气调峰设施建设力度，保障天然气供应安全。

（3）市场竞争加剧将驱动供气企业加快储气设施建设。

随着我国天然气行业改革向纵深发展，市场供需形势发生改变，市场主体更加多元化，市场竞争更加激烈，将驱动供气企业加快储气设施的建设。

我国天然气供需由卖方市场向买方市场转变。长期以来，我国天然气供不应求，供气企业在用户选择、资源供应、价格谈判等方面处于强势地位，卖方市场特色明显。“十三五”以来，随着国内天然气供需形势发生变化和管网设施完善，整个市场向买方市场转变的迹象较为明显，主要体现在以下几个方面：一是天然气资源供应整体宽松，2022年国内天然气产量$2201\times10^8m^3$，同比增长4.9%，进口天然气形成了管道气和LNG多渠道供应格局，2022年进口总量10925×10^4t；二是下游用户选择增多，在天然气消费发达地区，多数用户实现了双气源供气，从而在气源选择中有了主动权；三是下游用户的议价能力普遍提升，2014年以前上游供气企业的天然气销售以顺价销售为主，天然气价格多次上调，而自2014年下半年以来，上游供气企业价格促销策略屡见创新，夏季下降供气价格、规模用气价格已经成为常态。

国内天然气供应多元化趋势不可逆转，市场竞争更加激烈。“十二五”以来，我国天然气供应长期集中在中国石油、中国石化、中国海油三大石油公司的局面已经开始发生变化。近年来，民营等社会资本大量进入天然气上游供应领域。特别是自2014年下半年国际油价暴跌以来，全球LNG现货价格大幅降低，同时我国也放开了对进口LNG的管制，大批的终端燃气企业、电力企业等踊跃进入了海外资源的获取领域，成为我国进口LNG的第二梯队，并取得了明显的进展。目前，华电、新奥等第二梯队的进口企业已签署多项中短期LNG进口合同，合计供应规模达到263×10^4t/a，仅2018年，进口量就达184×10^4t；建成LNG接收站4座，接收能力为715×10^4t/a。我国已建成LNG接收站21座，接收能力达到8945×10^4t/a，实际接卸量为5380×10^4t，负荷率为60%。可以预计，随着我国天然气市场化改革的持续推进，天然气供应主体和供应规模的多元化供应态势将进一步发展，并对国内原有的供应格局形成剧烈冲击。

在市场形势转变和竞争加剧的形势下，供气企业对下游用户的争夺会更加激烈，抓住用户痛点、提高服务质量将成为供气企业在市场竞争中制胜的法宝。用气不均匀性带来的储气调峰需求是天然气城镇燃气企业和大用户除价格以外的最大痛点。特别是近年来在国家煤改气政策推动下，大量的冬季燃煤供暖锅炉改用天然气后导致用气不均匀性大幅增长，冬季调峰任务艰巨。由于供暖涉及千家万户，保障供暖期热能的安全、平稳供应不仅是一种市场行为，更是一种能体现企业具有社会责任感的政治责任。在此背景下，各地政府和城镇燃气企业对储气调峰的需求非常迫切，可以说谁拥有充足的天然气储备，谁就能向终端用户特别是调峰需求大的用户安全、平稳地供气，谁就能在市场开发中取得先机。因此，为了抓住冬季供暖期的供气市场需求，以及提高企业综合竞争能力，上游供气企业建设储气调峰设施的积极性和紧迫性高于以前。

（4）市场化改革和政策驱动将催生第三方的储气调峰需求。

根据国家天然气行业改革方向，我国储气需求主体将趋于多样化，并在价格市场化和相关政策的推动下，形成一个多元化的储气调峰服务市场。

随着调峰责任的进一步明确，储气库使用主体不断增多。我国现行政策规定，季节调峰责任由供气企业承担，日调峰责任由供气企业和城镇燃气企业协商承担。在目前石油公司产供销一体化格局下，我国天然气季节调峰和日调峰的责任主要集中在上游供气企业。随着行业改革的持续推进，市场上新进入的资源供应主体和管网改革后出现的全国或区域性销售企业将承担更大的天然气调峰责任。由于这些企业缺乏地下储气库库址资源，技术和人才储备也比较薄弱，购买社会化的储气服务将成为其最快捷和最经济的选择。

天然气价格管制的放开将使得天然气储备变得有利可图。欧美国家普遍放开了天然气价格管制，实行了天然气峰谷价。美国天然气冬、夏价格一般相差50%以上；法国冬季气价一般是夏季气价的1.2~1.5倍。在较大的价格差异下，企业储备天然气不仅能够满足履行调峰责任的需要，也可充分利用国际或国内天然气价差实现套利。近年来，我国对天然气价格的管理一直呈放松态势，国家陆续出台了天然气基准门站价格管理、放开非居民用气价格管制，积极推动上、下游直接交易，以及协商确定价格的制度。随着供需形势转化、供应主体增多及与国际LNG市场接轨等影响因素的增多，上游供气企业对夏季降价、冬季涨价的探索持续进行，天然气价格的季节波动成为常态，且价格区间不断加大。2018年冬季，浙江、山东、江苏等地成交价突破门站价上浮20%的上限，为调峰气价的形成进行了积极探索。可以预计，随着天然气峰谷价的出现，地下储气库市场化运营的外部环境将得以初步完善。

与此同时，我国天然气储备调峰市场建设的政策环境也处于不断完善的过程中。国家发展改革委先后发布了《关于加快推进储气设施建设的指导意见》《关于明确储气设施相关价格政策的通知》《关于加快储气设施建设和完善储气调峰辅助服务市场机制的意见》等纲领性文件，积极支持地下储气库的市场化运营。在储气库建设和投融资主体方面，国家支持承担储气调峰责任的企业自建、合建、租赁储气设施，放开储气地质构造的使用权，鼓励各方资本参与，创新了投融资和建设运营模式；鼓励现有 LNG 接收站新增储罐泊位，扩建增压气化设施，提高接收站储转能力。在储气服务类型方面，鼓励承担储气调峰责任的企业从第三方购买储气调峰服务和调峰气量等；支持用户通过购买可中断供气服务等方式参与天然气调峰。在储气服务价格方面，储气服务价格由储气设施经营企业与委托企业协商确定，购气价格和销售价格通过市场竞争形成，对独立经营的储气设施，按补偿成本、合理收益的原则确定储气价格。

(5) 储气调峰的政策环境不断优化，外部需求的巨大规模开始出现。

近年来，国家已出台多项与储气调峰设施直接或间接有关的政策，推动形成建设主体多元化、服务类型多样化、信息公开化及价格市场化。

① 在国家推动调峰市场建设方面，无调峰设施或能力不足的企业可向储气企业购买调峰服务。

② 随着进口管制和天然气价格的放开，电厂、贸易商通过进口 LNG“低买高卖”或“低买高用”的套利空间出现，有力驱动了储气库的建设。

(二) 储气库建设概况

随着西气东输一线、二线(含平泰支干线、准武支干线)及榆济线等国家大型输气管道的建成投运，推动了天然气行业快速发展。中国石化地下储气库建设起步较晚，“十一五”期间开始储气库建设布局，“十二五”期间实现突破。目前，已建成储气库 2 座，即文 96、文 23 枯竭气藏储气库，在建储气库 2 座，为金坛、黄场盐穴地下储气库(表 1-1)。

表 1-1　中国石化储气库基本情况

储气库名称	储气库类型	地理位置	设计库容量/10^8m^3	投产时间	工作气量/10^8m^3	连接管网	服务区域	备注
文 96	枯竭气藏	河南濮阳	5.88	2012-9	2.95	榆济	山东、河南	中国石化第一座储气库
文 23	枯竭气藏	河南濮阳	104.20	2019-3	45.10	新粤浙	“五省二市”：北京、天津、山东、河北、河南、山西、陕西	目前全国库容量最大的储气库
金坛	盐穴	江苏常州	4.59	2016-5	2.81	川气东送	江苏、上海	中国石化第一座盐穴储气库
黄场	盐穴	湖北潜江	2.37 (已批复)	2008-5 开钻	1.40 (已批复)	川气东送	长江中下游地区及华南地区：湖北、安徽、江西等	目前全国最深的盐穴储气库

文 96 储气库位于河南濮阳中原油田境内，是中国石化首座地下储气库，担负着榆济管道天然气季节调峰和应急保障任务，是利用文 96 枯竭气藏改建而成的。设计库容量 $5.88\times10^8m^3$，有效工作气量 $2.95\times10^8m^3$。该储气库于 2012 年 9 月正式注气运行，截至 2019 年 7 月底，已进入第 7 注采周期，储气库主块动态库容量 $5.46\times10^8m^3$，达容率为 92.9%，气库累计注气 $11.2\times10^8m^3$，累计采气 $6.91\times10^8m^3$，累计调压、调峰 20 余次(图 1-1)。

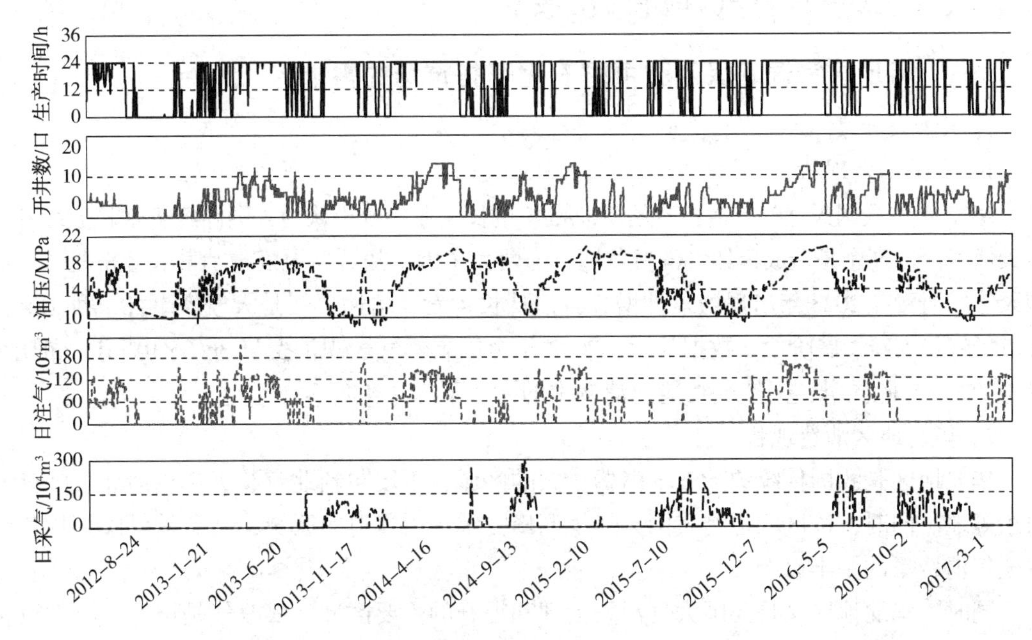

图 1-1 文 96 储气库注采运行综合曲线

文 23 储气库位于河南濮阳中原油田境内，是目前中国库容量最大的储气库，担负着新粤浙管道天然气季节调峰和应急保障任务。设计总库容量 $104.20\times10^8m^3$，有效工作气量 $45.10\times10^8m^3$，分两期建设。其中，一期库容量 $84.30\times10^8m^3$，有效工作气量 $32.67\times10^8m^3$。该储气库已于 2017 年 5 月正式开工建设，2019 年 3 月正式投注运行，截至 2019 年 7 月，66 口新井钻井、注采完井全部施工完毕，累计注气 $16.24\times10^8m^3$，当年完成注气 $21\times10^8m^3$、采气 $2\times10^8m^3$ 调峰目标。

金坛盐穴储气库位于江苏常州境内，是中国石化第一座盐穴储气库，担负着川气东送天然气季节调峰和应急保障任务。设计库容量 $4.59\times10^8m^3$，有效工作气量 $2.81\times10^8m^3$，分三期建设。截至本书成稿时，正在开展一期溶腔工程和二期钻井工程建设，已形成有效工作气量 $0.60\times10^8m^3$。

黄场盐穴储气库位于湖北潜江境内，是目前全国最深的盐穴储气库，担负着川气东送天然气季节调峰和应急保障任务。设计库容量 $48.90\times10^8m^3$，有效工作气量 $28.04\times10^8m^3$，分一期工程一阶段、一期工程二阶段和远期工程三期建设。已批复设计库容量 $2.37\times10^8m^3$，有效工作气量 $1.40\times10^8m^3$。截至本书成稿时，已完钻 4 口井，形成溶腔体积 $57.00\times10^4m^3$，有效溶腔体积 $39.90\times10^4m^3$。

中国石化储气库建设技术体系不断得到完善。通过文96储气库、文23储气库的建设与运行，枯竭气藏储气库的建设技术体系基本形成，对储气库注采过程中的地质认识不断深化。通过金坛盐穴储气库建设推进和黄场盐穴储气库先导试验，初步掌握了盐穴储气库钻完井设计、气密封性检测、造腔数值模拟、顶板保护、盐腔监测等关键技术，为加快推进盐穴储气库建设奠定了良好基础。

二、建立中原储气库群的必要性

（一）满足国家调峰保供和中国石化开拓市场的需求

1. 天然气消费现状

1）全国消费现状

2022年，我国天然气首次出现消费总量负增长。业内分析认为，国内经济增长放缓和国际天然气价格高企是造成天然气消费负增长的两大主因。随着新冠疫情消散和经济复苏，我国天然气消费在2023年出现恢复性增长，但从长远看，增速放缓是大概率事件，我国天然气市场将步入新发展阶段。数据显示，2022年全国天然气表观消费量$3663\times10^8m^3$，同比下降1.7%。与此同时，天然气在能源消费中的占比下降0.4%。

2）华北地区消费现状

华北地区是我国传统的天然气消费量大的区域，主要包括北京、天津、河北、河南和山东等地。同时，该区域也是我国天然气调峰需求最为紧迫的区域，其冬季供暖期用气量占全年消费量的一半以上。

同时，华北地区又是我国大气污染治理和提升的主要区域，煤改气是该区域天然气消费增长的主要驱动力。以国家和地方相关规划为基础，综合考虑气源供应、市场培育和大型终端利用项目建设进展，预计该区域的天然气消费规模将持续扩大。

2. 天然气消费预测

1）天然气消费预测方法

在天然气消费预测中，主要采用灰色等维递补与偏最小二乘回归方法。本书中主要介绍偏最小二乘回归方法。

偏最小二乘回归是一种新型的多元统计分析方法，它集多元线性回归分析、主成分分析和典型相关分析功能于一体，利用对系统中信息的分解和筛选，辨别系统中的信息和噪声，从而能够有效地克服多重共线性在系统建模中产生的不利影响。由于影响天然气需求的因素有很多，且常常存在严重的多重共线性，另外由于受客观因素的影响，样本的数量往往达不到一般多元线性回归分析的要求，为了克服这些困难，采用偏最小二乘回归方法对天然气需求进行预测分析。

(1) 指标选取。

在影响因素x的选择上，吸取现有研究的经验，结合预测对象经济发展的实际情况，同时考虑统计数据的可得性，选择与天然气需求紧密相关的8个指标，指标选取如下：天然气管道长度；天然气消费量；煤炭消费量；原油消费量；电力消费量；总人口；城市化率；GDP。

(2) 模型建立。

一种多重相关性诊断的正规方法是正确使用方差膨胀因子，自变量 x_j 的方差膨胀因子计算公式为 $VIF_j=(1-R_j^2)^{-1}$。其中，R_j^2 是以 x_j 为自变量时对其他自变量回归的复测定系数。一般认为，如果 VIF_j 值大于10，则表示多重共线性影响到偏最小二乘回归的估计值。

设天然气需求为因变量 y，集合 $\{x_1, x_2, \cdots, x_p\}$ 为自变量。相应地，因变量样本对应的矩阵为 $\boldsymbol{Y}=(y_1, y_2, \cdots, y_n)^{\mathrm{T}}$，自变量样本对应的矩阵为 $\boldsymbol{X}=(x_{ij})_{n\times p}$，其中，样本容量为 n。

首先，将自变量样本矩阵 $\boldsymbol{X}$ 和因变量样本矩阵 $\boldsymbol{Y}$ 中的观测值做标准化处理，即

$$\boldsymbol{X}_0=[(x_{ij}-x_j)/S_{xj}]_{n\times p}$$

$$\boldsymbol{Y}_0=[(y_i-x)/S_y]_{n\times l}$$

在此基础上，做 $\boldsymbol{X}_0$ 和 $\boldsymbol{Y}_0$ 在 t_1 上的回归：$\boldsymbol{X}_0=t_1p_1+\boldsymbol{X}_1$，$\boldsymbol{Y}_0=t_1r_1+\boldsymbol{Y}_1$。设在第 m 次主成分提取与回归后回归方程满足精度要求，提取的主成分能代表几乎所有的自变量，且得到的 m 个主成分为 $t_h(h=1, 2, \cdots, m)$。做 $\boldsymbol{Y}_0$ 关于 m 个主成分的回归，得到 $\boldsymbol{Y}_0=r_1t_1+r_2t_2+\cdots+r_mt_m$，因为 $t_1, t_2, \cdots, t_m$ 均为 $\boldsymbol{X}_0$ 的线性组合，所以可表示成如下形式：$\boldsymbol{Y}_0=r_1\boldsymbol{X}_0w_1^*+r_2\boldsymbol{X}_0w_2^*+\cdots+r_m\boldsymbol{X}_0w_m^*$。有 $\boldsymbol{Y}^*=\sum a_jx_j^*$，$a_j^*=\sum r_hw_{hj}^*$，这里，$w_{hj}^*$ 为 w_h^* 的第 j 个分量。最后，按照标准化的逆过程，将 $\boldsymbol{Y}^*$ 的回归方程还原成 $\boldsymbol{Y}$ 对 $\boldsymbol{X}$ 的回归方程，即可得到变量 y 关于因素 $x_1, x_2, \cdots, x_j$ 的回归方程。

2）全国天然气需求预测

根据目标市场的天然气利用现状、发展趋势及国家、地方经济和能源政策等因素，利用所建立的灰色等维递补与偏最小二乘回归方法组合模型，结合《中国石化天然气发展专项规划(2019—2025)》，对2019—2025年我国天然气需求总量及中国石化未来经营量进行预测(表1-2、表1-3)。2019年，全国天然气需求量为 $3016\times10^8\mathrm{m}^3$，2025年需求量将达到 $4800\times10^8\mathrm{m}^3$；2019年，中国石化天然气供应量为 $435\times10^8\mathrm{m}^3$，2025年供应量将达到 $972\times10^8\mathrm{m}^3$。

表1-2　2019—2025年全国及主要地区天然气需求量预测　$10^8\mathrm{m}^3$

区　域	2019年	2020年	2021年	2022年	2023年	2024年	2025年
全国	3016	3380	3722	3983	4261	4518	4800
华北（京、津、冀、豫、晋）	887	1018	1165	1303	1410	1495	1587
华东（苏、沪、浙）	573	634	710	748	788	835	888
华南（桂、粤、闽、琼）	402	450	495	526	577	612	650
华中（鄂、湘、皖、赣）	203	228	254	270	284	301	320

续表

区域	2019年	2020年	2021年	2022年	2023年	2024年	2025年
西南（川、渝、云、贵、藏）	359	385	414	430	463	491	522
东北（黑、吉、辽）	172	196	203	214	228	242	257
西北（新、青、甘、宁、陕、蒙）	420	469	481	492	511	542	576

注：为方便使用，表中省(自治区、直辖市)写为缩略词。

表1-3 2019—2025年中国石化各地区天然气经营量预测 10^8m^3

区域	2019年	2020年	2021年	2022年	2023年	2024年	2025年
全国	435	513	634	732	826	893	972
华北（京、津、冀、豫、晋）	173	221	279	327	364	384	413
华东（苏、沪、浙）	76	78	126	149	160	175	197
华南（桂、粤、闽、琼）	18	26	30	35	47	52	53
华中（鄂、湘、皖、赣）	41	52	77	95	116	138	160
西南（川、渝、云、贵、藏）	86	90	83	88	96	100	105
东北（黑、吉、辽）	9	10	11	14	19	19	19
西北（新、青、甘、宁、陕、蒙）	30	36	28	24	24	25	25

注：为方便使用，表中省(自治区、直辖市)写为缩略词。

3）华北地区天然气需求预测

通过偏最小二乘回归方法和项目分析方法进行耦合，2023年华北地区天然气需求量预计为$1410 \times 10^8m^3$，2025年将达到$1589 \times 10^8m^3$(表1-4)。

表1-4 2019—2025年华北地区天然气消费量预测 10^8m^3

省(市)	2019年	2020年	2021年	2022年	2023年	2024年	2025年
北京	185	191	196	203	219	232	247
天津	104	122	137	146	151	160	170
河北	185	220	260	308	330	350	372
山东	192	230	280	317	348	369	392

续表

省(市)	2019年	2020年	2021年	2022年	2023年	2024年	2025年
河南	136	153	171	193	215	228	242
山西	85	102	121	136	147	156	166
合计	887	1018	1165	1303	1410	1495	1589

在对华北地区天然气需求量预测的基础上，结合中国石化在华北地区的基础设施、市场经营及资源供应情况，对中国石化在华北地区未来经营量进行预测，预计2023年中国石化在华北地区天然气供应量为$295\times10^8m^3$，2025年将达到$330\times10^8m^3$(表1-5)。

表1-5 2019—2025年中国石化在华北地区天然气经营量预测 10^8m^3

省(市)	2019年	2020年	2021年	2022年	2023年	2024年	2025年
北京	0	0	5	7	10	11	12
天津	9	13	22	28	35	36	39
河北	18	20	27	35	40	42	45
山东	72	88	109	120	142	147	158
河南	32	34	41	50	55	57	61
山西	7	8	11	12	13	14	15
合计	138	163	215	252	295	307	330

3. 天然气调峰需求

1) 调峰需求计算

(1) 不均匀系数确定。

天然气供应规模取决于用气量的多少。对于一个用户，在生产规模确定后，每年的总用气量不变，但是由于利用性质不同，天然气用户往往在一年中的月、日、小时的用气量是不同的。在天然气利用规划中，往往借鉴以往的用气经验作为规划设计的依据。

用气不均匀性可分为三种：月不均匀性(或季节不均匀性)、日不均匀性和小时不均匀性。本书参照《城镇燃气设计规范》(GB 50028—2006)中的不均匀系数定义及计算公式进行计算。

月不均匀系数(K_m)应按下式确定：

$$K_m=\frac{\text{该月平均日用气量}}{\text{全年平均日用气量}}$$

将12个月中平均日用气量最大的月，即月不均匀系数数值最大的月，称为计算月。月最大不均匀系数称为月高峰系数。

日不均匀系数(K_d)应按下式确定：

$$K_d=\frac{\text{计算月中某日用气量}}{\text{计算月平均日用气量}}$$

将计算月中日最大不均匀系数称为日高峰系数。

小时不均匀系数（K_h）应按下式确定：

$$K_h = \frac{计算月中最大日的某小时用气量}{计算月中最大日的平均小时用气量}$$

将计算月中最大日的小时最大不均匀系数称为小时高峰系数。

从上述三个公式可以看出：每一个不均匀系数均应为 1。当月、日、小时不均匀系数大于 1 时，表明这个月、日、小时用气量大于基准的平均值；反之，表明这个月、日、小时用气量小于基准的平均值。

（2）不均匀用量分析。

在确定目标市场各月不均匀用气量时，首先要对目标市场用户的结构进行测算，然后根据确定的典型的月不均匀系数对市场各类用户的用气量进行不均匀测算。例如，根据 2017 年华北地区的天然气消费情况，冬季、夏季峰谷差较大，夏季低谷月的日均用气量约 $6800\times10^4m^3$，冬季高峰月的日均用气量约 $20800\times10^4m^3$，峰谷比大于 3∶1，随着煤改气、天然气采暖、热电联供项目的大量实施，冬季供暖高峰期的用气需求将进一步增加。华北地区 2017 年各省、市用气不均匀系数如图 1-2 所示。

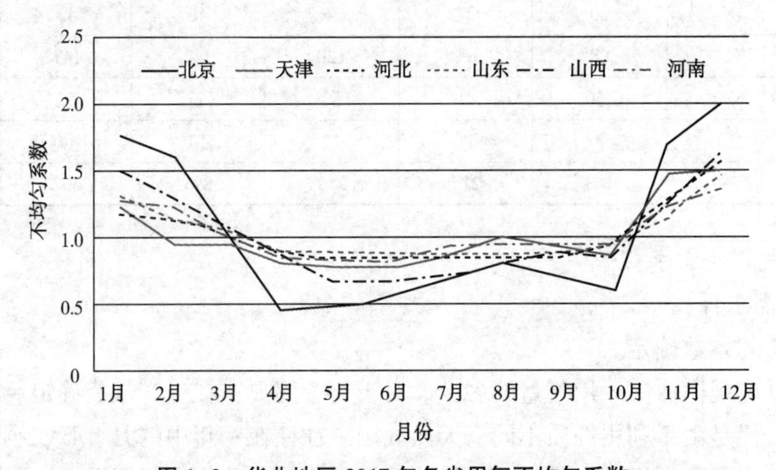

图 1-2　华北地区 2017 年各省用气不均匀系数

2）全国天然气调峰需求分析

以全年日均用气量为基础，结合全国各地区用气不均匀性，对全国各地区调峰用气进行分析预测(表 1-6)。2020 年，全国调峰需求为 $263\times10^8m^3$，占天然气消费总量的 7.8%（占比）；2023 年，全国调峰需求为 $358\times10^8m^3$，占比为 8.4%；2025 年，全国调峰需求为 $413\times10^8m^3$，占比将增至 8.6%。

表 1-6　全国及主要地区调峰气量统计和预测

区　域	2020 年			2023 年			2025 年		
	消费总量/10^8m^3	调峰需求/10^8m^3	占比/%	消费总量/10^8m^3	调峰需求/10^8m^3	占比/%	消费总量/10^8m^3	调峰需求/10^8m^3	占比/%
全国	3380	263	7.8	4261	358	8.4	4800	413	8.6
华北	1018	121	11.9	1410	170	12.1	1587	191	12.0

续表

区　域	2020年			2023年			2025年		
	消费总量/10^8m^3	调峰需求/10^8m^3	占比/%	消费总量/10^8m^3	调峰需求/10^8m^3	占比/%	消费总量/10^8m^3	调峰需求/10^8m^3	占比/%
华东	634	13	2.1	788	27	3.4	888	40	4.5
华南	450	6	1.3	577	10	1.7	650	19	2.9
华中	228	12	5.3	284	21	7.4	320	17	5.3
西南	385	8	2.1	463	12	2.6	522	20	3.8
东北	196	19	9.7	228	27	11.8	257	24	9.3
西北	469	84	17.9	511	91	17.8	576	102	17.7

3）华北地区天然气调峰需求分析

根据华北地区2019—2025年天然气需求预测和华北地区储气库规划情况，结合用气不均匀性，对华北地区及中国石化在华北地区调峰用气进行预测，预计2023年华北地区调峰需求约$169.7×10^8m^3$、中国石化在华北地区天然气调峰需求约$27.6×10^8m^3$，2025年华北地区调峰需求约$191.3×10^8m^3$、中国石化在华北地区天然气调峰需求约$31.0×10^8m^3$，具体见表1-7和表1-8。

表1-7　华北地区调峰需求预测　10^8m^3

省(市)	2019年	2020年	2021年	2022年	2023年	2024年	2025年
北京	48.0	49.6	47.8	49.5	54.1	57.3	61.0
天津	14.3	16.8	13.9	14.9	19.2	20.3	21.6
河北	20.4	24.2	20.9	24.8	37.6	39.9	42.4
河南	5.8	6.5	13.3	15.0	9.2	9.8	10.4
山东	11.8	14.1	18.0	20.4	29.3	31.0	33.0
山西	7.9	9.5	17.5	19.6	20.3	21.5	22.9
合计	108.7	120.7	131.4	144.2	169.7	179.8	191.3

表1-8　中国石化在华北地区天然气调峰需求预测　10^8m^3

省(市)	2019年	2020年	2021年	2022年	2023年	2024年	2025年
北京	0	0	1.2	1.7	2.5	2.7	3.0
天津	1.2	1.8	2.2	2.9	4.4	4.6	4.9
河北	2.0	2.2	2.2	2.8	4.6	4.8	5.1
河南	1.4	1.4	3.2	3.9	2.4	2.4	2.6
山东	4.4	5.4	7.0	7.7	11.9	12.4	13.3
山西	0.7	0.7	1.6	1.7	1.8	1.9	2.1
合计	9.7	11.5	17.4	20.7	27.6	28.8	31.0

综合考虑全国已建及在建调峰设施，同时考虑山东 LNG 二期、三期工程分别新建 2 座 $16\times10^4m^3$、1 座 $27\times10^4m^3$ 储罐，天津 LNG 接收站二期工程新建 5 座 $22\times10^4m^3$ 储罐，龙口 LNG 新建 3 座 $27\times10^4m^3$LNG 储罐；此外，文 23 储气库 2020 年形成 $14\times10^8m^3$ 工作气量，2024 年一期达产、2025 年二期达产。预计 2023 年调峰能力将达到 $300\times10^8m^3$，调峰缺口 $58\times10^8m^3$；到 2025 年，调峰能力将达到 $349\times10^8m^3$，调峰缺口 $64\times10^8m^3$(表 1-9)。

若按照国家 10%+5%要求的调峰能力进行测算，预计 2025 年调峰缺口将达到 $371\times10^8m^3$。

表 1-9 全国调峰能力、缺口统计和计算 10^8m^3

项 目	2019 年	2020 年	2021 年	2022 年	2023 年	2024 年	2025 年
调峰需求	241	263	311	334	358	389	413
储气库工作气量	93	128	159	181	213	230	250
LNG 储罐调峰气量	63	73	73	87	87	99	99
调峰能力	156	201	232	268	300	329	349
调峰缺口	85	62	79	66	58	60	64
按照国家 10%+5%要求时的调峰缺口	296	306	326	329	339	349	371

综合考虑华北地区周边基础设施建设进度，根据《中国石化天然气发展专项规划(2019—2023)》，同时结合华北地区天然气调峰需求，预计 2023 年华北地区储气调峰能力将达到 $130\times10^8m^3$，调峰缺口 $40\times10^8m^3$；2025 年华北地区储气调峰能力将达到 $143\times10^8m^3$，调峰缺口 $49\times10^8m^3$(表 1-10)。

若按照国家 10%+5%要求的调峰能力进行测算，预计 2023 年调峰缺口 $82\times10^8m^3$，2025 年调峰缺口 $95\times10^8m^3$。

表 1-10 华北地区天然气调峰分析 10^8m^3

项 目	2019 年	2020 年	2021 年	2022 年	2023 年	2024 年	2025 年
华北地区调峰需求	108	121	131	144	170	180	192
文 96 储气库工作气量	2	2	2	2	2	3	3
文 23 储气库工作气量	—	14	22	24	26	33	38
中国石油华北储气库工作气量	34	41	49	57	67	67	67
华北 LNG 储罐调峰能力	18	21	20	34	35	34	35
调峰能力	54	78	93	117	130	137	143
华北地区调峰缺口	54	43	38	27	40	43	49
按照国家 10%+5%要求时的调峰缺口	79	75	82	78	82	87	95

4）中国石化天然气业务发展需求

中国石化天然气业务主要集中在华北、长三角和华中地区，这些地区既是我国天然气消费的重点区域，又是天然气用气不均匀性最大、季节调峰需求最为突出的区域。据测算，华北地区用气结构以城市燃气、燃气发电为主，预计 2025 年中国石化调峰需求将达到 $57\times10^8m^3$。长三角地区用气结构以天然气发电、工业燃气和城镇燃气为主，预计 2025 年中国石化调峰需求将达到 $21\times10^8m^3$。华中地区用气结构以城镇燃气和工业燃料为主，预计 2025 年中国石化调峰需求将达到 $9\times10^8m^3$。

为有效扩大经营规模，满足冬季高峰期用气需求，发展中原地区调峰市场是提高中国石化市场竞争能力的重要手段。

(二) 满足国家政策要求和占领储气库建设先机需要

2017 年，国家发展改革委发布《关于加快储气设施建设和完善储气调峰辅助服务市场机制的意见》，要求供气企业的调峰气量占消费量的 10%，城镇燃气企业占比达 5%，地方政府要有 3 天的调峰能力。

地方企业没有建库资源，且建设调峰储备设施的成本高。因此，中原储气库群的建设可以在加强与地方企业合作中进行，以占领储气库的建设先机。

(三) 中原储气库群建设与 LNG 互补调峰

全国已建 LNG 接收站共 21 座，合计接转能力 $8945\times10^4t/a$，总罐容约 $58\times10^8m^3$。中国石化已建 LNG 接收站 3 座，主要分布在天津、青岛和北海，年输量 $180\times10^8m^3$。中原储气库群与山东、天津的 LNG 接收站互补调峰，可以利用国内外 LNG 季节价差，在非高峰期采购低价 LNG 注入储气库，在高峰期采出并供应市场，获取销售收益。

另外，中俄东线于 2020 年全线贯通。中俄东线天然气管道工程建成投产后，每年从俄罗斯引进 $380\times10^8m^3$ 天然气。为保证中俄管线平稳运行，在夏季用气低峰期可将天然气注入中原储气库群。冬季用气高峰期时采出并供应华北、华中及长三角地区，实现“北气南下”。

(四) 盘活油田资产，助力油田企业转型升级

中原储气库群建设涉及天然气上、中、下游全产业链，利用已经枯竭的气藏建成储气库，可以充分利用油田企业的库址资源，盘活油田资产，实现油田企业转型升级、提质增效。

三、建立中原储气库群的可行性

1. 中原油田地下资源丰富

1) 天然气资源概况

中原油田天然气总资源量 $3675\times10^8m^3$，其中气层气资源量 $2355\times10^8m^3$、溶解气资源量 $1320\times10^8m^3$。

中原油田天然气探明地质储量 $1390.23\times10^8m^3$；动用地质储量 $1171.15\times10^8m^3$，动用程度 84.2%；气层气动用地质储量 $509.82\times10^8m^3$，动用程度 76.4%；溶解气动用地质储量 $661.33\times10^8m^3$，动用程度 91.5%。

中原油田探明气田(藏)26 个，其中整装气田 2 个、凝析气田(藏)8 个、复杂断块气藏 11 个及气顶气藏 5 个。经过 30 多年的开发，大多数气藏低压、低产(表 1-11)。

表 1-11 中原油田气田(藏)地质参数表

类 型	气藏名称	探明储量/ 10^8m^3	含气层系	含气井段/ m	孔隙度/ %	渗透率/ $10^{-3}\mu m^2$
整装气田(2个)	文23、户部寨	191.47	沙四段	2672~3500	9~13	0.3~2.5
凝析气田(藏)(8个)	桥口、白庙、刘庄、濮67、徐集、濮153、文203-58、文299	308.75	沙二下—沙四段	2610~4760	11~13	0.4~2.5
复杂断块气藏(11个)	卫11、文24、文96、文181、文186、文77、卫79-19、马62、孟4、濮98、文19	67.64	沙二下—沙四段	2900~3680	11~14	0.8~46
气顶气藏(5个)	濮城、文东、文南、卫城、古云集	99.63	沙二上—沙四段	2230~3200	16~25	9.7~120
合计	26个	667.5	沙二下—沙四段	2610~4760	—	—

2）石油资源概况

已开发动用油田 17 个、油藏 203 个，动用石油地质储量 5.46×10^8t，动用程度 92.1%，可采储量 1.59×10^8t，采收率 29.2%(图 1-3)。

大多数油藏已进入开发后期的高含水阶段，103 个油藏工业采出程度达 80%以上。

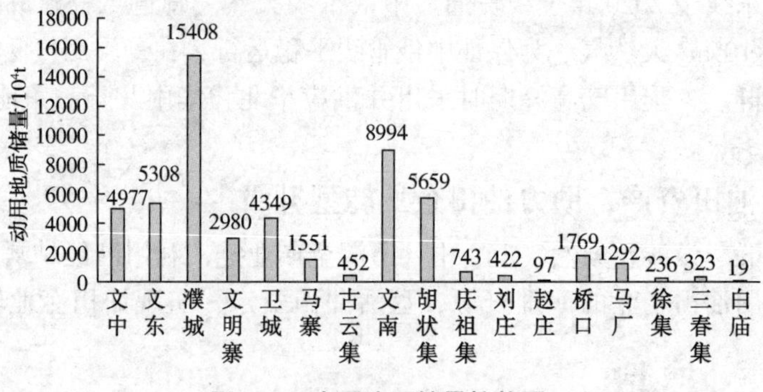

图 1-3 中原油田储量柱状图

3）盐层资源概况

东濮凹陷在下第三系时期沉积了多套盐岩，从下到上共发育了 5 套盐层，分别为沙四盐、沙三下盐、沙三中盐、沙二上盐和沙一盐。盐层矿物成分以氯化钠(NaCl)为主，其次是石膏($CaSO_4\cdot2H_2O$)。5 套盐层中，沙一盐埋藏相对较浅(2030~2300m)，分布范围广，盐层相对较纯，且盐层稳定，厚度为 100~190m(表 1-12)。

表 1-12 东濮凹陷盐层发育情况统计

名 称	埋深/m	厚度/m	岩 性	分布区域
沙四盐	3500~4300	200~500	膏盐层夹灰色泥岩、少量粉砂岩	前梨园凹陷及西斜坡局部

续表

名　称	埋深/m	厚度/m	岩　性	分布区域
沙三下盐	2350~3740	300~600	膏盐层夹灰色泥岩、少量粉砂岩	主要分布在文留地区
沙三中盐	2480~4010	200~500	膏盐层夹灰色泥岩、少量粉砂岩	主要分布在卫城、柳屯、户部寨、胡状集长垣断层下降盘，文东及前梨园洼陷亦有分布
沙二上盐	2300~2400	20~200	膏盐层与灰色泥岩互层	卫城、户部寨及文卫濮接合部
沙一盐	2030~2300	100~190	盐层与少量灰色泥岩	分布范围广

4）水层资源概况

东濮凹陷各个层系都有水层发育，东营组以上层位埋藏浅(深度小于2000m)，但构造运动较弱，地层相对平缓，含水圈闭有待科研人员进一步研究评价。

东濮凹陷地下储气库选址优先考虑(近)枯竭气藏，然后是(近)枯竭油藏，盐穴为后备储气库资源，含水圈闭储气库处于待评价阶段，国内尚无经验可以借鉴。

2. 中原地区区位优势明显，具有较好的管网配套设施，管网基础优越

中原储气库群位于中原腹地，紧邻我国天然气调峰需求最大的华北市场，其管输成本较低，在市场竞争中具有优势。国家干线管网密集，周边已有或已规划多条中国石化、中国石油输气干线，与管网互联互通，承担季节调峰及应急保供任务，市场前景明朗。

3. 外部环境改善，国家和地方扶持政策不断完善

国家和地方关于储气库建设的扶持政策不断完善，加大了在融资和土地征用等方面的支持力度，对独立经营的储气设施，允许按补偿成本、合理收益的原则确定储气价格；随着市场化的推进，有关天然气调峰气价、季节差价等政策正在被研究并提出；储气库建设可以申请油气基础设施建设专项基金，也可借鉴石油商业储备建设模式，申请财税政策优惠。

4. 中原储气库群建设具有一定的技术和人才优势

1）技术优势

中原油田具有建设储气库的丰富经验，具备相关的储气库建库技术。

目前，在中国石化4座已建、在建储气库中，中原油田全面参与了其中2座储气库建设——文96储气库、文23储气库建设，初步攻关形成了枯竭砂岩气藏改建储气库的6大建库技术体系：一是目标筛选与评价技术；二是储气库井位优化设计技术；三是废弃井永久封堵技术；四是低压储层钻完井一体化储层保护技术；五是注采井口及管柱一体化安全设计技术；六是储气库动态监测技术。对这些技术的熟练掌握为中原储气库群的建设提供了重要支撑。

2）人才优势

中原油田具有较丰富的枯竭油气藏储气库开发建设人才队伍，有利于加快储气库建设进程。

通过文96储气库和文23储气库建设，建立了地下、钻井、地面三位一体的技术和管理团队，加强了对地下储气库的动态跟踪评价与管理，完善了相关机制，培养并造就了一支素质高、技术实力强的专业团队，为地下储气库建设与发展提供了保障。

第二节　中原储气库库址筛选及建设规划

一、储气库库址筛选标准

中原油田具有丰富的地下资源，油气藏开发单元众多，为了对储气库库址进行优化，需要对库址资源进行评价。利用枯竭油气藏等改建储气库，对盖层的密闭性、储层的物性和分布、地下构造的完整性等都有特殊的指标要求，通过调研国内外储气库的选址标准，结合油田自身的地下资源特征，初步建立我国储气库的选址标准。

1. 不同类型(气藏、油藏、含水层、盐层)储气库的共同选址标准

第一，储气库须具备一定的储气规模，达到调峰需求；第二，盖层具有一定的厚度，岩性较纯，封闭性好；第三，不含 H_2S 或 H_2S 含量不超标；第四，地理位置优越，离主要天然气用户城市或长输管线较近。

2. 枯竭砂岩油气藏的选址标准

油气藏采出程度高、开采速度低、开发效益差，具备转为储气库的经济条件；构造清楚，断层密封性好，内部断层不多；圈闭幅度大，有一定的圈闭面积；储层分布稳定，连通性好，厚度较大，物性好(孔隙度大、渗透率高)，一般来说，气藏孔隙度大于10%，渗透率大于 $5\times10^{-3}\mu m^2$，油藏孔隙度大于15%，渗透率大于 $10\mu m^2$；单井产能高，注气、采气能力强，满足储气库强注、强采的需要；边水能量弱，对储气库注采生产影响小。

3. 盐穴储气库的选址标准

储层埋藏深度最好为800~1500m；盐层累计厚度至少为100~150m；不溶物含量低于25%；厚度大、抗压强度大、无裂缝，封闭性和稳定性好；有充足的水源溶解盐穴(所需水量一般为盐穴体积的7~10倍)；有处理盐卤的方法和途径。

4. 含水圈闭储气库的选址标准

埋藏深度最好为250~2100m；构造落实程度高、形成圈闭容积大(背斜、断背斜最佳，圈闭容积在 $30\times10^8m^3$ 以上)；盖层封闭性好(盐膏、膏泥、钙质泥岩、泥岩最佳，厚度在150m以上)；储层物性为中孔、中渗以上，满足储气库强注、强采的需求。

二、储气库库址资源评价方法

如前所述，中原油田地下油气藏开发单元众多，构造复杂，在库址筛选的基础之上，进一步采用层次分析法，开展分值量化，评价地下油气藏单元是否适合建立储气库。

技术人员在考虑中原油田构造、储层等因素的基础上，建立了中原地下储气库综合评价指标三层结构评价模式(图1-4)。其中，优选了选址技术、地质安全、社会环境、经济4个因素作为库址资源评价的二级因素，在二级因素的基础上，选取了16个参数作为库址资源评价的三级因素，对气藏、油藏分别建立评价体系分级量化打分标准，提高库址优选的精确度和完整性。

气藏与油藏储气库评价指标体系分级在地质安全、社会环境及经济方面基本一致，但在选址技术方面略有不同(表1-13和表1-14)。

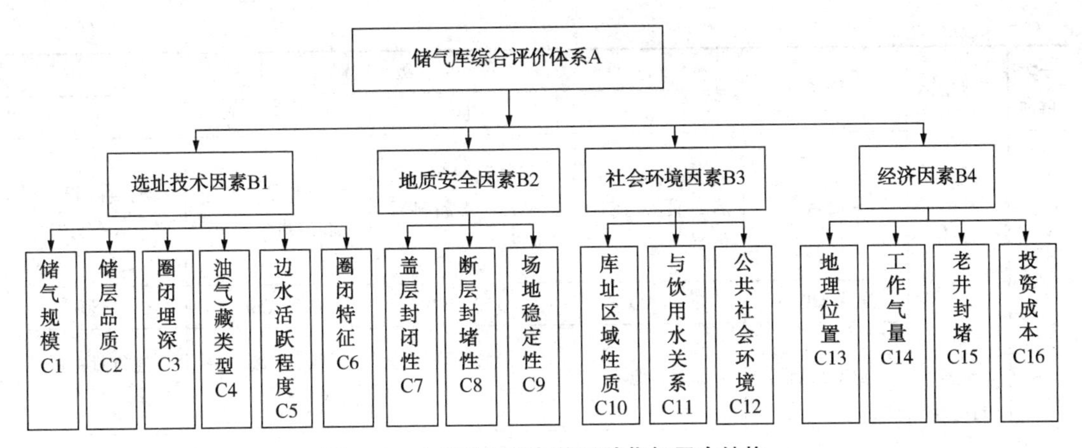

图 1-4　中原地下储气库评价指标层次结构

表 1-13　中原地下储气库评价指标体系分级(气藏)

一级指标	二级指标	三级指标	级别			
			优	良	中	差
选址技术	储气规模	储层有效厚度/m	>80	30~80	10~30	<10
		圈闭容积/10^8m^3	>50	30~50	10~30	<10
	储层品质	储层孔隙度/%	高孔：>20	中孔：10~20	低孔：5~10	特低孔：<5
		储层渗透率/$10^{-3}\mu m^2$	高渗：>50	中渗：5~50	低渗：0.1~5	致密：<0.1
		储层连通率/%	>80	60~80	40~60	<40
	圈闭埋深/m		中浅层：500~2000	中深层：2000~3500	深层：3500~4500	超深层：>4500
	气藏类型		干气藏：凝析油含量<50g/m^3	低含凝析油气藏：凝析油含量50~500g/m^3	高含凝析油气藏：凝析油含量>500g/m^3、气油比1000~1700m^3/m^3、相对密度0.72~0.8g/cm^3	挥发性油藏：气油比250~1400m^3/m^3、相对密度0.78~0.85g/cm^3
	边水活跃程度		气驱：*WEDI*=0	弱水驱：*WEDI*<0.1	中水驱：*WEDI*在0.1~0.3之间	强水驱：*WEDI*>0.3
	圈闭特征		四面倾伏背斜构造，闭合度>100m	断背斜、断裂不发育，闭合度>100m	断穿圈闭断裂发育，闭合度>100m	断穿圈闭断裂发育，闭合度<100m

续表

一级指标	二级指标	三级指标	级别			
			优	良	中	差
地质安全	盖层封闭性	盖层岩性	盐膏岩、膏泥岩、钙质泥岩、泥岩	含砂泥岩、泥灰岩、含粉砂质泥岩	砂质泥岩、泥质粉砂岩	泥质砂岩、页岩、致密灰岩
		盖层厚度/m	>300	150~300	50~150	<50
		盖层连续性	连续、稳定	较连续、较稳定	较连续、不稳定	连续性差、不稳定
		盖层裂隙发育	裂隙不发育	裂隙少量发育	裂隙发育，但未形成贯通性的裂隙	有贯通性的裂隙
		盖层封气能力/MPa	>10	5~10	1~5	<1
	断层封堵性	断层垂向密封力/MPa		>5	1~5	<1
		断层侧向封堵		倾向大套泥岩、膏岩封堵	泥岩涂抹断面封堵	随机封堵或储层物性封堵
	场地稳定性	构造运动	断裂圈闭周围1km内无活动断裂	断裂圈闭周围700~1000m内无活动断裂	断裂圈闭周围300~700m内无活动断裂	断裂圈闭周围300m内有活动断裂
		区域地震特征	地震活动很弱	地震活动较弱	近期无大的地震	近期有大的地震
		地面地质灾害	无地质灾害	地质灾害活动很弱、无采矿区	地质灾害活动一般、无重要采矿区	地质灾害频发、有重要采矿区
社会环境	库址区域性质		距离敏感区超过10km	距离敏感区5~10km	距离敏感区2~5km	距离敏感区2km以内
	与饮用水关系		不影响淡水源	含水层可控	基本不影响淡水源	影响淡水源
	公共社会环境		人口密集程度低	人口较密集，公众认可程度高	人口密集程度高，公众认可程度高	人口密集程度高，公众认可程度低

续表

一级指标	二级指标	三级指标	级别			
			优	良	中	差
经济	地理位置		距用户集中地或长输管道<30km	距用户集中地或长输管道30~100km	距用户集中地或长输管道100~150km	距用户集中地或长输管道>150km
	工作气量/10^4m^3		>30	10~30	3~10	<3
	老井封堵		老井或废弃井数量较少	老井或废弃井数量少，固井质量良好	有一定数量的老井或废弃井，固井质量差	废弃井、老井数量多，固井质量差
	投资成本		可利用资料丰富	有一定的原始地下资料，新钻井少	有一定的原始地下资料，勘探费用高，新钻井数量多	无原始地下资料

表 1-14 中原地下储气库评价指标体系分级(油藏)

一级指标	二级指标	三级指标	级别			
			优	良	中	差
选址技术	储气规模	储气层有效厚度/m	>80	30~80	10~30	<10
		圈闭容积/10^8m^3	>50	30~50	10~30	<10
	储层品质	储层孔隙度/%	>30	25~30	15~25	<15
		储层渗透率/$10^{-3}\mu m^2$	高渗：>500	中渗：50~500	低渗：10~50	致密：<10
		储层连通率/%	>80	60~80	40~60	<40
	圈闭埋深/m		中浅层：500~2000	中深层：2000~3500	深层：3500~4500	超深层：>4500
	油藏类型		高挥发性油藏：气油比350~650m^3/m^3	轻质油藏：气油比10~350m^3/m^3	常规油藏：气油比35~250m^3/m^3	重质油藏：气油比<35m^3/m^3
	边水活跃程度		无边水、底水	能力弱，I_e<1.1	能力中等，I_e在1.1~1.3之间	能力强，I_e>1.3
	圈闭特征		四面倾伏背斜构造，闭合度>100m	断背斜、断裂不发育，闭合度>100m	断穿圈闭断裂发育，闭合度>100m	断穿圈闭断裂发育，闭合度<100m

续表

一级指标	二级指标	三级指标	级别			
			优	良	中	差
地质安全	盖层封闭性	盖层岩性	盐膏岩、膏泥岩、钙质泥岩、泥岩	含砂泥岩、泥灰岩、含粉砂质泥岩	砂质泥岩、泥质粉砂岩	泥质砂岩、页岩、致密灰岩
		盖层厚度/m	>300	150~300	50~150	<50
		盖层连续性	连续、稳定	较连续、较稳定	较连续、不稳定	连续性差、不稳定
		盖层裂隙发育	裂隙不发育	裂隙少量发育	裂隙发育，但未形成贯通性的裂隙	有贯通性的裂隙
		盖层封气能力/MPa	>10	5~10	1~5	<1
	断层封堵性	断层垂向密封力/MPa		>5	1~5	<1
		断层侧向封堵		倾向大套泥岩、膏岩封堵	泥岩涂抹断面封堵	随机封堵或储层物性封堵
	场地稳定性	构造运动	断裂圈闭周围1km内无活动断裂	断裂圈闭周围700~1000m内无活动断裂	断裂圈闭周围300~700m内无活动断裂	断裂圈闭周围300m内有活动断裂
		区域地震特征	地震活动很弱	地震活动较弱	近期无大的地震	近期有大的地震
		地面地质灾害	无地质灾害	地质灾害活动很弱、无采矿区	地质灾害活动一般、无重要采矿区	地质灾害频发、有重要采矿区
社会环境	库址区域性质		距离敏感区超过10km	距离敏感区5~10km	距离敏感区2~5km	距离敏感区2km以内
	与饮用水关系		不影响淡水源	含水层可控	基本不影响淡水源	影响淡水源
	公共社会环境		人口密集程度低	人口较密集，公众认可程度高	人口密集程度高，公众认可程度高	人口密集程度高，公众认可程度低

续表

一级指标	二级指标	三级指标	级别			
			优	良	中	差
经济	地理位置		距用户集中地或长输管道<30km	距用户集中地或长输管道30~100km	距用户集中地或长输管道100~150km	距用户集中地或长输管道>150km
	工作气量/10^4m^3		>30	10~30	3~10	<3
	老井封堵		老井或废弃井数量较少	老井或废弃井数量少，固井质量良好	有一定数量的老井或废弃井，固井质量差	废弃井、老井数量多，固井质量差
	投资成本		可利用资料丰富	有一定的原始地下资料，新钻井少	有一定的原始地下资料，勘探费用高，新钻井数量多	无原始地下资料

在储层品质方面，若气藏储气库的储层孔隙度大于20%则评价为优，若孔隙度在10%~20%之间则评价为良，若孔隙度在5%~10%之间则评价为中，若孔隙度小于5%则评价为差；若储层渗透率大于$50\times10^{-3}\mu m^2$则评价为优，若渗透率在$(5\sim50)\times10^{-3}\mu m^2$之间则评价为良，若渗透率在$(0.1\sim5)\times10^{-3}\mu m^2$之间则评价为中，若渗透率小于$0.1\times10^{-3}\mu m^2$则评价为差。而油藏储气库的储层孔隙度大于30%则评价为优，若孔隙度在25%~30%之间则评价为良，若孔隙度在15%~25%之间则评价为中，若孔隙度小于15%则评价为差；若储层渗透率大于$500\times10^{-3}\mu m^2$则评价为优，若渗透率在$(50\sim500)\times10^{-3}\mu m^2$之间则评价为良，若渗透率在$(10\sim50)\times10^{-3}\mu m^2$之间则评价为中，若渗透率小于$10\times10^{-3}\mu m^2$则评价为差。储层品质评价体系分级的差别是由流体流动速度的差别造成的。

在气藏类型方面，凝析油含量<$50g/m^3$的干气藏评价为优，凝析油含量在$50\sim500g/m^3$之间的低含凝析油气藏评价为良，凝析油含量>$500g/m^3$、气油比$1000\sim1700m^3/m^3$、相对密度$0.72\sim0.8g/cm^3$的高含凝析油气藏评价为中，气油比$250\sim1400m^3/m^3$、相对密度$0.78\sim0.85g/cm^3$的挥发性油藏评价为差。在油藏类型方面，气油比$350\sim650m^3/m^3$的高挥发性油藏评价为优，气油比$10\sim350m^3/m^3$的轻质油藏评价为良，气油比$35\sim250m^3/m^3$的常规油藏评价为中，气油比<$35m^3/m^3$的重质油藏评价为差。

在边水活跃程度方面，气藏水驱驱动指数$WEDI=0$属于气驱，评价为优，水驱驱动指数$WEDI<0.1$为弱水驱，评价为良，水驱驱动指数$WEDI$在$0.1\sim0.3$之间为中水驱，评价为中，水驱驱动指数$WEDI>0.3$为强水驱，评价为差。油藏无边水、底水，评价为优，边水能力弱，油藏能量指数$I_e<1.1$，评价为良，边水能力中等，油藏能量指数I_e在$1.1\sim1.3$之间，评价为中，边水能力强，油藏能量指数$I_e>1.3$，评价为差。

在储气库评价指标体系中，指标权重的合理选择关系到评价的正确性和科学性，根据层次分析法的相关要求，采用“1－9”标度法，通过专家打分，按结构图的层次结构关系

$$P_{A-B}=\begin{bmatrix}1&2&5&3\\1/2&1&5&3\\1/5&1/5&1&1/3\\1/3&1/3&3&1\end{bmatrix}$$

图 1-5 中原地下储气库评价体系 B 层判断矩阵

进行判别比较，分别构建判断矩阵，然后计算出各指标的权重（图 1-5）。

权向量 ω_{A-B} =（0. 4600，0. 3248，0. 0665，0. 1486），最大特征值 λ_{max} = 4. 1042，随机一致性比率 Rc = 0. 0386<0. 1，由层次分析法可知，若 Rc<0. 1，即可认为判断矩阵具有令人满意的一致性，说明权值分配合理；否则，就需要重新形成判断矩阵，直到取得满意的随机一致性为止。

因此，在中原地下储气库评价体系二级因素中，选址技术因素所占权重高，达 46. 01%，其次为地质安全因素，权重为 32. 48%，经济因素和社会环境因素作用有限，权重分别为 14. 86%和 6. 65%。

在中原地下储气库评价指标体系 16 个三级因素中，盖层封闭性因素所占权重高达 20. 7%，其次为储气规模和储层品质，各占 14. 8%、10. 3%（表 1-15、图 1-6）。

表 1-15 中原地下储气库评价指标体系 C 层矩阵指标权重值

储气规模 C1	储层品质 C2	圈闭埋深 C3	油（气）藏类型 C4	边水活跃程度 C5	圈闭特征 C6	盖层封闭性 C7	断层封堵性 C8	场地稳定性 C9	库址区域性质 C10	与饮用水关系 C11	公共社会环境 C12	地理位置 C13	工作气量 C14	老井封堵 C15	投资成本 C16
0. 148	0. 103	0. 071	0. 050	0. 046	0. 041	0. 207	0. 083	0. 034	0. 048	0. 015	0. 004	0. 012	0. 072	0. 037	0. 029

$$P_{B1-C}=\begin{bmatrix}1&3&3&5&5&7\\1/3&1&3&5&5&7\\1/3&1/3&1&3&5&5\\1/5&1/5&1/3&1&1/2&1\\1/5&1/5&1/5&2&1&3\\1/7&1/7&1/5&1&1/3&1\end{bmatrix}$$

(a)中原储气库综合评价(B1-C层) 判断矩阵

$$P_{B2-C}=\begin{bmatrix}1&3&5\\1/3&1&3\\1/5&1/3&1\end{bmatrix}$$

(b)中原储气库综合评价(B2-C层) 判断矩阵

$$P_{B3-C}=\begin{bmatrix}1&5&7\\1/5&1&5\\1/7&1/5&1\end{bmatrix}$$

(c)中原储气库综合评价(B3-C层) 判断矩阵

$$P_{B4-C}=\begin{bmatrix}1&1/5&1/3&1/3\\5&1&3&2\\3&1/3&1&2\\3&1/2&1/2&1\end{bmatrix}$$

(d)中原储气库综合评价(B4-C层) 判断矩阵

图 1-6 中原地下储气库评价指标体系 C 层矩阵

三、储气库库址资源筛选结果

根据中原储气库库址筛选标准，采用权重法对 26 个气藏、203 个已开发油藏进行初步评价：其中，10个气藏适合建库，11个油藏适合建库，预计中原储气库群原始库容量将达到556.84×$10^8$$m^3$(表1-16~表1-18)。

表1-16 中原油田储气库选址结果(气藏)

类别	单元	地质储量/10^8m^3	储层物性		地层压力/MPa	采出程度/%	埋深/m	综合评价得分
			孔隙度/%	渗透率/$10^{-3}\mu m^2$				
气藏	文96	9.3	14~23	2~140	25.6	61.36	2330~2660	0.8218
	文23	149.4	12	14.7	38.6	71.41	2750~3120	0.7862
	卫11	12.53	16~20	10~60	27.3	65.91	2530~2675	0.7435
	文24	4.22	12~25	20~180	23.6	72.55	2305~2350	0.6725
	文13西	7.9	12~20	10~100	53.9	86.6	3060~3200	0.6441
	白庙	49.4	9~15	0.2~10	36.7	23.81	2600~3250	0.6105
	户部寨	31.65	5.2~9.2	0.1~0.62	38.6	37.5	3200~3500	0.5522
	文南	17.31	13.8~21.6	8.8~182.1	43.2	53.89	2817~2917	0.5277
	卫2	16.16	12~21	1~75	26.1	45.01	2500~2670	0.5159
	濮城	57.31	21~30	10~1000	23.9	62.85	2250~2400	0.5084
	文19	1.8	19	46	31.0	2.79	2620~2760	0.4218
	桥口	38.74	11	0.3~5	52.0	7.59	3550~4050	0.3625
	文181	4.47	13.58~16.3	4.3~16	39.2	11.44	3330~3498	0.2929
	文77	7.61	15	7.2	25.6	—	2350~2545	0.2775
	刘庄	19.87	13	5~10.7	43.0	1.56	3400~3700	0.2620
	文203-58	24.08	11.8	1.53	63.3	2.43	3589~3809	0.2543
	文186	6.86	9~13	0.2~10	49.2	7.41	2880~3415	0.2499
	濮67	25.55	11.4	1.49	46.0	3.86	3430~3680	0.2439
	马62	10.47	14	4	37.4	—	2950~3950	0.2405
	徐集	8.37	13.6	4	32.7	0.05	2900~4000	0.2346
	卫79-19	3.31	13.2	1.5	36.8	—	3000	0.2333
	濮153	4.06	12.8	3.6	36.3	0.01	3275~3380	0.2245
	文299	9.22	9~16.5	0.4~15	39.3	—	3140~3530	0.2214
	古云集	0.95	13	3	35.5	—	3400~3550	0.2190
	濮98	4.38	11	0.8	43.0	0	3300	0.2012
	孟4	3.99	11	5.9	42.4	—	3400~3680	0.1963

注：为与现场统计结果保持一致，书中数据的有效位数未进行统一。

表1-17 中原油田储气库选址结果(油藏)

类别	单元	层位	有效厚度/m	地质储量/10^4t	油藏埋深/m	孔隙度/%	渗透率/$10^{-3}\mu m^2$	综合评价得分
油藏	卫11	Es_3x_{4-8}	9.5	253	2785	16.7	18.7	0.6201
	文13西	Es_3z_{5-10}	30.3	1089	3350	18.0	30.0	0.6101
	卫2	Es_3x	6.8	483	2837.5	17.2	48.0	0.5948
	卫10	Es_2x、Es_3z、Es_3x_{1-5}	14.7	732	2497.5	19.0	120.0	0.5885
	文82	Es_2x—Es_3s	6.4	317	3225	13.0	20.0	0.5705

续表

类别	单元	层位	有效厚度/m	地质储量/10^4t	油藏埋深/m	孔隙度/%	渗透率/$10^{-3}\mu m^2$	综合评价得分
油藏	文 25	Es_2x_{1-8}	12.0	748	2375	24.0	263.5	0.5665
	文 13 北	Es_3z	8.9	732	3450	16.4	4.8	0.5480
	文 203	Es_3z	8.0	326	3527	15.0	25.0	0.5269
	文 33	Es_2x_{1-3}、Es_3z	12.4	1830	2900	19.1	91.2	0.5231
	濮城沙一	Es_1x	2.7	1135	2310	28.1	690.0	0.5174
	桥口主体	Es_2x_{1-4}、Es_3s_{2-5}	6.2	766	2607.5	20.6	41.7	0.5085
	濮东沙二上 1	Es_2s_1	9.7	1089	2400	27.5	405.1	0.4805
	文 33 沙二下	Es_2x	18.2	1275	2785	19.1	140.3	0.4627
	濮西沙二上 2+3	$Es_2s_1^{2+3}$	17.2	870	2404	24.0	51.6	0.4625
	濮南沙二上 2+3	$Es_2s_1^{2+3}$	22.1	1298	2389	23.6	142.4	0.4585
	文 10 西	Es_3z	24	484	2311	22.8	174.6	0.4383
	文 15 西	Es_3s_{1-7}	14.6	341	2250	25.4	266.2	0.4375
	濮东沙二上 2+3	$Es_2s_1^{2+3}$	16	608	2426	22.8	89.6	0.4371
	文 101	Es_2x	18.9	455	2291	22.2	207.0	0.4348
	濮南沙二上 1	Es_2s_1	3.3	158	2395	26.0	201.0	0.4114
	文 10 东	Es_3z	11.6	169	2300	22.8	174.6	0.4045
	文 51	Es_2x	12.2	939.21	3308	20.0	65.6	0.4042
	文 95	Es_3z	13.3	636.94	2808	19.7	79.8	0.3999
	文 14	Es_2x	14.5	434.73	2600	20.0	60.0	0.3980
	文 209	Es_2z	22.8	508.02	2890	19.7	70.0	0.3906
	文 72-135	Es_2x—Es_3s	21	580	3150	17.0	27.7	0.3800
	……							

表 1-18 中原油田储气库选址结果

区块	层位	含气(油)面积/km^2	地质储量/(10^8m^3或10^4t)	埋深/m	孔隙度/%	渗透率/$10^{-3}\mu m^2$	库容量/10^8m^3
文 96 气藏	Es_2x_{1-4}、Es_3s_{1-3}	1.5	9.3	2330~2660	14~23	2~140	5.88
文 23 气藏	Es_4	8.15	149.4	2750~3120	12	14.7	104.21
卫 11 气藏	Es_3x_{1-3}	1.3	12.53	2530~2675	16~20	10~60	10.09
文 24 气藏	Es_2x_{1-3}	1	4.22	2305~2350	12~25	20~180	2.96
文 13 西气顶	Es_3z_{4-5}	2.8	7.9	3060~3200	12~20	10~100	6.6
白庙气田	Es_2x—Es_3s	23.7	49.4	2600~3250	9~15	0.2~10	14.11
户部寨气田	Es_4	10.3	31.65	3200~3500	5.2~9.2	0.1~0.62	31.65
文南气顶	Es_2x—Es_3s	7.5	17.31	2817~2917	13.8~21.6	8.8~182.1	12.1
卫城气顶	Es_3x	1.3	16.16	2500~2670	12~21	1.0~75	5
濮城气顶	Es_2s_1	7.2	57.31	2250~2400	21~30	10~1000	46.95
小计	10 个	—	—	—	—	—	239.55

续表

区 块	层 位	含气(油)面积/km^2	地质储量/(10^8m^3或10^4t)	埋深/m	孔隙度/%	渗透率/$10^{-3}\mu m^2$	库容量/10^8m^3
卫11块	Es_3x_{4-8}	1.6	253	2680~2890	12.1~20.0/平均16.7	5~50/平均18.7	3.99
文13西油藏	Es_3z_{5-10}	2	1089	3200~3500	15~23/平均18.0	12~47/平均30	23.1
卫2块	Es_3x	4.1	483	2775~2900	13.3~23.7/平均17.2	10~50/平均48	26.8
卫10块	Es_2x、Es_3z、Es_3x_{1-5}	2.7	732	2265~2730	13.9~22.8	4.5~216	19
文82块	Es_2x—Es_3s	3.8	317	3000~3450	11.4~16.3/平均13	4.3~32.3/平均20	14.1
文25块	Es_2x_{1-8}	2.6	748	2375	平均24	平均263.5	27.3
文13北块	Es_3z	5	732	3450	平均16.4	平均4.8	51.5
文203块	Es_3z	2.7	326	3527	平均15	平均25	20
文33块	Es_2x_{1-3}、Es_3z	7.7	1830	2900	平均19.1	平均91.2	56.2
濮城沙一	Es_1x	15.1	1135	2280~2340	平均28.1	平均689.96	54.4
桥口主体	Es_2x_{1-4}、Es_3s_{2-5}	0.4~6.0	766	2435~2780	平均20.6	平均41.7	20.9
小 计	11个	—	—	—	—	—	317.29
总 计	21个	—	—	—	—	—	556.84

四、中原储气库群建设规划

1. 中原储气库群近期目标

通过对中原油田20个气藏的地质特征和开发现状进行分析，根据优选气藏储气库的7项标准，选择建库条件较好的文24气藏、文96气藏、卫11气藏、文23气藏和文13西气顶气藏并进行对比，结合榆济管道需要的调峰气量，认为文24气藏与文13西气顶气藏具有构造简单，断层、盖层封闭性强，砂体连通性好，以及储层物性好等特征，是满足目前要求调峰气量的较好选择，因此选择文24气藏与文13西气顶气藏作为首选储气库库址。

按照中原储气库群库址资源的筛选评价排序、“气藏建库兼顾油藏”的布局原则，规划并实施中原储气库群建设。以整体规划、分步实施、突出重点为策略，按照“达容一批、新建一批、评价一批”的方式进行工作部署，充分挖掘储气库的建设潜力，加快推进储气库群建设进程，助推油田转型发展。

规划中原储气库群：“十三五”期间建设地下储气库2座，“十四五”期间重点布局储气库3座，“十五五”期间拓展布局储气库2座，“十六五”“十七五”期间储备布局储气库14座，中原储气库群总库容量将达到556.84×10^8m^3(表1-19)。届时，中原储气库群与榆济管道、鄂安沧管道、新气管道豫鲁支线等干线管道连通，与山东、天津两大LNG接收站形成良性互补，力争使中原储气库群成为华北地区的天然气调峰中心。

表 1-19 中原储气库群总体规划

规 划	区 块
已建（“十三五”期间）	文 96 气藏
	文 23 气藏
近期（“十四五”期间）	卫 11 气藏
	文 24 气藏
	文 13 西气顶气藏
中期（“十五五”期间）	白庙气田
	户部寨气田
远期（“十六五”“十七五”期间）	文南气顶
	卫城气顶
	濮城气顶
	卫 11 块
	文 13 西油藏
	卫 2 块
	卫 10 块
	文 82 块
	文 25 块
	文 13 北块
	文 203 块
	文 33 块
	濮城沙一
	桥口主体

2. 中原油田已建储气库情况

1）文 96 储气库

文 96 储气库由文 96 气藏改建而成(图 1-7)，文 96 气藏属中高渗断块砂岩凝析气藏，含气层位为 Es_2x_{1-8}—Es_3s_{1-3} 砂组，埋深 2330～2660m，技术人员在 1993 年上报含气面积 1.50km^2、地质储量 9.3×10^{8}m^3。2010 年 1 月，改建储气库可行性论证得到国家相关部门批复，2010 年 8 月开工建设，2012 年 8 月正式运行。注采层位为 $Es_2x_{1-4、8}$—Es_3s_{1-3} 砂组，新钻注采井 14 口，储层孔隙度 16.2%～22.3%，渗透率(15.97～59.34)×10^{-3}μm^2，为中高孔、中高渗储层，注采厚度 17.8～68.9m。储气库最大库容量 5.88×10^{8}m^3，附加垫气量 2.23×10^{8}m^3，工作气量 2.95×10^{8}m^3，工作压力区间为 12.9～27.0MPa。

截至 2019 年 7 月，文 96 储气库累计注气 11.2×10^{8}m^3，累计采气 6.9×10^{8}m^3。且截至本书完稿时，文 96 储气库处于第七注气期，自运行以来冬季调峰采气 6 次，应急调压注采达 60 余次，充分保障了榆济管道的平稳运行，实现了应对榆济管道上、下游突发事件及应急调峰的建设目的。经过前 6 个周期的运行，储气库动态库容量呈逐步扩大的趋势，

库容量已达到 $5.46\times10^8 m^3$，且达到设计值的 92.9%，达容率较高。地层压力在 18～27MPa 之间，满足最大 $420\times10^4 m^3/d$ 的应急采气能力；生产压差控制在 1.5MPa，可满足 $120\times10^4 m^3/d$ 的正常采气要求，储气库注采及调峰能力达到方案设计要求。

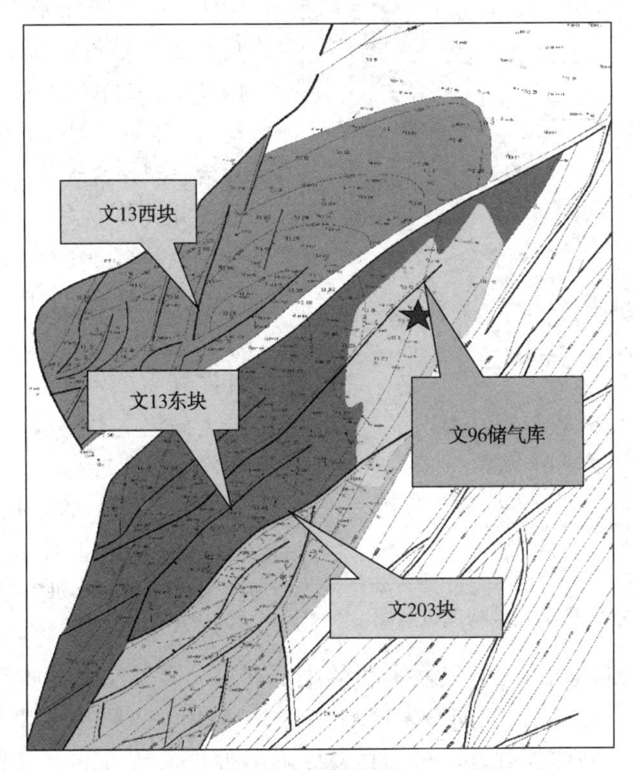

图 1-7　文 96 储气库区域位置示意图

2）文 23 储气库一期建设情况

文 23 储气库是由文 23 气藏改建而成的，文 23 气藏在构造上位于东濮凹陷中央隆起带北部文留构造的高部位(图 1-8)，构造总体上为基岩隆起背景下继承发育的断层复杂化的背斜，区域Ⅲ级断层将气田分割为主块、东块、西块、南块 4 个独立断块；含气层系为古近系沙河街组沙四段(Es_4)，埋藏深度 2750～3120m；储层发育，砂层厚，平面上储层分布比较稳定，内部连通性好；物性以低孔、低渗为主，储层孔隙度 8.86%～13.86%，渗透率$(0.27\sim17.12)\times10^{-3}\mu m^2$；甲烷含量 89.28%～97.13%，凝析油含量 $10\sim20g/m^3$；原始地层压力 38.62～38.87MPa，原始地层温度 113～120℃。总体上为具有块状特征的层状砂岩干气藏。

储气库的储气单元为文 23 气藏主块物性好、采出程度高的 Es_4^{3-8} 砂组，库容量 $104.21\times10^8 m^3$，整个储气库分两期建设，其中一期工程的设计参数为井台 8 个，总注采井 72 口(图 1-9)，新钻注采井 66 口(含监测井 6 口)，老井利用采气井 6 口，监测井 16 口(新井 6 口、老井 10 口)，库容量 $84.31\times10^8 m^3$，运行压力 20.92～38.60MPa，运行工作气量 $32.67\times10^8 m^3$，补充垫气量 $40.90\times10^8 m^3$。

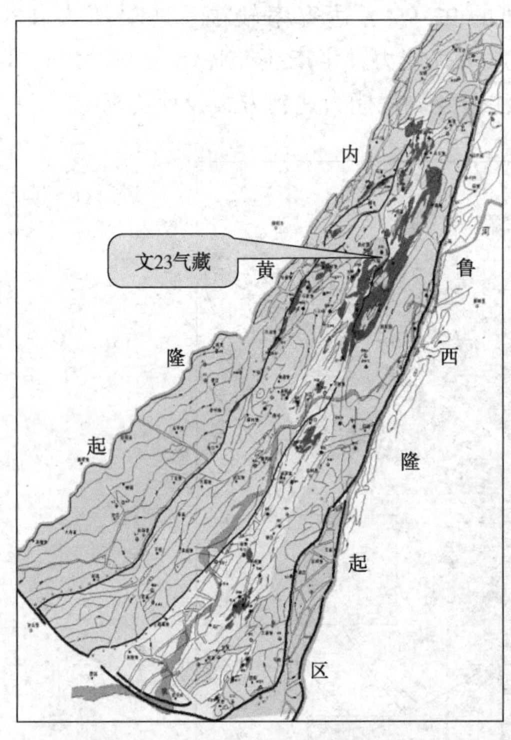

图 1-8 文 23 气藏区域构造位置图

截至 2019 年 7 月底，一期工程 8 个井台 66 口新井钻井、注采完井全部施工完毕。其中，8 口井出现钻井质量问题，4 口井注采中完，这 12 口井不具备注气条件。在具备注气条件的 54 口井中，目前有 40 口井开井，日注气量 $1378.85\times10^4m^3$。计划关井 14 口，4# 井台、5# 井台气井全部关井，7# 井台部分气井关井。

老井自 2019 年 1 月 20 日开始持续注气，先后有 11 口井完成注气，目前开井 5 口，日注气量 $66.1\times10^4m^3$，累计注气 $3.27\times10^8m^3$。

截至本书完稿时，一期储气库累计注气 $16.24\times10^8m^3$。

3）文 23 储气库二期建设情况

2018 年 11 月 12 日，文 23 储气库（二期）可行性研究通过中国石化天然气分公司专家组初步审查。

文 23 储气库二期位于文 23 气藏主块的中低产区，含气层系为古近系沙河街组沙四段，埋藏深度 2750~3120m；二期开发区域为 Es_4^{3-6} 砂组，该砂组主要发育洪水漫湖、滨浅湖两种亚相，主力砂体为砂坪、砂滩微相。有效厚度小于 80m，取心井孔隙度集中在 10.5%~12.8%之间，渗透率集中在$(0.9\sim5.4)\times10^{-3}\mu m^2$之间，物性较一期区域稍差。甲烷含量 89.28%~97.13%，凝析油含量 10~20g/m³；原始地层压力 38.62~38.87MPa，原始地层温度 113~120℃。总体上为具有块状特征的层状砂岩干气藏。

储气库的储气单元为文 23 气藏二期区域的 Es_4^{3-6} 砂组，库容量 $19.9\times10^8m^3$。与一期不同的是，二期主要部位为中产区，调峰能力与一期相比较弱，对整个储气库的调峰贡献相对较小，井数测算未采用不均匀系数法，改为采用日均最大稳定调峰气量法进行井数测算，减少了井数需求。结合在前期论证的单井产能方程，考虑利用大斜度定向井提高产能，采用节点分析法，主块南部连通中产区，设计参数为井台 4 个，新钻井 15 口，老井监测井 8 口，库容量 $19.9\times10^8m^3$，运行压力 20.92~38.6MPa，运行工作气量 $5.71\times10^8m^3$，补充垫气量 $8.67\times10^8m^3$。

文 23 储气库二期建设工程在一期建设工程全面投产的基础之上，得到了稳步推进，并于 2020 年完成全部建设工作。

3. 中原储气库群近期规划

按照中原油田油气藏库址评分体系进行排序，将卫 11 油气藏、文 13 西油气藏、文 24 气藏作为储气库近期（“十四五”期间）建设目标区（表 1-20）。

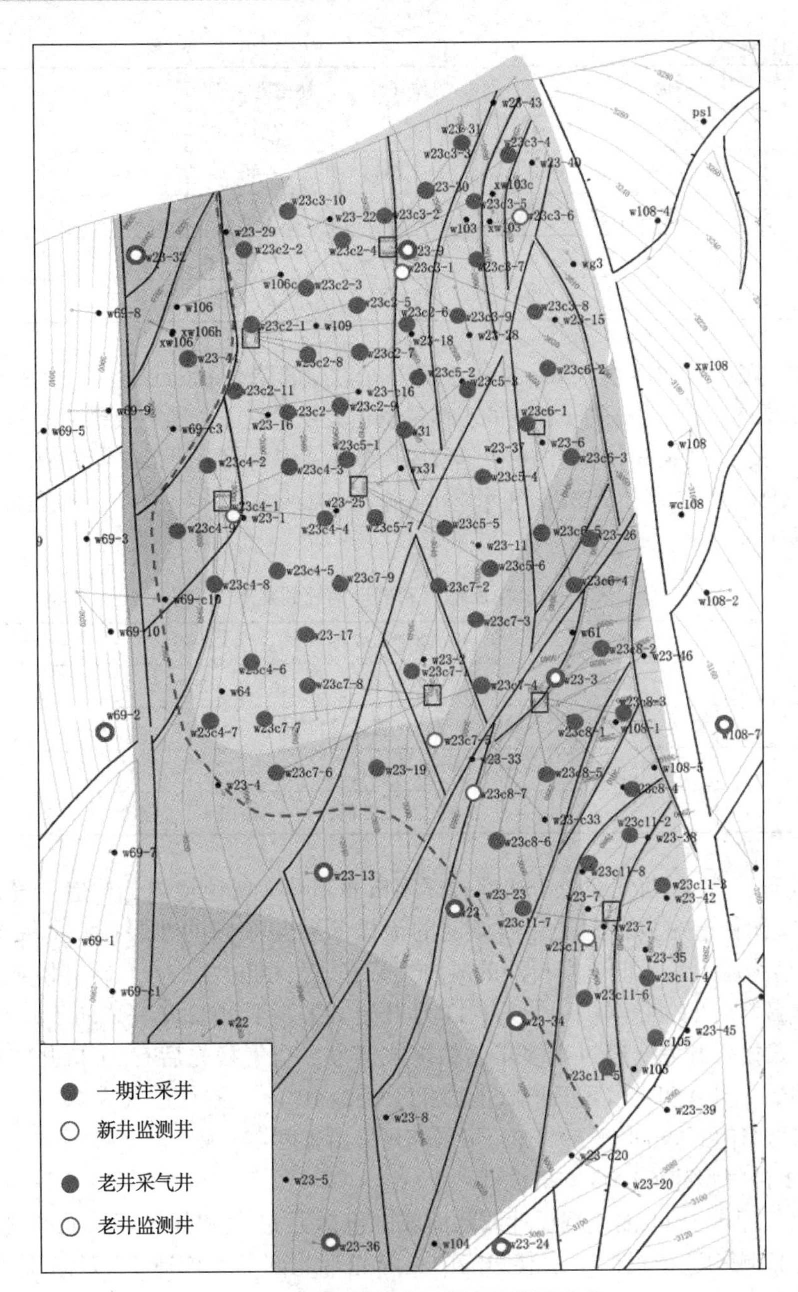

图 1-9　文 23 储气库一期方案部署井位

表 1-20　中原储气库群近期规划评价

储气库	建库类型	库容量/10^8m^3	工作气量/10^8m^3	补充垫气量/10^8m^3	工作压力/MPa	调峰能力/10^8m^3
卫 11 油气藏	气藏	10.09	4.68	4.73	14~27	388.8
	油藏	3.99	2.04	1.95	12.6~27	171.2

续表

储气库	建库类型	库容量/10^8m^3	工作气量/10^8m^3	补充垫气量/10^8m^3	工作压力/MPa	调峰能力/10^8m^3
文13西油气藏	气藏	6.60	2.70	3.90	15~35	117~373.8
	油藏	23.10	6.70	16.4	25~35	464~730
文24气藏	气藏	2.96	1.20	1.42	13~22	55~106.5
合 计		46.74	17.32	28.4		

卫11油气藏、文13西油气藏、文24气藏三个改建的储气库设计最大库容量$46.74×10^8m^3$，工作气量$17.32×10^8m^3$。根据初步评估的工作量及相关技术论证、准备成果，卫11油气藏、文13西油气藏、文24气藏三个改建的重点储气库，单个建库周期预计2~3年完成。卫11储气库建库安排在2021—2023年，文24储气库建库安排在2022—2023年，文13西储气库建库安排在2023—2025年(表1-21)。

表1-21 中原储气库群近期规划建库安排

分年度建库安排				
2021年	2022年	2023年	2024年	2025年
卫11(前期研究)	卫11(工程建设)	卫11(工程建设)		
	文24(前期研究)	文24(工程建设)		
		文13西(前期研究)	文13西(工程建设)	文13西(工程建设)

文24气藏、文13西气藏位于河南省濮阳市濮阳县文留镇境内，构造位置在东濮凹陷中央隆起带文留构造东翼，为受北西倾向的徐楼断层与东倾的地层控制的反向屋脊式构造。气藏类型为弱边水、低含凝析油的凝析气藏，含气层位为Es_2x_{1-8}砂组和Es_3s_{1-3}砂组。

文24气藏与文13西气藏于1989年11月开始试采，于1992年完成初步开发方案编制，于1993年正式投入开发。经过十多年的枯竭式开发，全气藏先后有21口井实现采气，到2009年10月，开井4口，气藏日产气能力仅$1.082×10^4m^3$，累计产气$6.46×10^8m^3$，采气速度0.49%，地质储量采出程度69.4%，可采储量采出程度89.5%。

1）卫11油气藏建库初步方案设计

卫11储气库由卫11油气藏设计改建而成，包括卫11气藏储气库和卫11油藏储气库。卫11油气藏区域构造位置位于东濮凹陷中央隆起带北部卫城构造带、卫城地垒构造带西部。卫11油气藏为断块型砂岩油气藏，其流体分布主要受构造控制，油气分布规律与卫城油(气)田地垒带基本一致，构造高部位(深度约2700m以上)储层以含气为主，构造低部位以含油为主，油、水系统呈明显的层状油气藏特点。含油气层系为古近系沙河街组Es_3x段，埋藏深度2500~2895m。Es_3x_{1-3}砂组探明含气面积$1.3km^2$，天然气地质储量$12.53×10^8m^3$，凝析油储量$7.02×10^4t$；Es_3x_{4-8}砂组探明含油面积$1.6km^2$，石油地质储量$242×10^4t$。储层孔隙度9.0%~29.8%，渗透率$(0.44~112.20)×10^{-3}μm^2$。原始地层压力26.0~27.69MPa，原始地层温度95~109.7℃，油气藏类型为层状复杂断块型砂岩油气藏。

卫11气藏于1995年全面投入开发，截至2019年6月，累计产气$8.26×10^8m^3$，地质采出程度65.96%。该气藏已进入枯竭状态，2013年平均地层压力仅2.7MPa。卫11油藏自1982年开始试采，截至2019年6月，区块共有48口油、水井，其中油井26口，开井17口，水井22口，开井10口，日产油20.5t，综合含水91.97%，日注水396m^3。累计产油99.14×10^{4}t，地质采出程度39.19%。2019年6月，油井动液面深度在501~1949m之间，推算油藏目前平均地层压力约18.0MPa。

卫11储气库的建设按照气藏、油藏两套注采层系实施。井网为不规则井网，在控制库容量最大化原则的基础上，分气藏、油藏两套注采层系部署井网，注采井全部为新井。气藏储气单元为Es_3x_{1-3}砂组，设计井台4座，新注采井26口，库容量10.09×10^{8}m^3，运行压力14~27MPa，运行工作气量4.26×10^{8}m^3。油藏储气单元为Es_3x_{4-8}砂组，设计井台4座，新注采井20口，库容量3.99×10^{8}m^3，运行压力12.6~27MPa，运行工作气量2.04×10^{8}m^3。

根据监测目的，部署监测井11口：盖层封闭性监测井2口(卫208井、卫11-40井)；断层封闭性监测井2口(卫11-57井、新卫127井)；注采期间压力观察井6口(卫新204井、卫11-侧29井、卫11-19井、卫新142井及新井2口)；监测低部位气井界面变化井1口(卫230井)。

2）文13西油气藏建库初步方案设计

文13西储气库设计由文13西油气藏改建而成，包括文13西气藏储气库和文13西油藏储气库。文13西油气藏位于东濮凹陷中央隆起带文留构造东翼，以及文13背斜西翼(图1-10)。该油气藏主要含气层位为Es_3z_5砂组，气层埋深3040~3221m，含气面积2.8km^2，天然气地质储量7.9×10^{8}m^3；含油层位为Es_3z_{5-9}砂组，油层埋深3150~3550m，含油面积5.0km^2，石油地质储量1089×10^{4}t，可采储量397×10^{4}t，标定采收率36.46%。

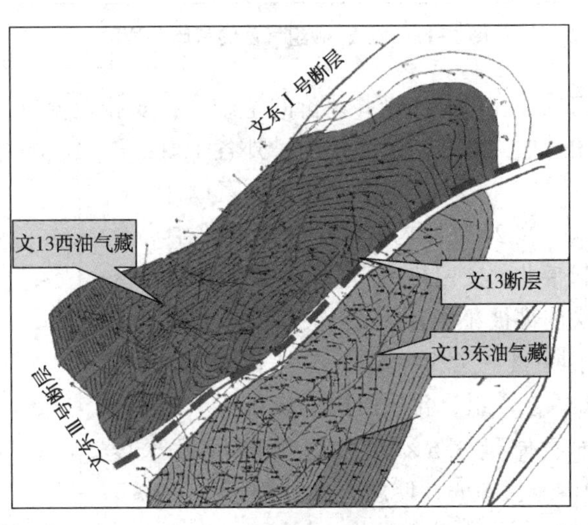

图1-10　文13西油气藏构造井位图

储集层孔隙度在15%~23%之间，平均孔隙度为18%，渗透率区间集中在(12~47)×10^{-3}μm^2，平均渗透率为30×10^{-3}μm^2，为低渗储层。甲烷含量均在80%~85%之间，凝析油含量一般为180g/m^3。高压物性资料分析结果表明，地下原油性质具有“三高两低”的特点：高气油比(200~328m^3/t)、高体积系数(1.6~1.7)、高饱和压力(29.7~35.1MPa)、低地下原油密度(0.5~0.65g/cm^3)以及低黏度(0.5~1.0mPa·s)。总矿化度为322900~347000mg/L，水型为氯化钙型。原始地层压力为55~68MPa，压力系数为1.69~1.88，平均为1.73，地层温度为120~150℃，为异常温高压系统。

截至2019年6月，文13西气藏开井1口，日产气283m^3，累计采气6.84×10^{8}m^3，地质采出程度86.6%，地层压力6.98MPa。文13西油藏有油井61口，开井55口，区块日产油64.4t，日产气1.17×10^{4}m^3，综合含水94.65%，地质采出程度34.5%，采油速度

0.18%。区块共有注水井48口，开井35口，日注水1430m^3。

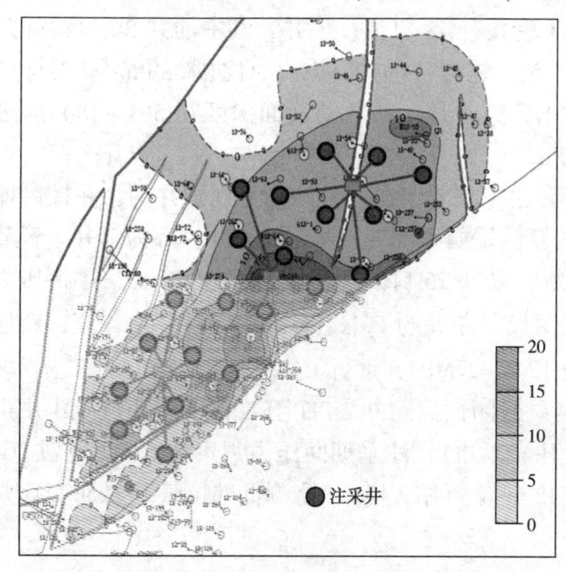

图1-11 Es_3z_5砂组气藏储气库井位图

文13西储气库的建设按照气藏、油藏两套注采层系实施。结合气藏开发泄压半径，满足储气库强注、强采要求，以300m小井距部署井网，采用不规则井网部署，在控制库容量最大原则的基础上，分气藏、油藏两套注采层系部署井网，注采井全部为新井。气藏储气单元为Es_3z_5砂组，设计井台3座，新注采井21口（图1-11），库容量$6.6\times10^8m^3$，运行压力15~35MPa，运行工作气量$2.7\times10^8m^3$。油藏储气单元为Es_3z_{6-9}砂组，设计井台4座，新注采井22口，库容量$23.1\times10^8m^3$，运行压力15~35MPa，运行工作气量$6.7\times10^8m^3$。

根据盖层、断层、流体及压力监测需要，在可利用老井评价的基础上，安排监测井10口：盖层封闭性监测井2口；断层封闭性监测井2口，断块内、外各1口；压力监测井5口；气水界面监测井1口。

3）文24气藏建库初步方案设计

文24气藏构造位于东濮凹陷中央隆起带北部文留构造高部位(图1-12)，区块内部被小断层复杂化，并被分为5个小断块。文24气藏主要含气层位为Es_2x_{1-3}砂组，含气面积1.01km^2，天然气地质储量$3.5\times10^8m^3$。气藏埋藏深度2180~2350m。储层有效孔隙度8.86%~29%，平均为20.8%，渗透率$(0.2\sim452.6)\times10^{-3}\mu m^2$，平均为$53.7\times10^{-3}\mu m^2$。甲烷含量80.31%~88.81%，凝析油含量97.7g/m^3。原始地层压力23.6MPa，原始地层温度90~120℃，气藏类型为常温常压且具有边水的层状砂岩凝析气藏。

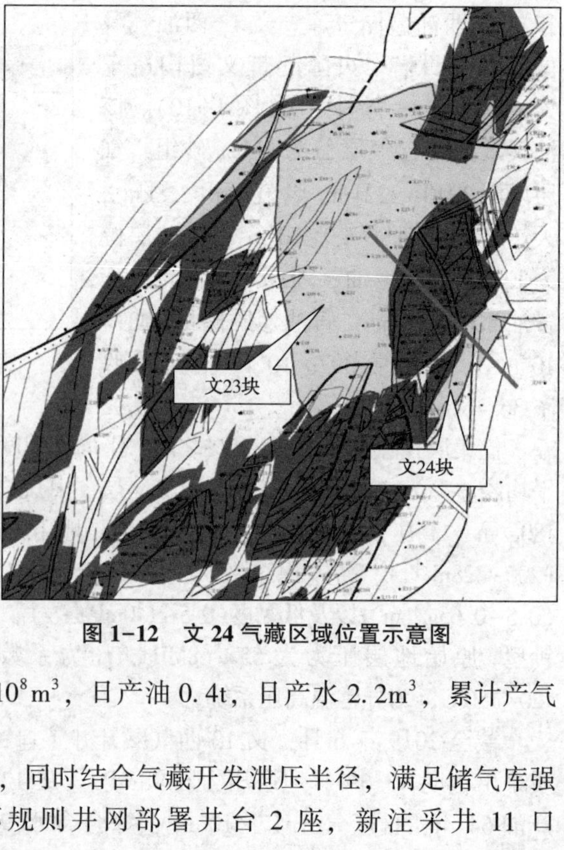

图1-12 文24气藏区域位置示意图

截至2019年6月底，文24气藏总井数19口，开井2口，日产气仅$0.1553\times10^8m^3$，日产油0.4t，日产水2.2m^3，累计产气$2.81\times10^8m^3$。

文24气藏小条带多，为了控制库容量，同时结合气藏开发泄压半径，满足储气库强注、强采要求，以100~300m小井距不规则井网部署井台2座，新注采井11口

(图 1-13)。库容量 2.96×$10^8$$m^3$，运行压力 13~23.6MPa，运行工作气量 1.2×$10^8$$m^3$。部署气水界面监测井 2 口、断层封闭性监测井 5 口。

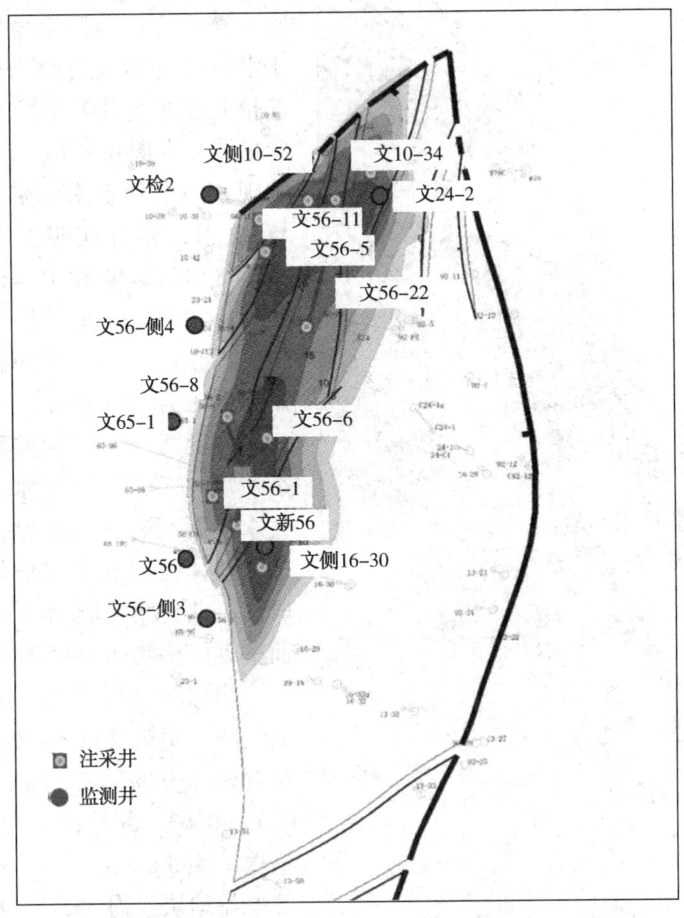

图 1-13 文 24 储气库井网部署图

4. 中原储气库群中期目标(2030 年)

按照中原油田油气藏库址评分体系进行排序，中期规划建设 2 座拓展布局储气库：白庙气田和户部寨气田，预计“十五五”末期，加上已建文 96、文 23、卫 11、文 13 西、文 24 储气库，中原储气库群将达到 7 座，库容量将达到 202.59×$10^8$$m^3$。

根据初步评估的工作量及相关技术论证、准备成果，2 座拓展布局储气库中单座的建库周期为 2~3 年(表 1-22)。白庙储气库安排建库时间为 2026—2028 年，户部寨储气库安排建库时间为 2029—2030 年。

表 1-22 中原储气库群中期规划建库安排

分年度建库安排				
2026 年	2027 年	2028 年	2029 年	2030 年
白庙(前期研究)	白庙(工程建设)	白庙(工程建设)		
			户部寨(前期研究)	户部寨(工程建设)

1）户部寨气田改建储气库概念设计

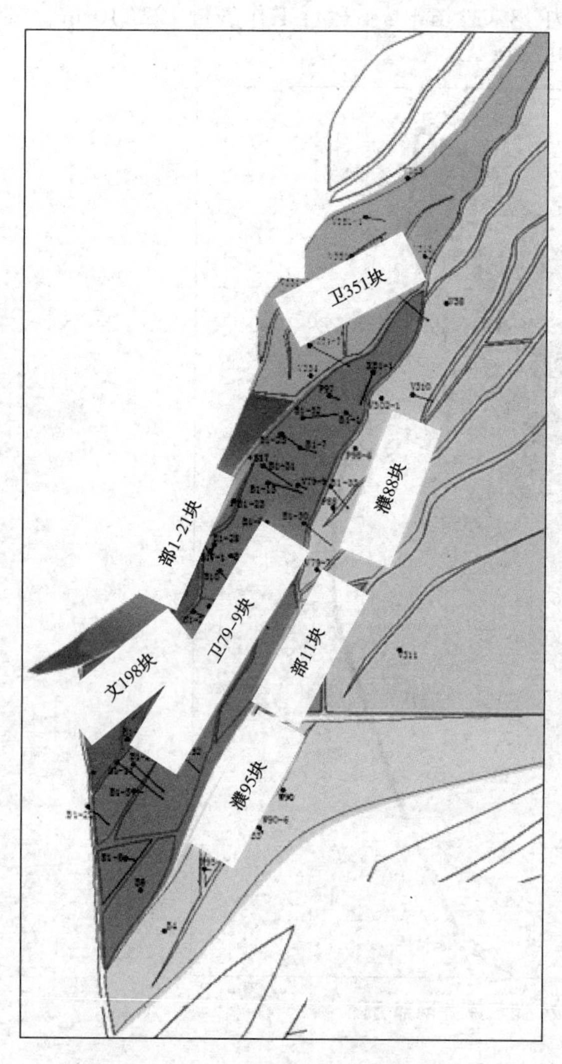

图 1-14　户部寨气田构造图

户部寨气田地理位置位于河南省濮阳市濮阳县户部寨镇境内，构造位置位于渤海湾盆地临清坳陷东濮凹陷中央隆起带北部文濮卫接合部（图 1-14），为层状低渗复杂断块气田。该气田于 1992 年发现，1993 年投入试采开发，截至 2005 年 12 月，累计探明含气面积 $10.3km^2$，天然气地质储量 $42.07\times10^8m^3$，可采储量 $21.42\times10^8m^3$，埋藏深度 3200～3500m，气层厚度 21.6m，平均孔隙度 10%，原始地层压力 38.6MPa。

户部寨气田气藏类型为层状低渗复杂断块气藏，发育边水，平面上各断块气水界面不统一，卫 79-9 块气水界面复杂，整体上沙四上段满段含气，沙四下段南、北井区有水体分布，并且气水界面呈现阶梯状向中间部位抬高。

户部寨气田气藏属微含、低含凝析油气藏，甲烷含量 88.89%～93.56%，乙烷含量 1.97%～2.22%，气体相对密度 0.58～0.63；凝析油平均相对密度 0.76，黏度 1.4mPa·s，含量 $35\sim50g/cm^3$。气藏原始地层压力 36.67～41.29MPa，地层压力系数 1.12～1.21，为正常压力系统。地层温度在 124℃左右，根据试采井的试气资料，计算平均地温梯度为 3.7℃/100m，属正常温度系统。

截至 2019 年 6 月，户部寨气田共有生产井 30 口，平均地层压力 8.6MPa，累计产气 $13.63\times10^8m^3$，地质储量采出程度 32.39%。

户部寨气田卫 79-9 块、文 198 块地质储量大、采出程度高、储层物性较好、裂缝发育，被优选为户部寨储气库建设目标。卫 79-9 块、文 198 块探明天然气储量 $31.65\times10^8m^3$。

考虑到卫 79-9 块、文 198 块储气库储层物性特征、平面上的变化情况，在平面上采取不均匀布井的井网分布方式，最大限度地控制库容量。按照一套井网部署 4 座井台、49 口注采井进行设计（图 1-15），上限地层压力 38.98MPa，下限地层压力 19.5MPa（井口限压 9MPa），理论最大库容量 $31.65\times10^8m^3$，工作气量 $8.41\times10^8m^3$。

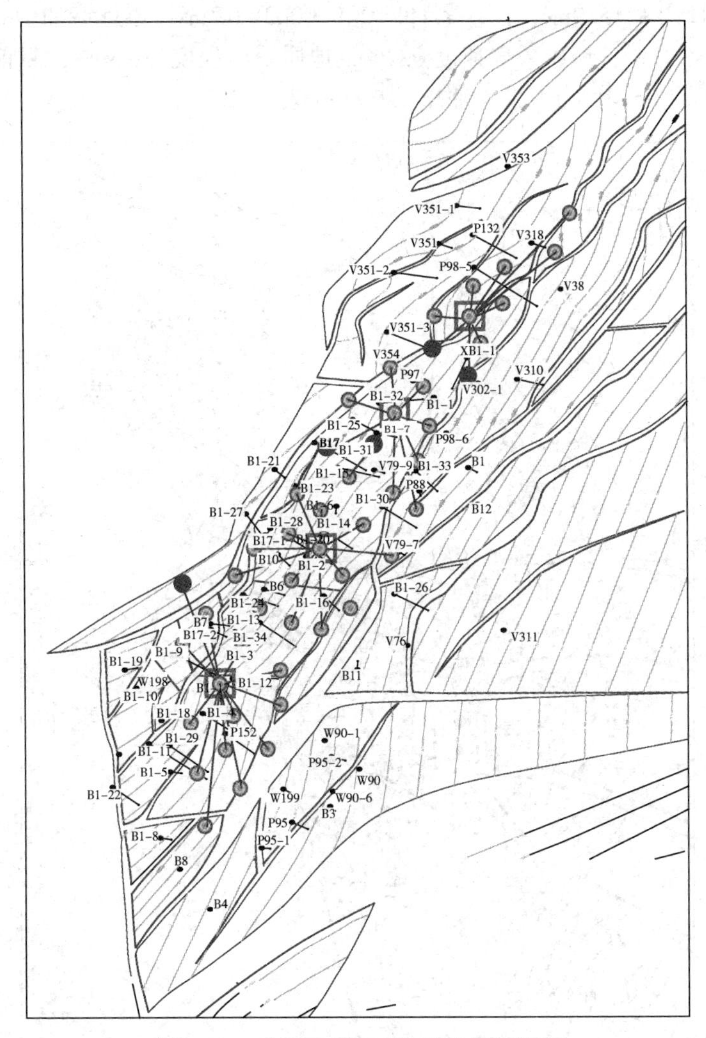

图 1-15　户部寨储气库构造井位部署图

2）白庙气田改建储气库概念设计

白庙气田区域构造位于东濮凹陷中央隆起带中部兰聊断层的下降盘(图 1-16)，为一陡坡带上的半背斜构造，属于低渗深层凝析气藏。该气田具有构造复杂、断层多、断块小、气藏埋藏深、含气井段长、小层多，以及储层物性差、横向变化快、连通性差和凝析油含量高、地露压差小等地质特点。该气田于 1976 年投入勘探，截至 2018 年 12 月，上报探明含气面积 30.71km^2，天然气地质储量 126.23×10^8m^3，凝析油地质储量 452.5×10^4t。其中，储气库目标含气层位为 Es_2x 段、Es_3s 段，探明含气面积 9.36km^2，天然气地质储量 19.82×10^8m^3，凝析油地质储量 36.2×10^4t。

经过综合比较，优选白 36 块、白 30 块、白 10 块 Es_2x—Es_3s 作为白庙储气库，其构造相对简单，气井产能高，分布集中。气藏处于正常压力系统，低含凝析油，地质采出程度低，其中 Es_2x—Es_3s 地质采出程度 28.86%，Es_3z—Es_3x 地质采出程度 9.0%。

截至 2019 年 6 月底，白庙气田总井数 56 口，开井 47 口；区块日产气 2.99×10^4m^3，日产油 14.8t，日产水 15.9m³，区块累计产气 9.0083×10^8m³，累计产油 18.9965×10^4t，累计产水 18.5501×10^4m³，地质采气速度 0.2%，地质采出程度 16.39%，目前平均地层压力 14.7MPa，平均套压 5.4MPa，平均油压 1.0MPa(表 1-23)。

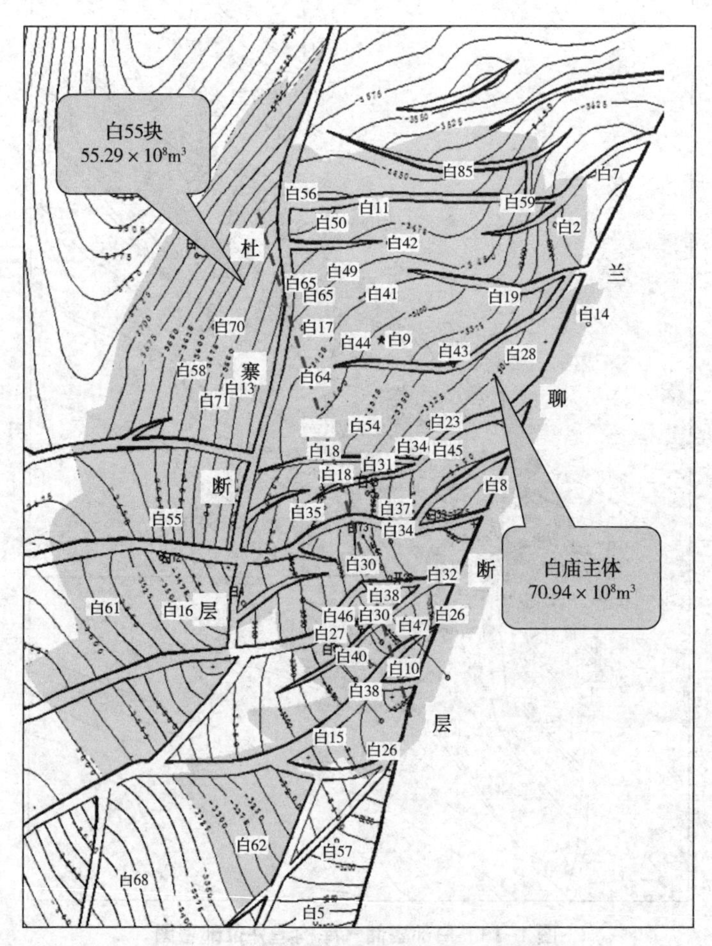

图 1-16　白庙气田构造叠合含气面积图

表 1-23　白庙气田不同层位凝析油含量和地露压差统计

层　位	平均孔隙度/%	平均渗透率/$10^{-3}\mu m^2$	地层压力/MPa	露点压力/MPa	地露压差/MPa	凝析油含量/(g/m³)	饱和特征
Es_2x	13.7	1.25	30.75	27.43	3.32	38.5~45	近饱和
Es_3s	13.0	1.10	34.87	25.48	9.39	86~153.8	未饱和
Es_3z	11.6	0.62	50.81	36.69	14.12	216~820.7	未饱和
Es_3x	11.1	0.61	70.35	59.05	11.30	400~1000	未饱和

考虑到储层物性特征、平面上的变化情况及产能情况，在平面上采取不均匀的布井方式，最大限度地控制库容量。初步设计新井 30 口，井台 5 座，注采井网 1 套，气藏井台 5 座，注采井 30 口(直井 5 口、定向井 25 口)，设计井深 3000~3300m(图 1-17)。

库容量参数设计上限压力为原始地层压力 33MPa，下限压力为井口限压 9MPa 对应地层压力 19.5MPa，理论最大库容量 $14.11\times10^8m^3$，工作气量 $6.77\times10^8m^3$。

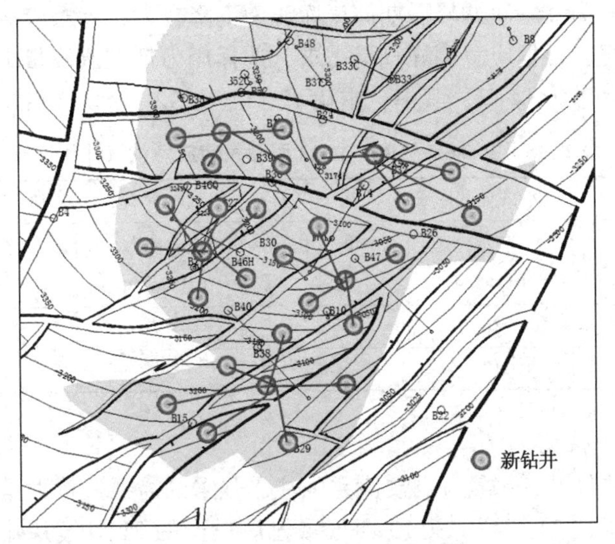

图 1-17　白庙储气库井网部署图

5. 中原储气库群远景规划

依据选址评价结果，远景储气库建设在备选储气库里择机实施，预计到 2040 年全部建成，中原储气库群的原始库容量规模为 $556.84\times10^8m^3$。这些结果详见前文中的表 1-18。

五、气库设计方案

根据榆济管道对储气库运行气量的要求，各月的天然气调峰气量不同，调峰天然气气量在 $(362\sim1059)\times10^4m^3/d$ 之间。其中，当年 12 月及次年 1 月要求的天然气调峰气量最大，达到 $(928\sim1059)\times10^4m^3/d$；其次是次年 2 月，为 $696\times10^4m^3/d$；较小的是当年 11 月及次年 3 月，为 $362\times10^4m^3/d$，见表 1-24。气库运行时，根据输气管道工艺参数计算，要求气井井口压力最低为 9MPa。

表 1-24　文 96 储气库调峰气量运行安排

月　份	11 月	12 月	1 月	2 月	3 月
调峰气量/ $(10^4m^3/d)$	362	928	1059	696	362

1. 正常调峰采气井数设计

根据储气库运行能力要求及不同气库压力下的单井最高产能计算采气井数，文 24 储气库、文 13 西储气库正常调峰设计总井数 11 口，调峰能力合计 $10.45\times10^8m^3/d$。其中：文 13 西储气库调峰能力 $8.59\times10^8m^3/d$；文 24 储气库调峰能力 $1.86\times10^8m^3/d$。

各月的应急调峰。气量不同。12 月应急调峰气量为 $356\times10^4m^3/d$；1 月应急调峰气量为 $470\times10^4m^3/d$；2 月应急调峰气量为 $423\times10^4m^3/d$；3 月应急调峰气量为 $356\times10^4m^3/d$；

其余各月应急调峰气量均低于$300\times10^4m^3/d$。

2. 应急调峰采气井数设计

根据气库运行压力，一般调峰后期储气库压力下降较大，针对应急调峰气量及储气库压力下降较大的情况，根据应急调峰气量需求，选择压力低、调峰量大的2月和3月，计算应急供气设计总井数为14口，其中，主块12口，文92-47块2口(表1-25)。

表1-25 文24储气库、文13西储气库应急供气井数计算

月份	文24储气库			文13西储气库		
	应急能力/($10^4m^3/d$)	产能/($10^4m^3/d$)	生产井/口	应急能力/($10^4m^3/d$)	产能/($10^4m^3/d$)	生产井/口
2	423	16	2	407	34	12
3	356	12	1	344	29.9	12

3. 可利用井筛选情况

作为储气库的注气井、采气井，要满足强注、强采的需要，特别是对注气井的井况要求更高，笔者评价了文24气藏与文13西气藏先后投产的21口气井井况。其中，专门作为气藏采气的井有6口(文96-1井、文96-2井、文96-3井、文96-4井、文96-5井、文侧96井)，其余15口为下部油藏低产井或报废油水井上返采气井。根据井况调查结果，除文侧96井为2001年钻的井，其余20口均为1996年以前的井，由于套管采用了非气密封井，加上投产已达15年以上，导致井内腐蚀、套变等井况严重，评价认为，只有文侧96井能够作为采气井。但是，该井井下有落物，鱼顶位置1815.2m，并于2005年3月注水泥封井，注水泥位置1106.72m。在对该井进行钻塞、打捞作业时，势必对套管产生较大影响，因此该井没有利用价值。综上，目前现有采气井均不被考虑利用，方案设计井均为新井。

根据储气库运行计划安排，4月到10月，每月的注气量范围为$(1.75\sim3.177)\times10^8m^3$，日注气能力范围为$(582\sim1059)\times10^4m^3$。计算表明，调峰方案设计总注气井数为6口，可以满足注气要求。其中，主块注气井为4口时，文92-47块为2口。

第三节 储气库规模确定

一、榆济(榆林—济南)管道概况

榆济管道工程线路起点为陕西省榆林(首站)，终点为山东省齐河(末站)，管道沿途经过陕西、山西、河南、山东4省，共8个地市23个县区，设计输量为$30\times10^8m^3/a$(相当于$857.14\times10^4m^3/d$)，沿线共设12座站场，主干线长度1045km。根据中国石化中原油田勘察设计研究院《榆林—濮阳—济南输气管道工程(可研报告)》确定榆林—济南天然气管道的设计输量为$30\times10^8m^3/a$。

榆济管道榆林—南乐分输站段，设计压力为10.0MPa，管线采用D711、X65材质钢管；南乐分输站—齐河段，设计压力为8.0MPa，管线采用D610、X60材质钢管；濮阳分输支线设计压力为8.0MPa，管线采用D610、X60材质钢管(表1-26)。

表 1-26 榆济管道设计压力、管径、管材表

名 称	设计压力/MPa	管径/mm	管 材
榆林—南乐分输站段	10.0	711	X65 钢管
南乐分输站—齐河段	8.0	610	X60 钢管
濮阳分输支线	8.0	610	X60 钢管

榆济管道于 2010 年 10 月实现启输，输量为 $20×10^8m^3/a$，并于 2012 年达到设计输量 $30×10^8m^3/a$。

根据豫北地区市场调查结果，2010 年中国石化在豫北地区天然气供应的协议输量为 $7.2×10^8m^3/a$，2011 年以后则为 $13×10^8m^3/a$，而截至本书完稿时中原油田在豫北地区供气已不足 $7×10^8m^3$，随着中原油田天然气产量的递减，其供应量将随之逐年减少，豫北地区现有气源的可供气量在今后将很难超过 $10×10^8m^3$，远远满足不了该地区天然气市场 $13×10^8m^3/a$ 的需求。根据豫北地区输气管道布局，榆济管道拟向豫北地区供气 $10.5×10^8m^3/a$，下气点设在榆济管道的安阳分输站和清丰分输站。

山东是国内少数几个由国内三大石油公司(中国石油、中国石化、中国海油)共同供应天然气的省份之一，可供天然气源较多，主要包括中国石化的胜利油田天然气、中国石油陕京二线代输的中国石化天然气、中沧线管输天然气；中国石油的渤南气田天然气，中国石油沧淄线、冀宁线的管输天然气；等等。根据山东 LNG 可研报告分析结果，2022 年山东天然气消耗量为 $235×10^8m^3$，2010—2020 年山东天然气供需平衡见表 1-27。

表 1-27 2010—2020 年山东天然气供需平衡 10^8m^3

年 份		2010 年	2013 年	2014 年	2015 年	2016 年	2017 年	2018 年	2019 年	2020 年
需求量		51.12	90.49	99.71	108.12	115.46	120.35	125.38	129.58	133.94
供应量	胜利油田	4	4	4	4	4	4	4	4	4
	渤南气田	5	5	5	5	5	5	5	5	5
	中国石油	20	26	28	30	32	35	35	35	35
	鄂尔多斯	15	15	15	15	15	15	15	15	15
	合计	44	50	52	54	56	59	59	59	59
供需平衡		-7.12	-40.49	-47.71	-54.12	-59.46	-61.35	-66.38	-70.58	-74.94

注：截至本书完稿时，数据统计到 2020 年。

从表 1-27 可以看出，山东天然气市场需求缺口巨大，为此中国石化立项兴建山东 LNG 工程，该项目主要供给山东淄博以东到青岛、烟台等七个城市，淄博以西的山东其他城市主要由中国石化在建的榆济管道负责调峰供气。山东 LNG 工程的接收站分两期建成，一期供气能力 $40×10^8m^3/a$，于 2013 年建成投产，当年输出天然气量为 $14.29×10^8m^3$，于 2016 年达产；二期工程供气能力为 $68×10^8m^3/a$，最大供气能力为 $87.64×10^8m^3/a$。

以上分析说明，山东天然气市场销量大，供应方竞争激烈，仅靠一个气源是满足不了山东市场需求的，同时，山东西部天然气市场缺乏必要的调峰手段，因此为榆济管道配套

建设地下储气库意义重大。

榆济管道投产后，计划每年分配给山东天然气 $18\times10^8m^3$，主要由齐河末站进入山东供气管网进行统一调配。

二、储气库规模确定

1. 管道分类用气需求

现行国家规范《城镇燃气设计规范》(GB 50028—2006)明确规定，燃气的调峰由供气方(输气管线)负责。榆济管道所输天然气在目标市场上主要为城市单位及居民用燃气、保障性用气(主要为集体采暖用户用气)及工业用气(燃料及原料)。根据对目前国内现役管道的调查情况，下游用气对管道季节调峰的影响很大。就目前采暖地区而言，对用气波动影响较大的主要是民用和公共福利用气，在供气初期和资源短缺的情况下，各地优先保障民用和公共福利用气，其用气量占的比例普遍偏大，这给管网的安全运行、季节调峰带来很大的压力，因此在制定下游用气结构时，必须综合考虑储气库的合理选址及管线的输气能力。

根据市场调研结果，榆济管道目标市场近年天然气消费结构见表1-28。

表1-28 榆济管道目标市场近年天然气消费结构 %

类别	用气比例	类别	用气比例
民用气	37.5	工业用气	38.0
公共建筑及福利设施	24.5	—	—

本书中储气库的配套研究是在榆济管道各省市供气量的基础上展开的，各分输站的冬季下气量见表1-29。

表1-29 榆济管道分输站冬季下气量 10^8m^3

分输站	安阳站	南乐站	聊城站	齐河末站	合计
下气量	6.00	4.50	1.50	18.00	30.00

2. 季节调峰气量

在进行调峰气量预测时，可视河南、山东等目标市场的所有天然气用户为一个整体，所有气源均为鄂尔多斯北部塔巴庙探区、杭锦旗和杭锦旗南探区，先预留山西煤层气为一个稳定供气源。由于整个目标市场用气量差别较大，民用生活气部分的调峰可由各级管网消化调整，而采暖保障用气则由于用气过于集中，且用量占整个市场量的比例较大，因此必须建立专门的设施以供调峰之用，本工程是依据中国石化有关部门决定，在下游市场的上口、地质等条件优越的中原油田建立地下储气库，以将气源来气在夏季出现余量时注入储气库，冬季用气市场出现缺口时由储气库来补充，以保障整个沿线市场用气的安全、平稳供应。

用气不均匀系数与地域气候、用气结构差别均有关，根据河南、山东市场调研数据，分析并预测出目标市场用气综合月不均匀系数(图1-18)。

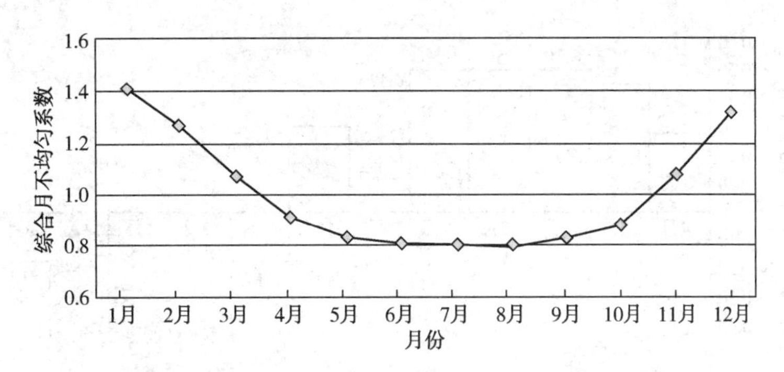

图 1-18 河南、山东用气综合月不均匀系数曲线

目标市场的用气综合月不均匀系数见表 1-30。

表 1-30 目标市场综合月不均匀系数

月 份	1 月	2 月	3 月	4 月	5 月	6 月	7 月	8 月	9 月	10 月	11 月	12 月
不均匀系数	1. 41	1. 27	1. 07	0. 89	0. 82	0. 80	0. 80	0. 80	0. 83	0. 88	1. 07	1. 36

根据用气结构和综合月不均匀系数，当管道达到设计输量后，目标市场季节调峰总量为 2. 95×10^8m^3。季节调峰期目标市场的最大注气量(6 月、7 月、8 月)为 167×10^4m^3/d，最小注气量(4 月)为 92×10^4m^3/d；最大采气量(1 月)为 342×10^4m^3/d，最小采气量(3 月、11 月)为 117×10^4m^3/d(表 1-31)。

表 1-31 目标市场综合月用气量 10^8m^3

月 份	1 月	2 月	3 月	4 月	5 月	6 月	7 月	8 月	9 月	10 月	11 月	12 月
月富余用气量				0. 275	0. 45	0. 5	0. 5	0. 5	0. 425	0. 3		
月不足用气量	1. 025	0. 675	0. 175								0. 175	0. 9
日注气量				92	150	167	167	167	142	100		
日采气量	342	225	117								117	300

3. 管道事故应急气量

事故应急气量是指当输气管道发生事故时，利用天然气供应系统的能力最大限度地满足用户的需求量。榆济管道工程天然气主供山东及豫北市场，供气系统涉及管线、站场、增压设备及下游用户，必须安全、可靠。

国外的实践案例以及国内西气东输等管道的实际运行情况表明，在发生极端事故的工况下，储气库作为应急气源供气，要保证不可中断用户 3 天的用气量。因此，本书中管道事故维修时间取 72h，不可中断用户为民用气用户、部分公共建筑及福利设施用户和工业用户。不可中断用户民用气量取 90%，部分不可中断及福利设施和工业用户用气量取 10%，则榆济管道一次事故的延滞气量为 0. 141×10^8m^3，目标市场的应急气量为 470×10^4m^3/d(图 1-19)。

4. 储气库规模

储气库的有效工作气量为管道满负荷运行时的季节调峰气量 19. 15×10^8m^3，应急供气能力大于 1059×10^4m^3/d，按 1100×10^4m^3/d 进行设计。管道达到设计输量后，目标市场季节调峰量、注气量、应急供气量见表 1-32。

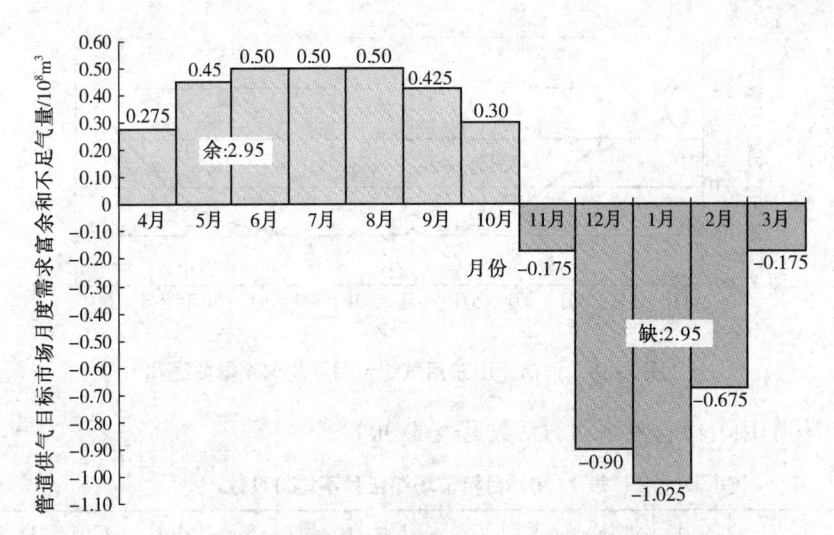

图1-19 河南、山东综合月不均匀用气图

表1-32 目标市场季节调峰量、注气量、应急供气量

月 份	1月	2月	3月	4月	5月	6月	7月	8月	9月	10月	11月	12月
不均匀系数	1.41	1.27	1.07	0.89	0.82	0.80	0.80	0.80	0.83	0.88	1.07	1.36
月注气量/10^8m^3				0.275	0.45	0.5	0.5	0.5	0.425	0.30		
日注气量/10^4m^3				92	150	167	167	161	142	100		
月调峰气量/10^8m^3	1.025	0.675	0.175								0.175	0.9
累计调峰气量/10^8m^3	2.042	2.717	2.95								0.175	1.075
日调峰气量/10^4m^3	342	225	117								117	300
应急供气量/(10^4m^3/d)	470	423	356	296	273	266	173	266	266	293	356	427

三、储气库建设时机

管道在投产初期可以利用产能建设和管道的富余输气能力解决下游调峰问题，满负荷运行时需要储气库进行调峰，因此地下储气库应在管道满负荷运行前的2022年11月以前建成，并注入垫底气，于管道满负荷运行的2022年11月开始调峰供气。

第四节 经济评价

一、方法与参数

1. 评价方法

根据《中国石油化工集团有限公司油气田开发项目经济评价方法与参数》2019版相关

规定，对中原储气库群规划中“十三五”后两年、近期、中期、远期共四套方案进行详细评价。

本次评价只考虑增量投入和产出，在评价期内，采用现金流法进行评价，当基准内部收益率达到8%时，反算储气费，并作为参考。

评价期为30年；建设期为5年。

2. 评价参数

（1）原油价格：采用不含税油价70美元/桶评价，折合人民币3844元/吨。

（2）天然气价格：根据河南省发展改革委《关于调整我省管道天然气价格的通知》中的规定，管道天然气基准门站价格调整为1.87元/立方米。

（3）增值税率：价外税价外扣，税率均按最新规定执行。目前，投资和生产进项税(除天然气)为13%，销项税为9%。

（4）城市建设维护费：按增值税额的7%计算。

（5）教育及附加费：按增值税额的5%计算。

（6）资源税：不考虑。

（7）内部收益率基准值：税后8%。

（8）折旧、折耗费。固定资产：根据中国石化企业标准《固定资产分类与代码及单项固定资产确认规则》(Q/SH 0417—2011)中相关规定，在开始商业性生产之前发生的开发建设投资，可不分用途，全部累计作为开发资产的成本，自对应地开始商业性生产月份的次月起，可不留残值，按直线法计提的折旧准予扣除，根据2016年5月20日在集团公司总部召开的标准化会议，把储气库项目固定资产折旧年限调整为20年。

（9）附加垫气投资：由于垫气投资的折耗在相关规定中未涵盖，因此借鉴国内已有项目的相关规定及储气库设计运行年限，综合考虑，确定附加垫气投资折耗年限为20年，不留残值。

二、投资估算

1. 储气库群规划工作量

根据气藏工程方案设计，储气库正常调峰的参数如下：

“十三五”后两年：主要为文23储气库(二期)，库容量$14.73\times10^8m^3$，工程实施中新钻注采井15口，年调峰工作气量$5.71\times10^8m^3$，垫气量$8.67\times10^8m^3$。注气期200天，采气期120天。

近期：包含卫11储气库、文24储气库、文13西储气库三个储气库，库容量$47.55\times10^8m^3$，工程实施中新钻注采井100口，年调峰工作气量$16.9\times10^8m^3$，垫气量$29.53\times10^8m^3$。注气期200天，采气期120天。

中期：包含白庙储气库、户部寨储气库两个储气库，库容量$45.68\times10^8m^3$，工程实施中新钻注采井79口，年调峰工作气量$9.87\times10^8m^3$，垫气量$13.54\times10^8m^3$。注气期200天，采气期120天。

远期：包含12个储气库，库容量$354.25\times10^8m^3$，工程实施中新钻注采井788口，年

调峰工作气量 $84.96 \times 10^8 m^3$，垫气量 $190 \times 10^8 m^3$。注气期 200 天，采气期 120 天(表 1-33、表 1-34)。

表 1-33 规划储气库参数

项 目	库容量/$10^8 m^3$	工作气量/$10^8 m^3$	垫气量/$10^8 m^3$	调峰能力/($10^4 m^3$/d)	新钻井/口
“十三五”后两年	14.73	5.71	8.67	571	15
近期	47.55	16.9	29.53	1878.5	100
中期	45.68	9.87	13.54	1035	79
远期	354.25	84.96	190	15774	788

表 1-34 储气库建设计划安排

项目	近 期					中 期					远 期				
2020	2021	2022	2023	2024	2025	2026	2027	2028	2029	2030	2031	2032	2033	2034	2035
文23二期	卫11					白庙					卫2、卫10、文82				
		卫11	卫11				白庙					文25、文13北			
		文24	文24					白庙					文203、文33		
			文13西	文13西					户部寨					濮城沙一、桥口主体	
					文13西					户部寨					文南、卫城、濮城

2. 投资预测

总投资包括新建工程和附加垫气投资。其中，工程新增总投资包括钻井工程、注采工程、老井利用及封堵工程和地面工程投资及其他工程投资。

1) 附加垫气费

附加垫气价格为 2019 年(本书完稿时)河南省天然气门站价格(含税)。

“十三五”后两年补充垫气量 $8.67 \times 10^8 m^3$，估算补充垫气投资 21.07 亿元，预计含税投资 22.97 亿元，其中增值税为 1.90 亿元。

近期计划补充垫气量 $29.53 \times 10^8 m^3$，估算补充垫气投资 62.84 亿元，预计含税投资 68.50 亿元，其中增值税为 5.66 亿元。

中期计划补充垫气量 $13.54 \times 10^8 m^3$，估算补充垫气投资 23.23 亿元，预计含税投资 25.32 亿元，其中增值税为 2.09 亿元。

远期计划补充垫气量 $190 \times 10^8 m^3$，估算补充垫气投资 325.9640 亿元，预计含税投资

355.3008 亿元，其中增值税为 29.3368 亿元。

2）新增投资估算

“十三五”后两年计划新增工程建设投资 13.34 亿元，近期计划新增工程建设投资 80.49 亿元，中期计划新增工程建设投资 67.76 亿元，远期计划新增工程建设投资 509.58 亿元(表 1-35)。

表 1-35　“十三五”近期、中期及远期计划投资预算　亿元

项　目	“十三五”后两年	近　期	中　期	远　期
一、建设投资	10.30	75.00	63.52	477.02
钻井	4.87	23.38	26.15	197.00
采气	1.84	12.17	8.74	87.47
老井利用	—	6.95	1.83	6.57
地面	3.59	32.50	26.80	185.98
二、其他	3.04	5.49	4.24	32.56
三、附加垫气	21.07	62.84	23.23	325.96
总投资	34.41	143.33	90.99	835.54

三、成本测算方法

主要参考目前已建储气库的操作成本及费用取值。

人工成本：生产工人工资及福利费，参照文 23 储气库目前生产人员人均年工资及福利费取值，为 15.80 万元/(人·年)；辅助生产人员工资及福利费，人均年工资及福利费按生产工人工资及福利费的 85%测算。

材料费：按井口材料取值。

燃料费、动力费：根据测算的能耗指标，燃料气按 1.87 元/立方米计算，电费平均为 0.75 元/度。

注入气损耗费：损耗率参考目前国内现有储气库年注入气体损耗情况，初期取 4%，以 5 年为单位，逐渐递减至 1%。

维护修理费：地面工程维护修理费率为固定资产原值(扣除建设期利息)的 2.5%，后期逐渐增加至 5%。其中，压缩机维护修理费 106 万元/(台·年)。注采井维护修理费：套管每 6 年定期维护，估算年维护修理费 40 万元/井。

其他制造费用：根据文 96 储气库的运行情况，年信息系统维护费为 15 万元；综合研究和服务费，主要考虑储气库投产运行期间的气藏动态分析费用，单井按平均 20 万元/年测算，以 5 年和 10 年为单位，分别减少 10%。其他运行费用主要包括污水和油气处理费用等，按 0.004 元/立方米测算。

四、方案经济评价

“十三五”后两年的储气库工程建成后，调峰运行 30 年，年工作气量 $5.71\times10^8m^3$，在满足税后内部收益率为 8%时，通过测算，储气费为 0.7803 元/立方米，则运营期内累计

营业收入为 132 亿元。

近期计划的储气库工程建成后，调峰运行 30 年，年工作气量 16. 9×10^8m^3，在满足税后内部收益率为 8%时，通过测算，储气费为 1. 1216 元/立方米，则运营期内累计营业收入为 14892 亿元。

中期计划的储气库工程建成后，调峰运行 30 年，年工作气量 9. 87×10^8m^3，在满足税后内部收益率为 8%时，通过测算，储气费为 1. 3169 元/立方米，则运营期内累计营业收入为 9222 亿元。

远期计划的储气库工程建成后，调峰运行 30 年，年工作气量 84. 96×10^8m^3，在满足税后内部收益率为 8%时，通过测算，储气费为 1. 4418 元/立方米，则运营期内累计营业收入为 80102 亿元(表 1-36)。

表 1-36 “十三五”后两年、近期、中期及远期计划财务评价指标

指 标	“十三五”后两年	近 期	中 期	远 期
库容量/10^8m^3	14. 73	47. 55	45. 68	354. 25
年工作气量/10^8m^3	5. 71	16. 9	9. 87	84. 96
评价期工作气量/10^8m^3	168. 92	517. 47	304. 17	2536. 88
单位操作成本/(元/立方米)	0. 14	0. 28	0. 33	0. 30
单位库容量建设投资/(元/立方米)	0. 90	1. 72	1. 48	1. 44
单位工作气投资/(元/立方米)	2. 34	4. 76	6. 87	6. 00
运营期内累计营业收入/亿元	132	14892	9222	80102
储气费/(元/立方米)	0. 7803	1. 1216	1. 3169	1. 4418

五、评价结论

(1) 单个储气库的储气费高于规划储气库群的储气费，储气库群的建设能降低储气费，合理进行增值税进项税抵扣。

(2) 中原储气库群近期、中期、远期规划储气费为 0. 7803~1. 4418 元/立方米，与中国石油已建储气库相比，结果接近，规划合理(表 1-37)。

表 1-37 中国石油部分储气库主要经济参数统计

储气库	大张坨	京 58	板桥	苏桥	刘庄	双六	相国寺	呼图壁	
								一期	整体
总投资/亿元			11. 99	63. 67	6. 99	68. 65	144. 38	74	111. 6
工程建设投资/亿元		8. 7	7. 66			26. 22			
垫气投资/亿元			2. 56			40. 83			
总库容量/10^8m^3		18. 7	29. 2	67. 38	4. 55	36. 00	42. 6		107. 0
年工作气量/10^8m^3	6. 00	7. 54	13. 14	23. 32	2. 45	16. 00	22. 8	20. 0	45. 1

续表

储气库	大张坨	京58	板桥	苏桥	刘庄	双六	相国寺	呼图壁	
								一期	整体
单位工作气投资/(元/立方米)		0.00	0.91	2.73	2.85	4.29	6.33	3.70	2.47
单位储气费/(元/立方米)	0.246		0.43		0.79		1.32		1.04
附加垫气量/10^8m^3				18.48		14.0	19.8		16.15

第五节　中原储气库群建设存在问题及保障措施

一、存在问题

1. 优质库址资源相对缺乏，导致技术难度加大

华北地区是天然气消费需求量最大和季节调峰需求最为突出的区域，区内资源以外部输入为主，因而是最佳建库地点。但从地质条件来看，我国东部渤海湾盆地的油气藏构造断裂系统复杂，构造破碎，对断层的动态密封性评价难度很大。目前，已探明的油气藏大多为构造破碎的断块小油气藏或零散油气藏，建库规模相对有限，大规模建设地下储气库的难度较大。这种建库资源与市场需求之间的错位，对地下储气库库址的筛选和建库技术都提出了很高的要求。

国内外相关资料表明，枯竭型气藏建库较其他类型资源建库具有更加明显的优势。但通过中原储气库群库址筛选结果，中原油田包含气藏26个单元，但整装气藏很少。规划建设的21个储气库中，10个储气库为气藏型储气库，仅有4个储气库(文96、文23、户部寨、白庙)为整装气藏型储气库，其余大部分储气库储量规模小，构造复杂，或者为油气共生的油气藏型储气库，后续优质库址资源接替贫乏(表1-38)。

表1-38　中原储气库群规划库址单元统计

类　型	区　块	埋深/m	孔隙度/%	渗透率/$10^{-3}\mu m^2$
整装气藏	文96气藏	2330~2660	14~23	2~140
整装气藏	文23气藏	2750~3120	12	14.7
气顶油藏	卫11气藏	2530~2675	16~20	10~60
气顶油藏	文24气藏	2305~2350	12~25	20~180
气顶油藏	文13西气顶	3060~3200	12~20	10~100
整装含凝析油气藏	白庙气田	2600~3250	9~15	0.2~10
整装气藏	户部寨气田	3200~3500	5.2~9.2	0.1~0.62
气顶油藏	文南气顶	2817~2917	13.8~21.6	8.8~182.1
气顶油藏	卫城气顶	2500~2670	12~21	1.0~75
气顶油藏	濮城气顶	2250~2400	21~30	10~1000
油藏	卫2块	2775~2900	13.3~23.7	10~50

续表

类　型	区　块	埋深/m	孔隙度/%	渗透率/$10^{-3}\mu m^2$
油藏	卫10块	2265~2730	13.9~22.8	4.5~216
油藏	文82块	3000~3450	11.4~16.3	4.3~32.3
油藏	文25块	2375	平均24	平均263.5
油藏	文13北块	3450	平均16.4	平均4.8
油藏	文203块	3527	平均15	平均25
油藏	文33块	2900	平均19.1	平均91.2
油藏	濮城沙一	2280~2340	平均28.1	平均689.96
油藏	桥口主体	2435~2780	平均20.6	平均41.7

中原油田油气单元埋藏较深，多数规划储气库目的层在3000m深度左右，且储层物性多为中低渗，与国内外已建储气库相比，缺乏优质的中高渗建库单元。

2. 储气库建库技术要求高，建设周期长

中原油田由于整装的气藏资源较少，所以中原储气库群规划里包含油藏储气库。但目前由油藏改建储气库国内尚无成功案例，存在重大技术挑战。

储气库需要有良好的地层封闭性，也需要有较高的注采能力，因而对地层力学性质、构造圈闭、盖层封闭性、储层物性、断层封闭性等具有较高的要求。然而，中原油田地质构造断裂系统复杂，断层多，断层封闭性评价难度大。

中原油田所属气井产出水均为高矿化度高盐水，随着地层压力下降、气井含水升高、地层温度降低，易产生盐垢，并在近井地带、炮眼、油套管等部位结盐，造成盐堵，使产量快速递减或形成“死井”。已建文96储气库存在比较严重的结盐情况，影响了其注采能力及达容生产。

中原油田地下盐膏层多，气藏目的层采出程度高，且处于低压状态，油藏注水开发目的层压力高，地下压力状况复杂，钻完井问题在已建储气库中突显出来。

随着后续储气库建库目标的地质条件越来越复杂，技术难度不断加大，建库周期不断加长。根据国内已建储气库建设经验，枯竭油气藏型储气库建设周期一般在1~3年。

文23气藏在勘探开发过程中完钻65口井，其中34口井在钻井过程中发生井漏，占比52.3%，漏失井深集中在1100~3300m之间，漏失井单井平均发生井漏2.4次。文23储气库断层较发育，盖层盐膏层不稳定，坍塌压力高，储层亏空严重，造成钻井过程中井漏风险增大，易造成储层污染，严重影响钻井周期和钻井效益。文23储气库一期地质条件复杂，在钻井、注采等过程中遇到技术难题，导致投产时间比计划推迟了10个月左右。

3. 储气库前期投资大，投资回收模式有待完善

储气库建设前期投资大。据统计，2010年以前，国内投运的枯竭气藏型储气库单位工作气投资成本普遍在2.0~2.5元/立方米之间，目前在建及规划储气库单位工作气投资已达到4.0元/立方米以上，最高可达到10元/立方米。其中，盐穴储气库单位工作气投资在5.0元/立方米以上。储气库建设投资主要包括垫气费、勘探费、钻井费、地下和地上

设备费、外输管网费，其中垫气费约占建设投资的一半(中原文23储气库)，且受气价变化影响波动较大。

我国前期建设的地下储气库储转费被计入管输费一并收取，而2016年颁布的《天然气长输管道管输成本监审办法》中，已经明确规定管输费中不包含储气费。

储气库从一对一服务转向一对多服务，原有的储气服务收费模式亟待完善，但针对收取的具体方式，国内尚未有成熟的经验。

4. 储气库建设安全环保要求高，建库风险评价及应对措施有待加强

在安全方面，储气库注采周期按年执行，注采次数多，短时间压力急剧变化，交变应力大，若圈闭失效发现不及时，有可能发生气体泄漏、爆炸事件，造成严重安全、环境污染问题。

在环保方面，近年来国家更加重视环境保护，对环保的要求逐年提高，以牺牲环境为代价进行工程建设的方法可能造成环境评价不过关，导致储气库建设无法顺利开展。例如，在大规模储气库建设过程中，钻井、注采工程作业中返排的钻井液、水泥浆或其他入井液，不能采用老式填埋法予以粗放处理，需要发展相关的绿色处理方法或技术。

5. 运营管理模式尚不成熟，储气库运营市场环境有待完善，不利于储气库的高效运行

1）国外储气库运营模式调研

欧美国家地下储气库经历了从管制到开放的改革进程，逐步形成了与其天然气产业发展阶段、监管政策、价格政策、产业结构相适宜的市场化运营管理模式(图1-20)。

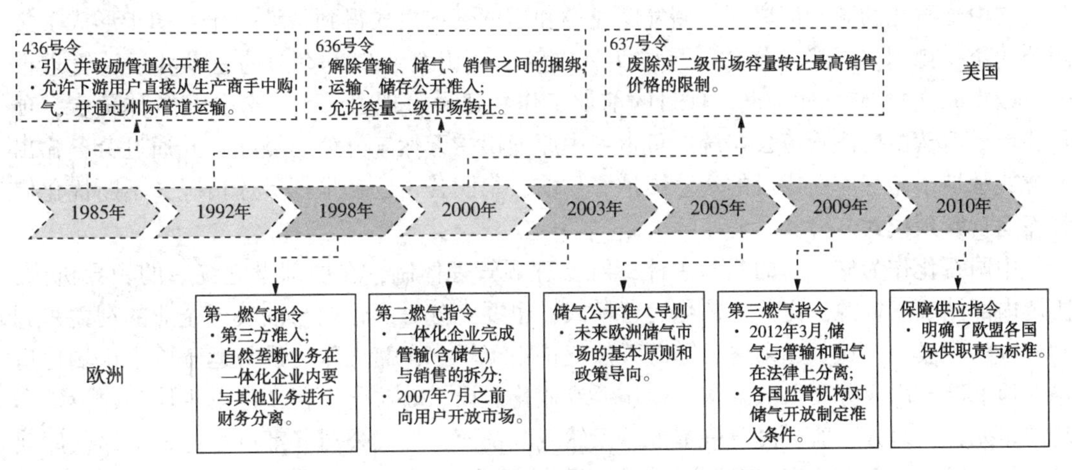

图1-20 欧美国家储气库管理体制变革路径

当前，美国储气库采用完全市场化的运营机制，运营主体与使用主体完全分离，库容量在联邦能源委员会监管下强制向第三方公平开放。根据调查结果，目前美国储气库库存的天然气，66%由城市燃气公司拥有，主要用于解决供气调峰问题；27%由天然气中间贸易商拥有，主要用于满足产、供、销衔接和不同用户用气的特性需求；管道公司仅拥有7%的气量，用于平衡供气负荷。

根据管理主体不同，美国储气库管理方式可分为两类：一类是由管道公司运营管理，90%以上的储气库都采用这一管理方式。这类方式主要形成在市场化改革前，针对管道企

业为满足用户保供和调峰需求建设的与管道配套的储气库。在市场化改革之后，根据FERC要求，管道企业将储气库业务在公司框架内独立核算、独立运行，在满足管道应急保供需求的基础上，向第三方提供公平服务。

另一类是由独立的储气库公司运营管理，市场化改革以后的储气库多采用这一管理方式。储气库各个股东共同设立一个储气库公司，用于管理和经营单个储气库，并向公众平等地提供储气服务。采用这一类管理方式的储气库，占美国储气库总工作气量的10%左右。

当前，欧洲处于改革进行中，存在事前监管、事后监管和豁免监管三种监管类型。储气库公司为客户提供了多样化的储气服务，将工作气量和注采能力捆绑为一个储气单元，并作为合同的基本计价单位对外出售。

总体而言，国外储气库多数由管道公司管理，但必须实现财务独立。储气库业务独立核算、单独建账、单独编制预算、单独计算盈亏即可保障最低程度的公平开放；欧洲原油垄断程度高于美国，因此在财务独立的基础上要求法律独立；储气库工作气优先满足本企业需求，剩余工作气接受第三方预订，美国允许管道企业在FERC严格监管下，优先使用一部分储气库工作气；德国要求储气库工作气全部公平开放，但优先满足现有用户的现有服务；国外储气服务类型多样，但固定储气服务的集中程度最高。独立储气库公司以固定储气服务为主；含储气库的管道公司以无通知管输服务和管网平衡服务为主。

2）中原储气库群运营模式现状

在中国石化的统一部署下，储气库建设和运营管理模式得到持续优化，初步形成了集团公司统一规划，天然气分公司具体实施，各油气田企业积极参与的建设和运营管理模式。以中原文96储气库为例，项目的前期工作和建设管理由天然气分公司具体负责，项目建成后运营由榆济管道公司统一负责；中原油田受天然气分公司委托，并通过劳务输出的方式承担了储气库建成后的运营维护。目前，集团公司还在根据具体情况，不断优化储气库运营管理模式。

中国石化作为储气库的运营主体，既要理顺管理体制，在内部设立统一的领导机构，协调内部储气库资源，完善一体化运营模式，也要充分考虑管网与油气田企业的利益，调动各方的积极性。从长远来看，随着天然气价格市场化，储气库建设与运营要走市场化道路，地下储气库业务要采取公司化运作、专业化建设、效益化运营，建设主体和建设资本趋向多元化，地方政府、民营资本方、天然气供销商、燃气公司等都可参与地下储气库建设。从经营模式看，按照“谁建库、谁受益，谁用库、谁出钱”的原则进行市场化运作，逐步形成市场化的地下储气库建设经营管理模式。

目前，中原油田储气库群尚未进入实质性的联合运营阶段，储气库的运营管理模式尚待建立与完善。

二、保障措施

1. 优先进行气藏型储气库建设

从调研情况来看，储气库建设以利用枯竭气藏为主，以其他类型作为补充。截至完稿时，全世界在用的地下储气库有716座，其中气藏型储气库478座，占储气库总量的

66.8%，表明气藏型储气库独具建库优势。

中原油田通过文96储气库、文23储气库的建设，已掌握气藏改建储气库的相关技术，如选址评价、可研方案设计、井位优化部署、投产方案设计、注采运行等，因此气藏改建储气库技术较为成熟，有助于储气库群的规模化快速建设。而油藏改建储气库相对复杂，国内尚无成功案例，若要进行大规模建设，需要进一步开展技术攻关，进行先导试验，待先导试验成功后，再进行规模性的建设，这不利于储气库群的快速建设。因此，在中原储气库群的建设过程中，应优先实施气藏型储气库建设。

2. 强化储气库建库的技术攻关，保障中原储气库群建设

储气库运行是一个多周期“强注、强采”的过程，与气藏的低速开发存在较大差异。针对中原储气库群建设、运行中的难点、薄弱点，建议开展国家重大专项、中国石化“十条龙”等不同层次的技术项目攻关，形成储气库建设技术体系、储气库建设规范/标准等，支撑中原储气库群建设。

中原储气库群建设中的主要问题：中原油田油气藏构造复杂、断层多，断层封闭性评价难度大；目前国内油藏改建储气库尚无成功案例，存在重大技术挑战；地层水矿化度高，已建文96储气库存在结盐状况，影响注采能力及达容生产；中原油田地下膏盐层多、目的层处于低压状态，钻完井过程中钻井液漏失问题在已建储气库中明显。

下步攻关方向：膏盐层发育、地层低压状况下的钻完井技术及油气层保护技术；储气库交变载荷下圈闭封闭性评价，主要以多周期“强注、强采”下储气库的封闭性为技术研究对象，确保储气库能够“存得住”；油藏改建储气库建库机理研究；储气库结盐机理及治理方法研究；储气库多盐岩段钻完井技术攻关。通过技术攻关形成一套适合中原油田的复杂断块、中低渗油气藏改建储气库技术体系。

3. 积极争取国家政策和资金支持，拓宽投融资渠道

充分利用国家发布的鼓励政策，积极申请国家低息贷款、基础设施建设基金等资金支持，以发行地下储气库建设企业债券等方式，筹措建设资金。申请利用企业所得税返还资金或向国家发展改革委申请专项建设国家战略储备库资金。探索地方政府、管道公司、下游用户参与的市场化投融资模式。

4. 建立储气库安全、环保组织机构，强化安全、环保管理

针对储气库在中国石化从事行业中的新型性，需要组织专人学习国外、中国石油储气库的安全、环保管理模式，成立单独的管理机构进行管理。

建立健全地质设计、工程建设、生产运行等全过程中的储气库安全、环保规范，同时组织全员参加相关的教育培训，强化建设队伍的安全、环保意识。

制定储气库安全、环保日常监督、检查管理制度，及时发现问题并整改，减少或杜绝意外事件的发生。

5. 联合运营，优势互补，降低建库成本，提高盈利能力，调动企业积极性

中原储气库群由中国石化天然气分公司和中原油田合作建设，建成后由天然气分公司负责运行调度，中原油田负责建设和运营维护。天然气分公司具有遍布全国的管道和天然气销售网络，具有明确的天然气季节调峰需要，有利于统筹储气库运销管理。而中原油田具有油气藏库址资源、成熟的技术和人才队伍，以及储气库建设的本地化优势，有利于降

低建库成本，加快储气库建设进度。

实行市场化服务，提高储气业务的盈利能力。在储气库满足国家调峰需求的基础之上，在国家政策允许范围内，开展储气库市场化运营，对燃气公司、用户终端等其他单位提供富余容量租赁、储气、调峰服务，尽可能提高容量利用率，以实现盈利最大化。

三、结论

1. 中原储气库群规划规模

中原储气库群按照储气库建设的难易程度对储气库进行了分阶段规划。近期建设储气库库容规模为 156.83×10^8m^3，中期建设储气库库容规模为 202.59×10^8m^3，远期建设储气库库容规模为 556.84×10^8m^3(表 1-39)。

表 1-39 中原储气库群规划

规划阶段	区 块	层 位	库容量/10^8m^3	计划建成时间	阶段建成库容量/10^8m^3	库容规模/10^8m^3
近期	文 96 气藏	Es_2x_{1-4}、Es_3s_{1-3}	5.88	2025 年	156.83	156.83
	文 23 气藏	Es_4^{3-8}	104.21			
	卫 11 油气藏	Es_3x_{1-3}	14.08			
	文 24 气藏	Es_2x_{1-3}	2.96			
	文 13 西油气藏	Es_3z_{4-5}	29.70			
中期	白庙气田	Es_2x—Es_3s	14.11	2030 年	45.76	202.59
	户部寨气田	Es_4	31.65			
远期	文南气顶	Es_2x—Es_3s	12.10	2030 年以后	354.25	556.84
	卫城气顶	Es_3x	31.80			
	濮城气顶	Es_2s_1	101.35			
	卫 10 块油藏	Es_2x、Es_3z、Es_3x_{1-5}	19.00			
	文 82 块油藏	Es_2x—Es_3s	14.10			
	文 25 块油藏	Es_2x_{1-8}	27.30			
	文 13 北块油藏	Es_3z	51.50			
	文 203 块油藏	Es_3z	20.00			
	文 33 块油藏	Es_2x_{1-3}、Es_3z	56.20			
	桥口油藏	Es_2x_{1-4}、Es_3s_{2-5}	20.90			

2. 钻井工程

钻井工程规划针对不同的地层特性，所提出的井身结构、储层保护和井筒密封完整性等规划，能够保证中原储气库群的钻完井工程质量和满足储层保护要求。

3. 注采工程

在充分调研国内外储气库注采工程特点，以及参考文 96 储气库、文 23 储气库建设经验的前提下，根据备选区块地质特点，遵照气藏工程方案的要求进行设计，对注采工程各环节进行合理优化，可以指导未来中原储气库群的建设。

4. 老井利用及封堵工程规划

在国内外建库做法及现有文 96 储气库、文 23 储气库建库技术的基础上，结合近期、中期目标区块改建储气库老井特点，对其进行评价、分类处置，估算相应费用，以达到老井利用及封堵工程的经济性、安全性。

5. 地面工程

中原地区周围管网发达，中原储气库群内规划了 3 条支线管道，文 23—户部寨—卫 11 管道、文 23—文 24—文 13 西—文 96 管道、白庙—山东南干线管道，既可与周围干线互联互通，也可满足规划储气库群的天然气输出与输入。

6. 中原储气库群经济评价

（1）中原储气库群规划总投资 1069. 86 亿元。

近期计划新增总投资 143. 33 亿元。其中，新增工程建设投资 80. 49 亿元，附加垫气投资 62. 84 亿元。

中期计划新增总投资 90. 99 亿元。其中，新增工程建设投资 67. 76 亿元，附加垫气投资 23. 23 亿元。

远期计划新增总投资 835. 54 亿元。其中，新增工程建设投资 509. 58 亿元，附加垫气投资 325. 96 亿元。

（2）中原储气库群近期、中期、远期规划储气费在 0. 7803～1. 4418 元/立方米之间，与中国石油已建储气库储气费相当，规划合理。

第二章　地面工程技术管理

第一节　地面工程管理

一、项目管理概述

通常所说的工程项目是指为达到预期的目标，投入一定量的资金，在一定的约束条件下，经过决策与实施的必要程序从而形成固定资产的一次性事业。工程项目是最常见、最为典型的项目类型，它是一种既有投资行为又有建设行为的项目决策与实施活动。凡是最终成果是“工程”的项目，均可称为工程项目。

（一）工程项目的内部系统构成

按照从大到小的次序，一个工程项目依次可以分解为单项工程、单位工程、分部工程和分项工程等子系统。

1. 单项工程

单项工程一般是指具有独立设计文件的，建成后可以单独发挥生产能力或效益的一组配套齐全的工程项目。从施工的角度看，工程项目就是一个独立的系统，在工程项目总体施工部署和管理目标的指导下，形成自身的项目管理方案和目标，按其投资和质量的要求，如期建成、交付生产或投入使用。

一个工程项目有时包括多个单项工程，也有可能仅有一个单项工程，即该单项工程就是工程项目的全部内容。

单项工程的施工条件往往具有相对的独立性，因此，一般单独组织施工和竣工验收。单项工程体现了工程项目的主要建设内容和新增生产能力或工程效益的基础。

2. 单位工程

单位工程是指具有独立的设计文件，可独立组织施工，但建成后不能独立发挥生产能力或工程效益的工程。每一个单位工程还可以进一步划分为若干个分部工程。

3. 分部工程

分部工程亦即单位工程的进一步分解，一般是按照单位工程部位、装置设施（设备）种类和型号或主要工种工程的不同而划分的组成部分。

4. 分项工程

分项工程是分部工程的组成部分，一般是按相应的工种承担的工程施工任务划分，也是形成建设工程产品基本构件的施工过程。分项工程是建设工程施工生产活动的基础，也是计量工程用工用料和机械台班消耗的基本单元，是工程质量形成的直接过程。分项工程既有其作业活动的独立性，又有相互联系、相互制约的整体性。

（二）工程项目的分类

1. 按照工程项目的管理主体进行划分

按照管理主体的不同，工程项目可以划分为工程建设项目和工程施工项目两大类。

1）工程建设项目

一个工程建设项目就是一个固定资产投资项目。工程建设项目就是需要一定量的投资，按照一定的程序，在一定的时间内完成，达到既定质量标准要求的，以形成固定资产为明确目标的一次性任务。工程建设项目的管理范畴涵盖了工程咨询项目、工程设计项目、工程施工项目、工程监理项目的管理。工程建设项目管理范畴如图 2-1 所示。

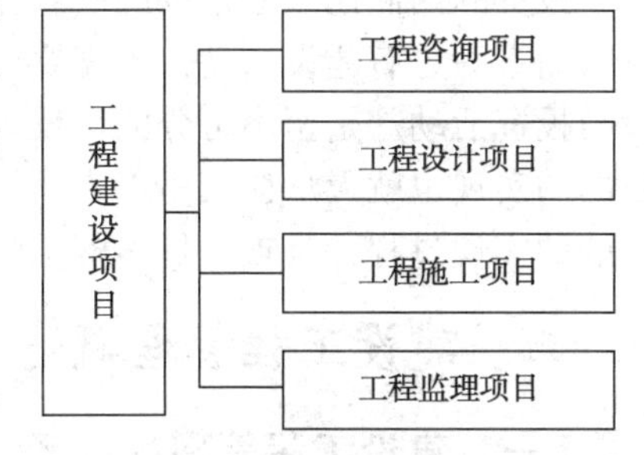

图 2-1　工程建设项目管理范畴示意图

工程建设项目具有以下基本特征：

（1）每一个工程建设项目在一个总体设计或初步设计范围内，都是由一个或若干个相互存在内在联系的单项工程组成的，建设中实行统一核算、统一管理。

（2）每一个工程建设项目都是在一定的约束条件下，以形成一定规模或数量的特定固定资产为目标。约束条件：一是时间约束，即每一个工程建设项目具有明确、合理的建设工期要求；二是费用约束，即每一个工程建设项目都必须受一定的投资总量控制；三是质量目标约束，即每一个工程建设项目在建成投产运行后，都必须有预期的生产能力、技术水平或使用效益目标。

（3）每一个工程建设项目都需要遵循必要的决策、建设程序和特定的建设过程，即每一个工程建设项目从提出建设的设想、建设方案拟定、前期经济评价、决策、勘察、设计、施工，一直到竣工投产运营、投资效果后评估，都需要一个经济、科学、有序的过程控制保障。

（4）每一个工程建设项目都是具有特定任务和目标的一次性组织活动。具体表现为资金的一次性投入，建设地点的一次性固定，工程、地质设计的专业、专一针对性，以及建设成果的单件性。

（5）每一个工程建设项目都有一定的投资限额标准。一方面，表现为每一个工程建设项目都要受到一定的、合理的工程造价总额预算控制；另一方面，表现为每一个工程建设项目只有在科学合理、足够有效的投入后，才能达到预定的工程质量标准、使用价值和预期效果。

2）工程施工项目

工程施工项目是工程施工承包单位承建工程项目的一次性事业。工程施工项目属于工程建设项目实施阶段的管理内容，是实现工程建设项目实体建造完成的过程。工程施工项目具有以下基本特征：

（1）一个工程施工项目是一个工程建设项目的实体建造过程，或是其中的一个或多个单项工程，或是其中的一个或多个单位工程的施工任务。

（2）工程施工项目的管理主体是工程施工承包单位。

（3）一个工程施工项目的管理内容是由相关的工程承包合同约定的。

2. 按照工程项目的行业或专业领域进行划分

按照工程项目的行业或专业领域的不同，可以将工程项目划分为建筑安装工程、道桥工程、水利工程、油气勘探开发建设工程等。每一类工程项目按照不同的施工技术特点或建成后的工程实体的不同，还可进行更进一步的细分。

(三) 工程建设与投资的关系

投资的内涵比工程建设的内容宽泛得多，投资是可以与工程建设相分离的，即有投资行为而不一定有建设活动，不需要通过工程建设活动就可以实现投资目的。但是，工程建设与投资活动却是密不可分的。没有投资活动就没有工程项目；没有工程建设行为，投资目的的实现也就无从谈起。工程项目的建设过程实质上是投资的决策与实施过程，是投资目的的实现过程，是投入货币资金转换为实物资产的经济活动过程。

二、建设工程管理概述

(一) 建设工程管理的内涵

建设工程项目的全寿命周期包括项目的决策阶段、实施阶段和使用阶段(或称运营阶段或运行阶段)。从项目建设意图的酝酿开始，调查研究、编写和报批项目建议书，编制和报批项目的可行性研究等项目前期的组织、管理、经济和技术方面的论证都属于项目决策阶段的工作。项目立项(立项批准)是项目决策完成的标志。决策阶段管理工作的主要任务是确定项目的定义，一般包括如下内容：

(1) 确定项目实施的组织。

(2) 确定和落实建设地点。

(3) 确定建设目的、任务和建设的指导思想及原则。

(4) 确定和落实项目建设的资金。

(5) 确定建设项目的投资目标、进度目标和质量目标等。

“建设工程管理(Professional Management in Construction)”作为一个专业术语，其内涵涉及工程项目全过程(工程项目全寿命)的管理(图 2-2)，它包括：

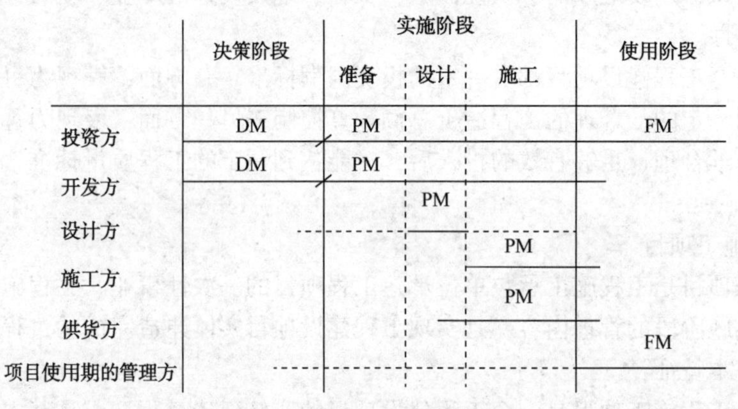

图 2-2 DM、PM 和 FM

(1) 决策阶段的管理，即开发管理 DM(Development Management，尚没有统一的中文术语，可译为项目前期的开发管理)。

(2) 实施阶段的管理，即项目管理 PM(Project Management)。

(3) 使用阶段的管理，即设施管理 FM(Facility Management)。

工程管理涉及参与工程项目的各个方面对工程的管理，即包括投资方、开发方、设计方、施工方、供货方和项目使用期的管理方的管理，如图 2-3 所示。

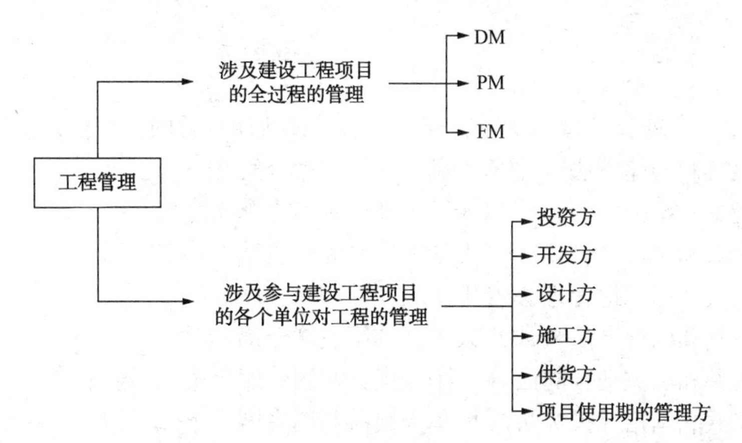

图 2-3　工程管理的内涵

建设工程项目管理的内涵：自项目开始至项目完成，通过项目策划(Project Planning)和项目控制(Project Control)，以使项目的费用目标、进度目标和质量目标得以实现。

(二) 建设工程项目管理的目标和任务

项目的实施阶段包括设计前的准备阶段、设计阶段、施工阶段、动用前准备阶段和保修期。招投标工作分散在设计前的准备阶段、设计阶段和施工阶段中，因此，一般不单独列为招投标阶段。项目实施阶段管理的主要任务是通过管理使项目的目标得以实现。

项目管理的核心任务是项目的目标控制，一个建设工程项目往往由许多参与单位承担不同的建设任务和管理任务(如勘察、土建设计、工艺设计、工程施工、设备安装、工程监理、建设物资供应、业主方管理、政府主管部门的管理和监督等)，各参与单位的工作性质、工作任务和利益不尽相同，形成了代表不同利益方的项目管理。由于业主方是建设工程项目实施过程(生产过程)的总集成者——人力资源、物质资源和知识的集成，业主方也是建设工程项目生产过程的总组织者，因此，对于一个建设工程项目而言，业主方的项目管理往往是该项目的管理核心。

按建设工程项目不同参与方的工作性质和组织特征，将项目管理划分为如下几种类型：

(1) 业主方的项目管理。

(2) 设计方的项目管理。

(3) 施工方的项目管理。

(4) 建设物资供货方的项目管理。

(5) 建设项目总承包方的项目管理，如设计和施工任务的承包，或设计、采购和施工任务的承包(简称 EPC 承包)的项目管理等。

（三）法律、法规和制度体系的构成

储气库地面建设法律、法规体系包括法律、建设行政法规、部门规章、地方性建设法规、地方建设规章及技术标准体系等。制度体系则包括企业规定、管理办法和指导意见等。

1. 法律、法规体系

1）法律

建设法律既包括建设领域的法律，还包括与建设活动相关的其他法律。例如：

《中华人民共和国建筑法》(中华人民共和国主席令第 91 号)；

《中华人民共和国公司法》(中华人民共和国主席令第 42 号)；

《中华人民共和国城乡规划法》(中华人民共和国主席令第 74 号)；

《中华人民共和国土地管理法》(中华人民共和国主席令第 28 号)；

《中华人民共和国合同法》(中华人民共和国主席令第 15 号)；

《中华人民共和国劳动合同法》(中华人民共和国主席令第 65 号)；

《中华人民共和国招标投标法》(中华人民共和国主席令第 21 号)；

《中华人民共和国安全生产法》(中华人民共和国主席令第 70 号)；

《中华人民共和国清洁生产促进法》(中华人民共和国主席令第 72 号)；

《中华人民共和国环境保护法》(中华人民共和国主席令第 22 号)；

《中华人民共和国环境影响评价法》(中华人民共和国主席令第 104 号)；

《中华人民共和国消防法》(中华人民共和国主席令第 6 号)；

《中华人民共和国职业病防治法》(中华人民共和国主席令第 60 号)；

《中华人民共和国环境噪声污染防治法》(中华人民共和国主席令第 104 号)；

《中华人民共和国大气污染防治法》(中华人民共和国主席令第 32 号)；

《中华人民共和国水污染防治法》(中华人民共和国主席令第 87 号)；

《中华人民共和国固体废物污染环境防治法》(中华人民共和国主席令第 58 号)；

《中华人民共和国节约能源法》(中华人民共和国主席令第 48 号)；

《中华人民共和国水土保持法》(中华人民共和国主席令第 39 号)；

《中华人民共和国特种设备安全法》(中华人民共和国主席令第 4 号)；

《中华人民共和国石油天然气管道保护法》(中华人民共和国主席令第 30 号)。

2）建设行政法规

现行的建设行政法规主要有：

《建设工程质量管理条例》(中华人民共和国国务院令第 279 号)；

《建设工程安全生产管理条例》(中华人民共和国国务院令第 393 号)；

《建设工程勘察设计管理条例》(中华人民共和国国务院令第 293 号)；

《建设项目环境保护管理条例》(中华人民共和国国务院令第 253 号)；

《地质灾害防治条例》(中华人民共和国国务院令第 394 号)；

《中华人民共和国招标投标法实施条例》(中华人民共和国国务院令第 613 号)；

注：截至本书完稿时，笔者查阅相关材料，整理出上述法律、法规和制度体系，如有更新，请以最新版为准。

《特种设备安全监察条例》(中华人民共和国国务院令第373号);

《安全生产许可证条例》(中华人民共和国国务院令第397号)。

3) 部门规章

中华人民共和国住房和城乡建设部部门规章，例如:

《建筑业企业资质管理规定》(建设部令第159号);

《工程监理企业资质管理规定》(建设部令第158号);

《建设工程勘察设计资质管理规定》(建设部令第160号);

《建设工程监理范围和规模标准规定》(建设部令第86号);

《实施工程建设强制性标准监督规定》(建设部令第81号);

《房屋建筑和市政基础设施工程质量监督管理规定》(建设部令第5号);

《房屋建筑和市政基础设施工程施工招标投标管理办法》(建设部令第89号);

《房屋建筑工程和市政基础设施工程竣工验收备案管理暂行办法》(建设部令第78号);

《建设工程质量责任主体和有关机构不良记录管理办法》(建质〔2003〕113号);

《建筑工程施工许可管理办法》(建设部令第91号);

《工程建设项目施工招标投标办法》(5部1委1局令第30号);

《工程建设项目招标范围和规模标准规定》(国家发展计划委员会令第3号)。

其他部门规章，例如:

《设备监理单位资格管理办法》(质监总局令第157号);

《基本建设财务管理规定》(财建〔2002〕394号);

《建设项目(工程)竣工验收办法》(国家计委〔1990〕1215号);

《国务院关于特大安全事故行政责任追究的规定》(中华人民共和国国务院令第302号);

《建设项目职业卫生审查规定》(卫监督发〔2006〕375号);

《建设项目环境影响评价文件分级审批规定》(环境保护部令第5号);

《职业病危害项目申报管理办法》(卫生部令第21号);

《建设项目职业病危害分类管理办法》(卫生部令第49号);

《建设项目职业卫生“三同时”监督管理暂行办法》(国家安全生产监督管理总局令第51号);

《关于进一步加强建设项目职业卫生“三同时”监管工作的通知》(国家安全生产监督管理总局职业健康司安健函〔2006〕30号);

《建设项目环境保护设计管理规定》(国家发展计划委员会、国务院环保委员会国环字第002号);

《建设项目环境影响评价分类管理名录》(环境保护部令第2号);

《环境保护部建设项目“三同时”监督检查和竣工环保验收管理规程(试行)》(环发〔2009〕150号);

《关于进一步推进建设项目环境监理试点工作的通知》(环办〔2012〕5号);

《建设项目竣工环境保护验收管理办法》(国家环境保护总局令第13号);

《关于环境保护部委托编制竣工环境保护验收调查报告和验收监测报告有关事项的通知》(环办环评〔2016〕16号);

《开发建设项目水土保持方案编报审批管理规定》(水利部令第24号);

《开发建设项目水土保持设施验收管理办法》(水利部令第16号);

《关于加强大中型开发建设项目水土保持监理工作的通知》(水保〔2003〕89号);

《关于规范生产建设项目水土保持监测工作的意见》(水保〔2009〕187号);

《水土保持补偿费征收使用管理办法》(财综〔2014〕8号);

《地质灾害防治管理办法》(国土资源部令第4号);

《关于固定资产投资工程项目可行性研究报告"节能篇(章)"编制及评估规定》(计交能〔1997〕2542号);

《特种设备作业人员监督管理办法》(质监总局令第70号);

《防雷减灾管理办法》(中国气象局令第24号);

《公安消防部队执勤战斗条令》(公通字〔2009〕22号);

《建设工程消防监督管理规定》(公安部令第106号);

《中华人民共和国国家审计准则》(审计署令第8号);

《关于陆上石油天然气建设项目安全设施设计审查与竣工验收有关事项的通知》(安监总管一〔2006〕151号);

《建设项目安全设施"三同时"监督管理办法》(国家安全生产监督管理总局令第77号);

《国务院关于第一批清理规范89项国务院部门行政审批中介服务事项的决定》(国发〔2015〕58号);

《建设工程价款结算暂行办法》(财建〔2004〕369号);

《国家发展改革委关于印发中央政府投资项目后评价管理办法(试行)的通知》(发改投资〔2008〕2959号);

《中央企业固定资产投资项目后评价工作指南》(国资发法规〔2005〕92号)。

4) 地方性建设法规

地方性建设法规是指省、自治区、直辖市、直辖市人大及其常委会制定并颁布的建设方面的规章。

5) 地方建设规章

地方建设规章是指省、自治区、直辖市，以及省会城市和经国务院批准的较大城市的人民政府制定并颁布的建设方面的规章。

6) 技术标准体系

技术标准是由国家制定或认可的，由国家强制或推荐实施的有关工程项目的规划、勘察、设计、施工、安装、检测、验收等的技术标准、规范、规程、条例、办法、定额等规范性文件，按使用范围分为四级：国家级、部(委)级、省(直辖市、自治区)级和企业级。例如：

《建筑工程施工质量验收统一标准》(GB 50300—2013);

《建筑施工安全检查标准》(JGJ 59—2011);

《工程网络计划技术规程》(JGJ/T 121—2015);

《砌体结构工程施工质量验收规范》(GB 50203—2011);

《建设工程项目管理规范》(GB/T 50326—2006)；
《建设工程监理规范》(GB/T 50319—2013)；
《建设工程文件归档规范》(GB/T 50328—2014)；
《建设工程工程量清单计价规范》(GB 50500—2013)；
《科学技术档案案卷构成的一般要求》(GB/T 11822—2008)；
《电子文件归档与管理规范》(GB/T 18894—2002)；
《国家重大建设项目文件归档要求与档案整理规范》(DA/T 28—2002)；
《安全评价通则》(AQ 8001—2007)。

第二节　前期管理

项目前期管理包括两部分：一是(预)可行性研究报告编制、审批、核准或备案；二是专项评价管理。

前期阶段管理流程如图 2-4 所示。

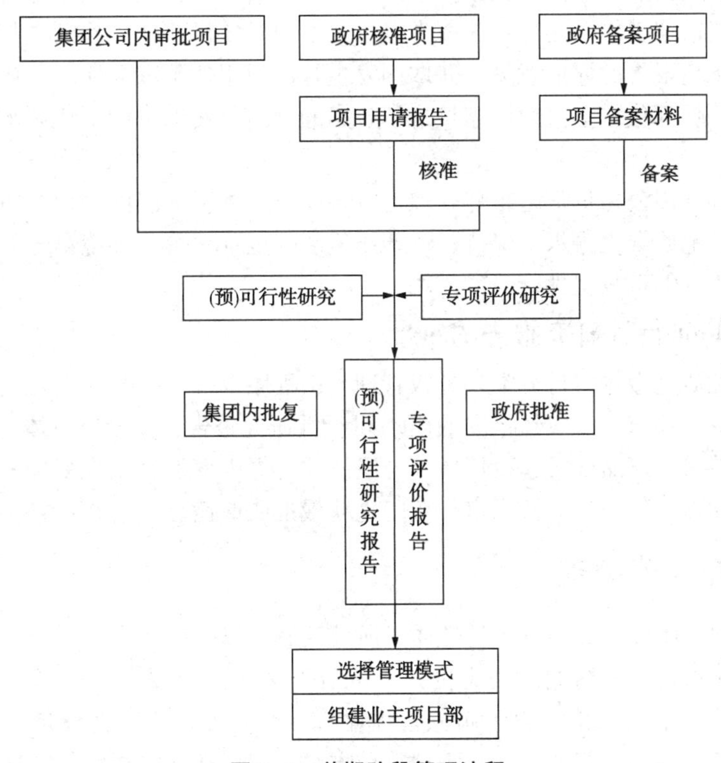

图 2-4　前期阶段管理流程

一、(预)可行性研究报告管理

(一) (预)可行性研究报告的编制

(预)可行性研究报告应由建设方通过招标选择有相应资质的工程咨询、设计单位编制，按照中国石化集团公司(以下简称“集团公司”)投资管理办法分级管理。(预)可行性研究报告的内容和深度应符合国家法律、法规和集团公司的有关规定，内容及深度应达到集团公司及相关行业规定的标准，由编制单位对其内容及质量负责。

(预)可行性研究报告经济部分(包括投资估算和经济评价)执行集团公司石油建设项目可行性研究投资估算编制有关规定和建设项目经济评价方法与参数有关规定。在项目终审前，由咨询评估单位对投资估算和经济评价的内容组织复算，必要时，委托有资质的第三方机构进行核实。

(二) 项目申请报告的编制

上报国家各级政府投资主管部门核准的项目除编制可行性研究报告，还需要编制项目申请报告，在可行性研究报告编制完成，并征得审批主管部门审查同意后方可进行。项目申请报告应由具有甲级工程咨询资格的机构编制，具体按照国家发展改革会发布的企业投资项目核准办法执行，主要内容包括：项目申报情况、拟建项目情况、建设用地及相关规划、资源利用和能源耗用分析、生态影响环境分析、经济和社会效果分析等。

(1) 规划计划部负责上报须国家核准、备案的投资项目，获取国家主管部门核准批复文件、同意开展前期工作的文件；获取省级主管部门对项目前期工作的支持文件；获取咨询机构对项目申请报告的评估意见；获取国家主管部门用地预审文件。

(2) 安全环保部负责上报须国家核准、备案的国内投资项目的环境影响评价报告，并获取审批文件。

(3) 所属油气田公司负责上报并获取地方各级政府主管部门的用地初审文件、城市规划文件，地震、地质灾害、水土保持、矿产压覆、安全预评价、环境影响评价等专项和穿越局部特殊地区等的批复文件。

(三) (预)可行性研究报告的审批

项目可行性研究报告实行分类、分级管理，按程序审批。(预)可行性研究报告未经批准，不得开展下一环节工作。经批准的(预)可行性研究报告，其投资主体、建设规模、场址选择、工艺技术、产品方案、投资估算与经济评价等内容发生重大变化的，或批准超过两年未开展实质性工作的，应按照审批权限重新报批或取消。

二、专项评价管理

在可行性研究阶段，应根据工程性质、所处区域，以及国家安全生产、环境保护、职业病防治、水土保持、节约能源、地质灾害防治等法律法规要求，选择开展环境影响评价、安全预评价、水土保持、职业病危害预评价、地质灾害危险性评价、地震安全性评价、压覆矿产资源评估、节能评估、土地复垦方案、使用林地可行性、文物调查勘探评估等专项评价工作，并获得相应批复。不涉及新征土地、变更厂址的改(扩)建类项目，根据有关规定可适当减少专项评价内容。

(一) 环境影响评价

1. 评价项目范围

所有储气库地面建设项目。

2. 评价内容

主要包括建设项目概况、周围环境状况简介，分析和预测建设项目可能造成的环境影响，通过技术及经济论证，确定环境保护措施，分析经济损益，提出明确的评价结论和建议等。

3. 工作程序与内容

在可行性研究阶段，由建设单位组织开展环境影响评价工作，委托有相应资质的环境影响评价单位编制环境影响报告书(表)，做到环境影响评价文件的编制与可行性研究同期进行。

环境影响报告书(表)由环保主管部门组织有关专家初审后，报项目所在地环境保护行政主管部门审批。可行性研究报告编制单位应将环境影响报告书(表)及审批意见中提出的环境保护措施和工程量纳入建设项目可行性研究报告，按规定编制环境保护篇(章)，并在投资估算中单列环境保护措施工程量及投资。根据《中华人民共和国环境影响评价法》(2018 年 12 月 29 日第十三届全国人民代表大会常务委员会修改)，建设项目的环境影响评价文件未经审批，建设单位不得开工建设。

1）分类管理与评价机构

(1) 根据《建设项目环境影响评价分类管理名录》(环境保护部令第 33 号，2015 年 6 月 1 日起施行)中的规定，建设项目环境影响评价实行分类管理，共有三种形式：环境影响报告书、环境影响报告表和环境影响登记表。

(2) 集团公司实行环境影响评价技术服务机构准入制度，国家审批项目的技术服务机构准入名单由集团公司确定，集团公司储气库地面建设项目的技术服务机构由勘探与生产公司或者油田公司确定。建设单位应当在准入名单中优选技术服务机构编制环境影响评价文件。

2）评价实施

(1) 评价委托。

建设单位在委托项目可行性研究的同时，委托环境影响评价。建设单位与环境影响评价技术服务机构签订合同时，应明确责任和义务，规定环境影响评价工作要求和完成时限。

对国家审批的储气库地面建设项目，建设单位应当在合同签订后 10 个工作日内，将技术服务机构名称及其资质、建设项目建设和投产计划进度、环境影响评价工作总体计划报集团公司安全环保部、勘探与生产公司备案。

(2) 编审评价大纲。

在正式开展评价之前，评价服务机构应根据建设项目可行性研究报告及其他相关文件，编制评价方案、提要或评价大纲，并经项目所在地市级以上环境保护主管部门评审。

(3) 开展环境影响评价。

依据评价大纲及其评审意见，组织开展建设项目环境影响评价及报告的编写工作。

(4) 报告审批。

报告审批程序：内部预审→修改完善→报批。

内部预审：国家审批的储气库地面建设项目的环境影响评价文件，由集团公司环保部门组织技术预审；集团公司及以下审批的储气库地面建设项目的环境影响评价文件，由勘探与生产公司或油田公司预审。

修改完善：由评价机构依据预审意见对环境影响评价文件进行修改完善。

报批：将编制完成的建设项目环境影响评价文件报相应的环境保护行政主管部门进行审查，并取得建设项目环境影响报告批复意见。一般情况下，跨省、自治区、直辖市行政区域的储气库地面建设项目由国务院或由国务院授权的有关部门审批，获核准的项目，以及由国务院有关部门备案的对环境可能造成重大影响的特殊性质的项目的环境影响评价文件，由国家环境保护主管部门审批，其余储气库地面建设项目的环境影响评价一般由项目所在地省级环境保护主管部门审批，并抄送国家环境保护主管部门。

建设项目环境影响评价文件获得批准后，项目的性质、规模、地点、采用的生产工艺或者环境保护措施发生重大变动的，建设单位须重新报批环境影响评价文件。

建设项目环境影响评价文件自批准之日起超过五年，方可决定该项目开工建设的，建设单位须报原审批部门重新审核环境影响评价文件。

（二）安全预评价

1. 评价项目范围

依据《建设项目安全设施“三同时”监督管理办法》(国家安全生产监督管理总局令第77号)第七条规定：非煤矿山建设项目需在项目可行性研究时，进行安全预评价；第九条规定：第七条规定以外的其他建设项目，生产经营单位应当对其安全生产条件和设施进行综合分析，并形成书面报告备查。

2. 评价内容

主要包括建设项目概况、周围环境关系简介，分析和预测建设项目在建设过程中及建成投产后可能存在的危险、有害因素，并提出明确的评价结论及措施建议。

3. 工作程序与内容

在可行性研究阶段，由建设单位组织开展安全预评价工作，委托有相应资质的安全评价单位开展安全预评价工作；危险化学品建设项目在可行性研究阶段应进行安全条件论证。可行性研究报告编制单位要将安全预评价报告中提出的安全对策及工程量纳入可行性研究报告，按规定编制“安全篇章”，并在投资估算中单列安全措施工程量及投资。

1）预评价委托

建设单位在进行可行性研究时，须委托具有相应资质的安全评价机构，对其储气库地面建设项目的安全生产条件进行安全预评价，并编制安全预评价报告。建设单位与安全评价机构签订安全预评价技术服务合同，明确评价对象、评价范围，以及双方的权利、义务和责任。

2）预评价程序

预评价程序主要分为准备、实施评价和预评价报告书编制三个阶段。

3）预评价报告备案

按照安全生产监督管理部门报备要求，提供建设项目安全预评价报告备案所需资料并进行备案：

(1) 在县级行政区域内的建设项目，报所在地县级以上安全生产监督管理部门进行备案。

(2) 跨两个及两个以上县级行政区域的建设项目，报上一级安全生产监督管理部门进行备案。

(3) 跨两个及两个以上地(市)级行政区域的建设项目，报省级安全生产监督管理部门进行备案。

(4) 跨省或承担的国家级建设项目，报应急管理部进行备案。

(三) 水土保持评价

1. 评价项目范围

《中华人民共和国水土保持法》规定的建设项目，重点包括油气集输及处理站场、长输管道、天然气净化厂及地下储气库等。

2. 评价内容

包括建设项目地区概况、生产建设过程水土流失预测，以及提出水土流失防治方案及措施等。

3. 工作程序与内容

在可行性研究阶段，由建设单位组织开展水土保持评价工作，委托有相应资质的水土保持方案编制单位开展水土保持方案编制工作。水土保持方案报告书(表)由水土保持主管部门向项目所在地水行政主管部门报批，并取得批复文件。可行性研究报告编制单位要将水土保持方案报告书(表)及审批意见提出的水土保持措施和工程量纳入建设项目可行性研究报告，并在投资估算中单列水土保持措施工程量及投资。在可行性研究报告审批前，应完成水土保持方案报告书(表)的报批工作。

1) 分类管理

水土保持方案分为水土保持方案报告书和水土保持方案报告表。

凡征(占)地面积在1公顷以上或者挖填土石总量在$1\times10^4m^3$以上的开发建设项目，应当编报水土保持方案报告书；其他开发建设项目应当编报水土保持方案报告表。

2) 方案编报

(1) 编制委托。

建设单位根据项目类型选聘具有相应资质的机构，签订技术服务合同，委托开展项目水土保持方案的编制工作。

(2) 方案编制。

受委托的技术服务机构根据《开发建设项目水土保持技术规范》(GB 50433—2008)和其他有关规定，编制水土保持方案报告书(表)，其内容和格式应当符合相关要求。

根据《水利部水土保持司关于印发〈规范水土保持方案编报程序、编写格式和内容的补充规定〉的通知》(保监〔2001〕15号)，水土保持方案报告书的主要内容包括：建设项目概况、建设项目区域概况、主体工程水土保持分析与评价、防治责任范围及防治分区、水土流失预测、防治目标及防治措施布设、水土保持监测、投资估算及效益分析、实施保障措施、结论与建议等。

(3) 方案报批。

根据《开发建设项目水土保持方案编报审批管理规定》和《水利部关于修改部分水利行政许可规章的决定》有关要求：

审批制项目，在报送可行性研究报告前完成水土保持方案报批手续；

核准制项目，在提交项目申请报告前完成水土保持方案报批手续；

备案制项目，在办理备案手续后、项目开工前完成水土保持方案报批手续。

水土保持方案编制完成后，由建设单位向有审批权的水行政主管部门提交水土保持方案审批书面申请和水土保持方案报告书(表)：

50公顷且挖填土石总量不足$50\times10^4m^3$的开发建设项目，水土保持方案报告书报省级水行政主管部门审批；地方立项的开发建设项目和限额以下的技术改造项目，水土保持方案报告书报相应级别的水行政主管部门审批；水土保持方案报告表由开发建设项目所在地县级水行政主管部门审批。

(四)职业病危害预评价

1. 评价项目范围

符合《建设项目职业病危害分类管理办法》和《职业病危害因素分类目录》等规定的项目。

2. 评价内容

主要包括项目选址、总体布局、生产工艺和设备布局等建设项目概况，确定职业病危害类别，分析和评价建设项目选址、可能产生的职业病危害因素及其对工作场所、劳动者健康的影响程度，以及制定相应职业病危害防护及管理措施等。

3. 工作程序与内容

1）分类管理

《建设项目职业病危害风险分类管理目录》规定，石油开采、高含硫化氢气田开采属于职业病危害严重的建设项目，其他天然气开采属于职业病危害较重的建设项目。对于石油开采、高含硫化氢气田开采这类职业病危害严重的建设项目，须编制职业病危害评价报告书，对于其他天然气开采建设项目须编制职业病危害评价报告表。

2）报告编制

在可行性研究阶段，由建设单位组织开展职业病危害预评价工作，并依据《建设项目职业病危害预评价技术规范》，编制或者委托其他单位编制职业病危害预评价报告。

(五)地质灾害危险性评估

1. 评价项目范围

在国家、地方政府划定的地质灾害易发区内的建设项目，原则上应按照《地质灾害防治条例》、《国土资源部关于加强地质灾害危险性评估工作的通知》等法律、法规文件规定，开展地质灾害危险性评估工作。

2. 评价内容

主要包括项目建设区和规划区地质环境条件基本特征简介，分析论证工程建设区和规划区各种地质灾害的危险性，开展现状评估、预测评估和综合评估，提出地质灾害防治措施及建议，并做出建设场地适宜性评价结论。

3. 工作程序与内容

在可行性研究阶段，由建设单位组织开展地质灾害危险性评估工作，结合项目所在地国土资源行政主管部门对所在地区地质灾害危险性评估的行政许可，委托有相应资质的地质灾害评估单位开展地质灾害危险性评估。地质灾害危险性评估报告由土地管理部门组织报送地方各级国土资源行政主管部门评审备案。可行性研究报告编制单位应将地质灾害危险性评估报告以及评审意见提出的地质灾害防治措施及工程量纳入建设项目可行性研究报告，并在投资估算中单列地质灾害防治措施工程量及投资。在可行性研究报告获得审批前，原则上应完成地质灾害危险性评估报告的备案工作。

1）评估分级

根据《国土资源部关于加强地质灾害危险性评估工作的通知》，地质灾害危险性评估工作级别(表2-1)按建设项目的重要性分类(表2-2)和地质环境的复杂程度分类(表2-3)分为三级。

表2-1　地质灾害危险性评估工作级别

项目重要性	复杂程度		
	复杂	中等	简单
重要建设项目	一级	一级	一级
较重要建设项目	一级	二级	三级
一般建设项目	二级	三级	三级

表2-2　建设项目的重要性分类

项目类型	项目类别
重要建设项目	开发区建设、城镇新区建设、放射性设施、军事设施、核电、二级(含)以上公路、铁路、矿山、集中供水水源地、工业建筑、民用建筑、垃圾处理厂、水处理厂等
较重要建设项目	新建村庄、三级(含)以下公路、中型水利工程、电力工程、港口码头、矿山、集中供水水源地、工业建筑、民用建筑、垃圾处理厂、水处理厂等
一般建设项目	小型水利工程、电力工程、港口码头、矿山、集中供水水源地、工业建筑、民用建筑、垃圾处理厂、水处理厂等

表2-3　地质环境的复杂程度分类

复　杂	中　等	简　单
地质灾害发育强烈	地质灾害发育中等	地质灾害一般
地形与地貌类型复杂	新建村庄、三级(含)以下公路、中型水利工程、电力工程、港口码头、矿山、集中供水水源地、工业建筑、民用建筑、垃圾处理厂、水处理厂等	地形简单，地貌类型单一
地质构造复杂	地质构造较复杂，岩性、岩相不稳定，岩土工程地质条件较差	地质构造简单，岩性单一，岩土工程地质条件良好
工程地质水文地质条件不良	工程地质、水文地质条件较差	工程地质、水文地质条件良好
破坏地质环境的人类工程活动强烈	破坏地质环境的人类工程活动较强烈	破坏地质环境的人类工程活动一般

2）评估实施

（1）选聘评估机构并委托评估。

一级地质灾害危险性评估项目须选聘具有甲级评估资质的单位进行。

二级地质灾害危险性评估项目须选聘具有乙级以上评估资质的单位进行。

三级地质灾害危险性评估项目须选聘具有丙级以上评估资质的单位进行。

（2）由受委托评估机构依据委托文件、合同条款及国家相关技术规范，开展评估工作，提交评估成果。

地质灾害危险性评估的主要内容是：阐明工程建设区和规划区的地质环境条件基本特征；分析论证工程建设区和规划区各种地质灾害的危险性，并进行现状评估、预测评估和综合评估；提出防治地质灾害措施与建议，并做出建设场地适宜性评价。

地质灾害危险性评估成果包括：地质灾害危险性评估报告或说明书，并附评估区地质灾害分布图、地质灾害危险性综合分区评估图和有关的照片、地质地貌剖面图等。

地质灾害危险性一级、二级评估，须提交地质灾害危险性评估报告书；三级评估，须提交地质灾害危险性评估说明书。

《关于取消地质灾害危险性评估备案制度的公告》(国土资源部〔2014〕第29号)取消了地质灾害危险性评估备案制度。

(六) 节能评估

1. 评价项目范围

须报地方政府核准、备案的固定资产投资建设项目。

2. 评价内容

主要包括项目用能概况及能源供应情况简介，分析项目选址、总平面布置、生产工艺对能源消费的影响，评估主要用能工艺、工序、设备以及附属生产设施能耗指标和能效水平，并制定节能措施。

3. 工作程序与内容

在可行性研究阶段，由建设单位组织开展节能评估工作，委托有相应资质的机构编制节能评估报告书，由建设单位自行填写节能评估登记表。可行性研究报告编制单位应将节能评估文件确定的节能措施及工程量纳入可行性研究报告，在建设项目可行性研究报告中应编制“节能篇(章)”，并在投资估算中单列节能措施工程量及投资。在建设项目核准或备案文件报送地方主管部门前，应由节能主管部门完成节能评估文件报批或预审工作。

1）评估类别

依据《固定资产投资项目节能评估和审查暂行办法》(国家发展改革委员会令〔2010〕第6号)，节能评估按报告形式不同划分为节能评估报告书、节能评估报告表和节能评估登记表三类。

年综合能源消费量3000t标准煤以上(含3000t标准煤，电力折算系数按当量值，下同)，或年电力消费量500×10^4kW·h以上，或年石油消费量1000t以上，或年天然气消费量100×10^4m^{3}以上的固定资产投资项目，应单独编制节能评估报告书。

年综合能源消费量1000~3000t标准煤(不含3000t，下同)，或年电力消费量200×10^4~500×10^4kW·h时，或年石油消费量500~1000t，或年天然气消费量50×10^4~100×10^4m^{3}的固

定资产投资项目，应单独编制节能评估报告表。

上述条款以外的项目，须填写节能评估登记表。

2）评估实施

（1）评估报告编制。

对需要填写节能评估登记表的建设项目，建设单位应在项目可行性研究阶段自行填写，按政府规定进行备案并取得批复意见。

对需要编制节能评估报告书(表)的建设项目，建设单位应在项目可行性研究阶段选聘并委托具备相应资质的节能评估机构，由节能评估机构根据有关政策组织专家对项目用能情况进行评估并编制节能评估报告书(表)。

节能评估报告书、节能评估报告表和节能评估登记表应按照《固定资产投资项目节能评估和审查暂行办法》附件要求的内容和格式进行编制。

节能评估报告书的主要内容包括：评估依据；项目概况；能源供应情况评估，包括项目所在地能源资源条件以及项目对所在地能源消费的影响评估；项目建设方案节能评估，包括项目选址、总平面布置、生产工艺、用能工艺和用能设备等方面的节能评估；项目能源消耗和能效水平评估，包括能源消费量、能源消费结构、能源利用效率等方面的分析评估；节能措施评估，包括技术措施和管理措施评估；存在问题及建议、结论。

（2）节能评估报审。

根据《中国石油化工股份有限公司固定资产投资项目实施管理办法》(石化股分发〔2002〕141号)要求报审：

一类、二类项目节能评估文件由油气田公司报集团公司安全环保与节能部审查或备案。由安全环保与节能部对其中需要由国家发展和改革委员会审批或核准的项目以及需要由国家发展和改革委员会核报国务院审批或核准的项目的节能评估文件和节能登记表进行预审后，报国家发展和改革委员会审查。

三类项目的节能评估文件由油气田公司节能主管部门审查或备案。油气田公司节能主管部门对其中需要地方发展和改革部门审批、核准、备案或核报本级政府审批、核准项目的节能评估文件和节能登记表进行预审后，报地方发展和改革部门审查。

四类项目的节能评估文件由建设单位报所在地政府发展和改革部门审查。

（七）地震安全性评价

1. 评价项目范围

以下项目原则上应开展地震安全性评价工作：

（1）集团公司和勘探与生产公司投资建设的重大建设项目。

（2）受地震破坏后可能引发火灾、爆炸、剧毒或者强腐蚀性物质大批泄漏或者其他严重次生灾害的建设工程，包括贮油、贮气、贮存易燃易爆、剧毒或者强腐蚀性物质的设施以及其他可能发生严重次生灾害的建设项目。

（3）省、自治区、直辖市认为对本行政区域有重大价值或有重大影响的其他建设项目。

2. 评价内容

主要包括复核工程项目建设场地地震烈度，分析地震危险性，确定设计的震动参数，开展地震区划、地震预测、场地及其周围的地震稳定性评价，并确定场地内建设工程项目的抗震设防措施。

3. 工作程序与内容

在可行性研究阶段，由建设单位组织开展地震安全性评价工作，按照国家、地方地震主管部门对工程所在地区地震设防要求，委托有相应资质的地震安全性评价单位开展地震安全性评价。地震安全性评价报告由土地管理部门组织向国家或地方地震主管部门报批。可行性研究报告编制单位应将地震安全性评价报告提出的地震安全设防措施及工程量纳入建设项目可行性研究报告，并在投资估算中单列地震安全设防措施工程量及投资。在可行性研究报告获得审批前，原则上应完成地震安全性评价报告的报批工作。

（八）压覆矿产资源评估

1. 评价项目范围

涉及新征建设用地的场站、管道、基础设施等建设项目，原则上应开展压覆矿产资源评估工作。

2. 评价内容

主要包括拟建项目所在区域内的矿产资源分布评估和矿业权设立情况评估。

3. 工作程序与内容

在可行性研究阶段，由建设单位组织开展压覆矿产资源评估工作，结合地方国土资源行政主管部门对所在地区压覆矿产资源评估的行政许可，委托有相应资质的压覆矿产资源评估单位开展压覆矿产资源评估。压覆矿产资源评估报告由土地管理部门组织向国家或地方国土资源行政主管部门报批。可行性研究报告编制单位应在建设项目可行性研究报告中就是否压占矿产资源情况予以说明，并将压覆矿产资源评估报告提出的压覆矿产资源处理措施及工程量纳入可行性研究报告，在投资估算中单列压覆矿产资源处理措施工程量及投资。在可行性研究报告获得审批前，原则上应完成压覆矿产资源评估报告的报批工作。

（九）土地复垦方案

1. 编制的项目范围

已经或可能因挖损、塌陷、压占、污染等原因对土地造成损毁的建设项目。

2. 主要内容

包括项目概况和项目土地利用状况简介，损毁土地的分析预测和土地复垦的可行性评价，并制定土地复垦的目标任务、质量要求、工程措施和工作计划等。

3. 工作程序与内容

在可行性研究阶段，由建设单位组织开展土地复垦方案编制工作，结合地方国土资源行政主管部门对所在地区土地复垦方案编制的行政许可，委托有相应资质的土地复垦方案编制单位开展土地复垦方案编制。土地复垦方案由土地管理部门组织向国家或地方国土资源行政主管部门报送及评审备案。可行性研究报告编制单位应将土地复垦方案中提出的复垦措施及工程量纳入建设项目可行性研究报告，并在投资估算中单列土地复垦工程量及投资。在可行性研究报告获得审批前，原则上应完成土地复垦方案的备案工作。

（十）使用林地可行性报告

1. 编制的项目范围

占(征)用林地或临时占用林地的建设项目。

2. 主要内容

使用林地可行性报告内容应包括建设项目概况简介，调查项目区拟占用、征用林地现状，分析占用、征用林地对环境和林业发展的影响，进行综合评价，制定保障措施，以及明确可行性研究结论。

3. 工作程序与内容

在可行性研究阶段，由建设单位组织开展使用林地可行性报告编制工作，结合项目所在地林业主管部门对所在地区使用林地可行性报告编制的行政许可，委托有相应资质的单位完成项目使用林地可行性报告编制。使用林地可行性报告由土地管理部门组织向国家或地方林业主管部门报批。土地管理部门应将审批后的使用林地可行性报告以及批复文件送同级规划计划部门。可行性研究报告编制单位应将使用林地可行性报告提出的保障措施及工程量纳入建设项目可行性研究报告，并在投资估算中单列林地保护的工程量及投资。在可行性研究报告获得审批前，原则上应完成项目使用林地可行性报告的审批工作。

（十一）文物调查勘探评估

1. 评估的项目范围

处于下列区域内的建设工程，结合项目所在地有关部门的要求，开展文物调查勘探评估：

(1) 历史文化名城的保护规划区域。

(2) 已核定公布为文物保护单位的古遗址、古墓葬、古建筑、石刻、纪念建筑等历史文化遗迹。

(3) 省级文物行政主管部门核定的可能埋藏文物的区域。

2. 评估内容

文物调查勘探评估报告内容应包括建设项目概况简介，确定评估方法、依据及目的，调查项目涉及区域内文物分布基本情况，评估文物价值并分析项目实施对文物造成的影响，并制定文物抢救保护处理措施。

3. 工作程序与内容

在可行性研究阶段，由建设单位组织开展文物调查勘探评估工作，结合项目所在地文物主管部门对文物调查勘探评估的行政许可，委托有相应资质的文物调查勘探评估单位开展文物考古调查勘探评估。文物调查勘探评估报告由土地管理部门组织向项目所在地文物主管部门报批。可行性研究报告编制单位应将文物调查勘探评估报告及审批意见提出的文物抢救保护措施及工程量纳入建设项目可行性研究报告，并在投资估算中单列文物抢救保护措施工程量及投资。在可行性研究报告获得审批前，原则上应完成文物调查勘探评估报告的审批工作。

第三节　组织管理

一、组织结构

(一) 组织结构形式

储气库地面工程建设项目组织结构形式主要有三种：职能式、项目式和矩阵式。

1. 职能式

职能式项目组织形式是指以企业中现有的职能部门作为承担任务的主体来完成项目任务的组织形式。一个项目可能由某一个职能部门负责完成，也可能由多个职能部门共同完成。因此，各职能部门之间与项目相关的协调工作需要在职能部门主管这一层次上进行。其结构形式如图 2-5 所示。

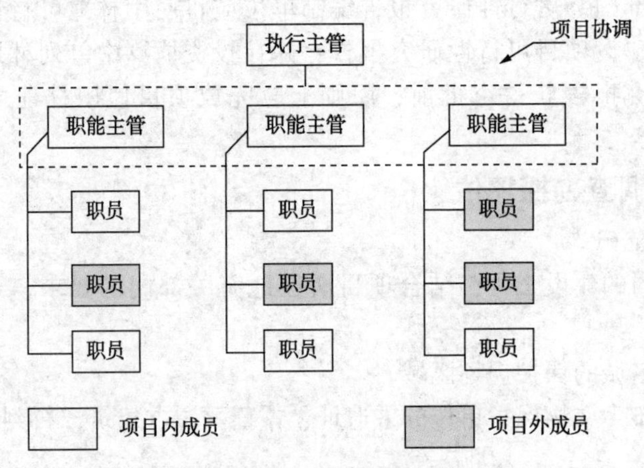

图 2-5　职能式组织结构形式示意图

职能式组织结构形式适宜规模较小、以工艺技术改造为重点的改造工程项目或系统工程项目，不适宜规模比较大、时间限制性强或要求对变化快速响应的项目。

职能式组织结构的优点：

(1) 在人员的使用上具有较大的灵活性。

(2) 技术专家可以同时被不同的项目使用。

(3) 同一部门的专业人员在一起易于交流知识和经验。

(4) 当有人员离开项目组织时，职能部门可作为保持项目技术连续性的基础。

职能式组织结构的缺点：

(1) 职能部门有自己的日常工作，参建单位不是活动和关系的焦点，所以项目及参建单位的利益往往得不到优先考虑。

(2) 没有人承担项目的全部责任。

(3) 对参建单位要求的响应迟缓、艰难。

(4) 调配给项目的人员，其积极性往往不是很高。

(5) 当项目需由多个部门共同完成时，各职能部门往往会更注重本部门的工作领域，而忽视整个项目的目标，跨部门之间的沟通比较困难。

(6) 当项目需由多个部门共同完成，而一个职能部门内部又涉及多个项目时，这些项目在资源使用的优先权上可能会产生冲突，职能部门主管通常难以把握项目间的平衡。

2. 项目式

项目式项目组织形式是指项目组直接接受上级的领导，各项目组之间是相对独立的，其组织结构形式如图 2-6 所示。

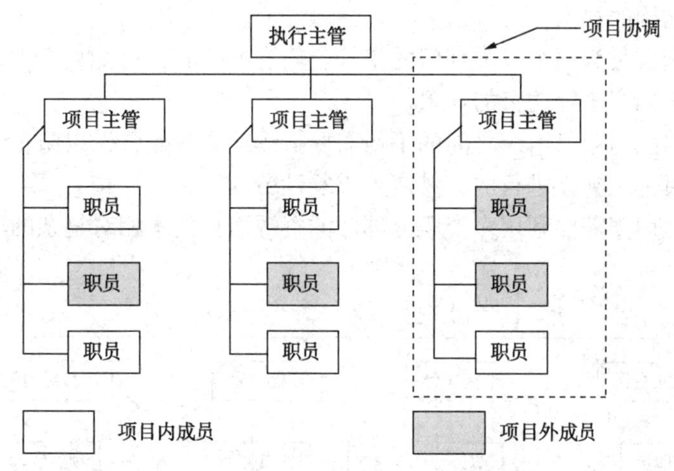

图 2-6　项目式组织结构形式示意图

项目式组织结构主要用于包含多个相似项目的单位以及长期的、大型的、重要的和复杂的项目。

项目式组织结构的优点：

(1) 目标明确，便于统一指挥。项目式组织是基于某项目组建的，因此，圆满完成项目任务是项目组织的首要目标，而每个项目成员的责任及目标又是通过对项目总目标的分解而获得的。项目成员只受项目经理的领导，便于统一指挥。

(2) 有利于项目管理。由于项目式组织按项目划分资源，项目经理在项目范围内具有控制权，因此，项目命令协调一致，决策速度快，有利于项目时间、费用、质量和安全等目标的管理和控制，有利于项目目标的实现。

项目式组织结构的缺点：

(1) 资源独占，可能造成资源浪费。

(2) 临时项目结束后，项目成员可能存在工作保障不佳的问题。

(3) 各部门之间的横向联系少。

3. 矩阵式

矩阵式项目组织形式中资源均由职能部门所有和控制，项目经理根据需要向职能部门借用资源。项目组织是一个临时性组织，一旦项目完成，则项目组解体。项目经理对项目管理部门经理或总经理负责。项目经理领导本项目的所有人员，利用项目管理职能，协调各职能部门安排的人员完成项目任务。其结构形式如图 2-7 所示。

矩阵式组织结构的优点：

(1) 能够做到以项目为关注焦点。

(2) 能够避免资源重置。

(3) 对参建单位要求的响应快捷、灵活。

(4) 项目人员有职能归属，项目完成后能返回原职能部门。

(5) 通过项目经理平衡各自项目目标、协调各个功能部门之间工作，以及使项目目标具有可见性。

矩阵式组织结构的缺点：

(1) 项目管理人员为两个以上部门的主管，当有冲突时，可能处于两难困境；处理不好会出现责任不明确、争抢功劳的现象。

(2) 对职能组织与项目组织之间的平衡需要持续地进行监督，以防止双方互相削弱。

(3) 每个项目都是独立进行的，易产生重复性劳动。

矩阵式组织适用于需要利用多个职能部门的资源而且技术相对复杂的项目。

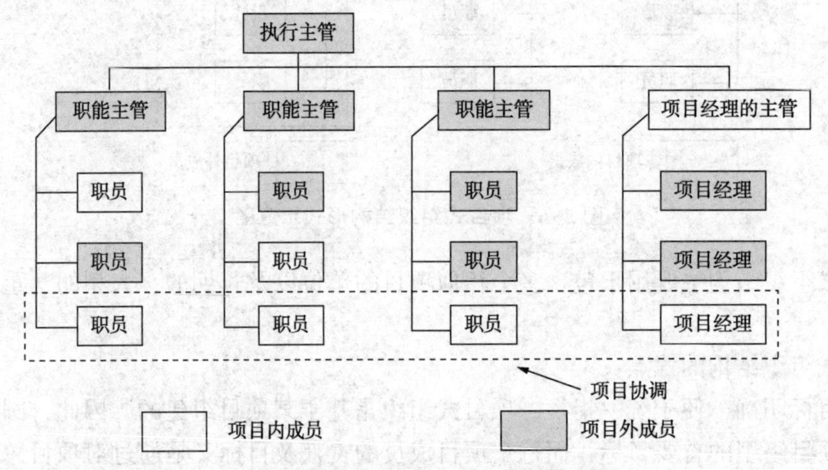

图 2-7 强矩阵式组织结构形式示意图

职能式、项目式或矩阵式项目组织形式都有其优点、缺点和适用范围，没有一种形式是适合于所有场合的。在项目的组织设计中要根据项目的具体情况来决定项目的组织形式。同时，为适应不同阶段的项目管理，需要不断改进和完善项目组织。项目组织结构形式对项目的影响分析见表 2-4。

表 2-4 项目组织结构形式对项目的影响分析

组织形式	职能式	项目式	矩阵式
项目经理权限	较少	很高或全权	从中等到大
全职人员	较少	85~100 人	50~95 人
项目经理投入项目时间	兼职/全职	全职	全职
职能人员投入项目时间	兼职/全职	全职	兼职/全职

(二) 业主项目部

1. 业主项目部的组建

对集团公司内审批的项目，应在可行性研究报告获得批复后组建业主项目部。对实行核准制或备案制的项目，在申请报告获得核准或备案材料得到备案后，在获准同意开展项目前期工作的同时组建业主项目部。对建设单位组织实施的项目，由建设单位组建业主项目部，并授权其负责项目管理。项目经理部应在项目建设单位的上级主管部门领导下组建。

集团公司实行项目管理人员职业资格制度，业主项目部经理、副经理和主要专业负责人必须熟悉国家、集团公司关于基本建设的方针、政策和法律法规，熟悉与基本建设有关的规定，具备相应专业任职资格和专业背景，经培训后方可上岗。各油气田公司在组建业主项目部时，应充实一定比例的具有储气库地面建设管理经验的专业人员。

业主项目部岗位设置参照图 2-8。

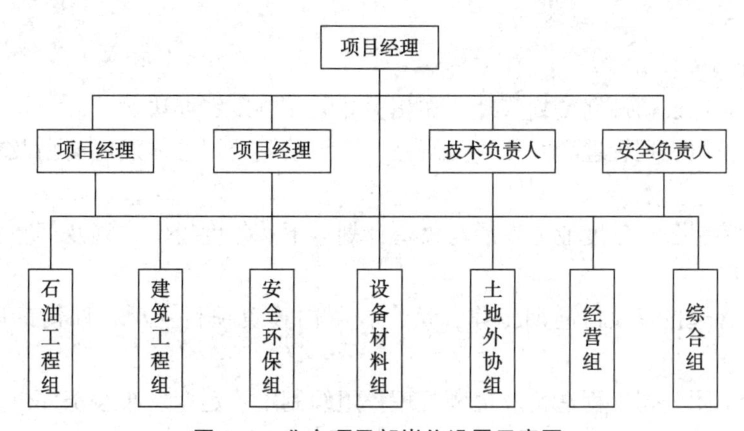

图 2-8　业主项目部岗位设置示意图

2. 项目组织结构的调整优化

为保证项目的顺利进行，不要轻易调整项目的组织结构，但在一些特殊情况下，对确实需要调整的要及时调整，以免影响后续项目工作。

1) 组织机构调整优化的原因

(1) 项目主观和客观条件发生变化。

(2) 项目正常运行本身使项目管理的内容出现改变。

(3) 实践证明原组织结构方案不适合项目的开展。

2) 项目组织重组原则

在项目组织重组时，首先要遵循项目组织设计原则，即工作整体效率原则、用户至上原则、权职一致原则、协作与分工统一原则、跨度与层次合理原则以及具体灵活原则；其次还要把握以下几点：

(1) 尽可能保持项目工作的连续性。

(2) 避免因人调整组织设置。

(3) 维护参建单位利益。

（4）处理调整的时机问题。

（5）新组织一定要克服原组织需要解决的问题。

二、管理职责

储气库地面建设项目管理分四个层次：集团公司、勘探与生产公司、设计公司及业主项目部。

（一）集团公司及其相关部门职责

集团公司工程建设项目领导小组负责组织制定集团公司工程建设项目管理办法和相关政策，统筹协调工程建设实施过程中的重大事项。领导小组办公室设在集团公司规划计划部，负责落实领导小组各项决定，督促相关部门和专业分公司履行项目管理相关职责。

集团公司相关部门主要包括规划计划部、物资采购管理部、安全环保与节能部、质量与标准管理部、法律事务部等，这些部门按照权限和职能分工履行项目管理和监督职责。

1. 规划计划部职责

（1）组织制定公司规划计划管理工作相关政策、制度和办法。

（2）负责公司规划管理和发展战略研究，组织编制公司总体发展规划及中长期业务发展规划。

（3）负责编制公司年度业务发展与投资计划，下达年度投资计划及调整计划，检查考核计划执行情况。

（4）归口管理投资项目前期工作，负责权限内投资项目立项、评估论证、报批手续办理。

（5）负责集团公司工程造价及定额管理，组织制定、定期发布经济评价参数和投资估算、概算指标。

（6）负责投资项目后评价管理，组织典型项目后评价。

（7）归口管理综合统计信息工作。

（8）负责公司所属工程咨询、勘察、设计和建筑业等企业资质管理，受国家市场监督管理总局委托，负责特种设备(压力管道、压力容器)设计许可鉴定评审。

（9）负责国家核准项目建设用地预审报批工作。

2. 物资采购管理部职责

（1）组织编制集团公司物资装备采购与电子商务、电子销售业务发展战略、规划和业务计划，纳入集团公司规划。

（2）制定集团公司物资装备采购与电子商务、电子销售业务等方面管理制度、办法和规定，并组织实施。

（3）负责提出集团公司物资装备采购与电子商务的年度经费预算。

（4）负责归口管理集团公司物资装备采购业务。

（5）负责归口管理集团公司电子销售业务。

（6）负责统一物资装备采购信息平台的应用及运行管理。

（7）负责归口管理集团公司物资装备采购供应商；归口管理集团公司物资装备采购与

电子商务数据统计，规范统计标准和方法等。

3. 安全环保与节能部职责

(1) 制定集团公司有关安全、消防、环保、节能、职业卫生等方面的管理办法、规划和计划，负责督导、检查企业安全生产、环境保护、健康责任制的实施，制定相关考核指标并监督企业执行。

(2) 负责组织建立和完善 HSE 管理体系并指导企业实施，组织年度审核。

(3) 负责组织调查、处理重大以上安全和环保事故，组织协调、处理安全、环保等方面的重大争议和纠纷。

(4) 组织检查企业重点耗能耗水设备、装置、系统，督导企业进行节能节水技术改造。

(5) 负责锅炉、压力容器、压力管道等特种设备的安全监督。

(6) 负责国际业务的 HSE 指导，负责劳动防护工作的指导监督。

(7) 负责安保基金的管理、理赔、使用等相关业务。

(8) 负责安全生产费用使用情况的监督管理。

(9) 负责组织健康监察、安全生产监察、海上安全监督、环境监测、消防和交通安全检查。

(10) 负责指导、监督重点工程建设项目的安全、环保、节能、职业病防治等工作的评价评估、审查论证和验收工作。

(11) 负责安全、环保、节能等工作的统计、考核，以及科研、培训工作及相关人员的资质管理。

4. 质量与标准管理部职责

(1) 制定集团公司有关质量、计量、标准化、建设工程质量监督等方面的管理办法、规划和计划，制定相关考核指标并监督企业执行。

(2) 指导企业开展全面质量管理，开展质量体系、产品认证和重大装备及产品的驻厂监造。

(3) 负责组织制定、发布、宣贯集团公司企业标准体系和企业标准，以及国家标准、行业标准的立项、制定(修订)工作。

(4) 承担国家和行业标准化技术委员会秘书处、国际标准化技术委员会国内技术归口单位的日常工作。

(5) 负责组织建立集团公司石油专用计量器具量值溯源体系，制定计量技术规范。

(6) 负责工程建设项目质量的综合管理与监督。

(7) 归口管理中国质量协会石油分会，承担中国计量协会石油分会秘书处的日常工作。

(8) 负责组织实施产品质量认可制度和监督抽查制度。

(9) 负责组织预防及调查、处理重大质量事故，组织协调、处理质量方面的重大争议和纠纷。

(10) 负责质量、计量、标准化、建设工程质量监督等工作的统计，以及信息、科研、培训工作等。

5. 法律事务部职责

(1) 负责重大经营决策的法律论证，对重大项目提供法律支持和服务。

(2) 管理法律授权业务，指导和监督所属单位在法律授权范围内开展工作。

(3) 管理公司合同，参与重大项目合同谈判、起草或审查，审查总部机关和集团公司未上市企业、集团公司地区公司提交的合同、协议，负责所属单位合同综合管理工作。

(4) 管理纠纷案件，组织处理有关诉讼、仲裁案件，协调上市与未上市企业间发生的法律纠纷。

(5) 管理工商登记业务，组织并指导所属单位办理经营单位设立、变更、注销等业务。

(6) 管理公司规章制度，编制规章制度规划和年度计划，组织重要规章制度起草论证，审核规章制度草案，负责规章制度综合管理工作。

(7) 承接公司、证券法律事务。处理合资合作、企业合并分立、清算破产等公司法律事务和担保、资产转让、投资并购、关联交易等重大经济活动中涉及的法律事务。处理资本市场监管和运作中出现的法律问题。

(8) 处理有关知识产权、行政许可、矿业权、土地使用权等权属管理和质量、安全、环保、劳动用工、“两反一保”(反倾销、反补贴、保障措施)等业务中的法律事务。

(9) 指导和管理所属单位的法律工作，组织开展法律宣传教育，加强法律风险防范控制和化解工作，全面推进依法治企。

(二) 勘探与生产公司及其相关部门职责

勘探与生产公司主要履行以下职责：

(1) 贯彻落实国家、行业和集团公司有关工程建设法律法规、规章制度及标准规范。

(2) 负责权限范围内项目(预)可行性研究工作组织、项目可行性研究、报告审批、项目初步设计审批及专项技术方案审批。

(3) 组织、指导、监督建设单位办理专项评价和核准、备案手续，获取所需支持性文件。

(4) 初审提前采购计划，审查引进设备技术方案、引进设备清单，审批或会签权限内招标方案、招标结果和可不招标事项。

(5) 制定并监督落实储气库地面建设项目开工报告管理规定，审批(或委托审批)权限范围内项目总体部署及开工报告。

(6) 指导、监督项目质量、健康安全环保(HSE)、进度、投资和风险控制等工作。

(7) 组织(或委托)审查和审批权限范围内或指定项目的试运行投产方案，负责协调落实试运行投产所需资源。

(8) 制定并监督落实储气库地面建设项目竣工验收规定，组织权限范围内项目竣工验收。

(9) 集团公司总部授权管理的其他事项。

勘探与生产公司相关部门主要包括地面建设管理处、计划处、质量安全环保处等，各部门主要职责如下：

1. 地面建设管理处职责

(1) 负责审查重点地面工程建设的油气集输及系统配套工程的总方案、重点地面建设工程和有关对外合作区块的初步设计及方案中地面工程部分的设计等，控制地面建设项目投资。

(2) 负责组织、协调开发建设地面工程的前期准备工作。参与储气库地面建设的中长期规划和年度计划的编制工作。

(3) 负责组织油田伴生气集输、轻烃回收和综合利用方案的编制和审查。

(4) 负责储气库地面工程建设及地面系统的日常管理，做好投资、工期、质量的控制和系统的优化运行、节能降耗、安全生产、降低生产操作成本的工作。

(5) 负责组织产能建设地面工程项目的实施管理、重点工程项目开工报告审查、重点工程竣工验收等工作。

(6) 负责储气库地面工程建设市场管理和承包商准入，监督、审查重点工程建设项目的招投标工作。

(7) 负责组织编制储气库地面工程技术改造规划和年度计划。组织重大技术改造项目的方案论证和审查，统筹、协调改造与新区块建设的地面工程。配合勘探开发一体化，做好地面工程的相关工作。

(8) 负责提出储气库地面工程科技项目的初步立项和项目实施过程管理，协助科技信息处做好科技项目的中期检查和成果验收。负责地面工程计算机软件及信息系统的开发应用。

(9) 负责储气库地面工程新技术的应用和科技成果推广，以及关键技术、重大设备配置和引进的审查工作。完成领导临时交办的其他各项工作。

(10) 组织有关储气库地面工程建设有关规定、标准、规范的修订和完善。

(11) 负责勘探与生产公司内各工程建设质量监督站的业务指导和技术培训工作。

2. 计划处职责

(1) 负责公司的中长期规划和年度计划管理工作。

(2) 负责组织编制公司中长期规划、年度计划和调整计划；组织与规划、计划有关的专题研究。

(3) 负责组织对各地区公司中长期规划、年度计划建议方案的审查；统一负责中长期规划和年度计划的上报与下达。

(4) 负责投资项目的归口管理工作。负责组织需集团公司规划计划部审批项目的审查、上报；参与其他勘探开发投资项目的勘探部署、开发概念设计、总体开发方案、可研报告、初步设计审查；负责项目的投资估(概)算、经济评价审查。

(5) 负责项目的立项批复工作；参与组织投资项目的竣工验收、后评价等管理工作。

(6) 负责技术设备(含计算机软硬件)引进的归口管理工作。根据年度投资计划，配合有关处室审定油气田公司上报的技术设备引进项目，统一办理引进手续。

(7) 负责公司的月度投资拨款计划编制工作。根据年度投资计划，结合投资项目实施进展情况，配合有关处室编制月度投资拨款计划。

(8) 负责公司规划计划系统业务的归口管理。加强与集团公司规划计划部的业务联系，指导地区公司规划计划管理工作。

(9) 负责制定有关规划计划管理办法和规定，规范有关的方法、标准、软件和参数。

(10) 负责对地区公司执行规划计划的情况进行检查和监督，参与对各地区公司计划指标的考核。

3. 质量安全环保处职责

(1) 贯彻国家和集团公司有关质量、健康、安全、环保、标准、计量、节能、节水等方面的法律法规和方针政策，并参与制定有关规章制度、考核指标。

(2) 负责组织建立公司的 HSE 管理体系，指导地区公司实施质量和健康、安全与环境的体系管理。

(3) 负责组织公司重大新改(扩)建项目的劳动安全卫生预评价和环境评价，参与这些项目的设计审查和竣工验收。

(4) 负责提出公司质量、健康、安全、环保、标准、计量、节能、节水等方面的科技项目立项的初步建议，以及项目实施过程管理，协助科技信息部做好科技项目的中期检查和成果验收。

(5) 负责组织进入公司的产品的质量监督抽查；参与工程质量有关队伍的准入审查和各类工程质量的检查、抽查及验收；配合政府和集团公司有关部门对特(重)大质量事故进行调查和处理。

(6) 负责对地区公司安全生产过程、执行国家环保法规情况和计量工作监督管理，督促重大事故隐患的预防和整改，重点污染源的限期达标治理，配合有关部门对特(重)大生产事故和环境污染事故进行调查和处理；会同有关部门管理安全保险基金。

(7) 负责组织油气交接计量设施的技术方案审查与竣工验收；组织地区公司建立最高计量标准和二级计量标准；组织编制外销油气计量交接协议；仲裁内部的或参与调解外部的油气计量纠纷。

(8) 负责宣贯与公司有关的国家标准、行业标准和企业标准；组织制定公司企业标准的年度制(修)订计划并监督执行。

(9) 负责组织质量、健康、安全、环保、标准、计量、节能、节水等方面的技术改造和新技术推广应用，以及相关统计、分析、研究工作。

(10) 参与工程建设项目的节能论证、可行性研究和初步设计“节能篇”的审查及竣工验收工作。

(11) 负责质量、健康、安全、环保、标准、计量、节能、节水等方面的技术培训与交流。

(三) 设计公司职责

(1) 贯彻落实国家、行业和集团公司有关工程建设法律法规、规章制度及标准规范。

(2) 组织编制项目(预)可行性研究报告，审批四类项目可行性研究报告，负责办理项目专项评价报告并获取核准、备案项目所需的支持性文件。

(3) 负责提出项目管理模式，组建业主项目部。

(4) 组织编制项目基础设计(初步设计)，审批四类项目基础设计(初步设计)，组织详细设计(施工图设计)审查及设计交底。

(5) 负责权限内的物资采购、服务采购、招标组织和合同签订，以及权限外的报批工作。

(6) 组织编制项目总体部署、开工报告，办理项目工程质量监督申报手续，审批权限内项目总体部署和开工报告。

(7) 负责项目质量、HSE、进度、投资和风险等管理与监督。

(8) 编制项目试运行投产方案，审批权限内项目试运行投产方案，负责项目试运行投产组织和指挥。

(9) 负责项目文件资料收集、整理和归档工作。

(10) 组织权限内项目初步验收、竣工验收工作。

(11) 集团公司总部、专业分公司授权管理的其他事项。

上述各管理部门的职责要根据机构及职能调整及时更新。

(四) 业主项目部及其主要岗位职责

1. 业主项目部主要职责

(1) 负责组织或参与建设工程的初步设计、施工图设计及相关审查工作。

(2) 负责组织建设项目中土地征借和外部协调工作、安全评价、劳动安全卫生评价、消防建审和地质灾害评价等的报审工作。

(3) 负责项目的招投标工作，组织编制招投标方案、评标标准、项目标书等有关文件并开展招标工作；经授权与中标方签订合同。

(4) 负责项目的工程开工、工程施工、投产试运、工程结算、竣工验收等工程建设的管理，对建设工期、工程质量、工程投资、安全环保以及工程所用材料、设备的采购等全面控制与管理。

(5) 履行甲方管理职责，做好项目实施过程中各项监督检查工作，确保工程项目在工期、质量、投资、安全环保等方面达到合同要求。对不合格的工程有权决定返工、停工。

(6) 负责对建设工程项目中乙方预算的初审查、工程拨款与结算以及奖罚管理。

(7) 业主项目部对项目建设单位负责，与组织管理层签订项目目标管理责任书，接受建设单位上级有关职能部门的管理和监督、考核。

项目经理是项目管理的第一责任人，按照项目管理目标责任书的要求开展工作。

2. 业主项目部其他主要岗位职责

业主项目部的其他主要岗位包括副项目经理、技术负责人、质量负责人、安全负责人等，根据需要业主项目部可下设以下专业组：

建设工程安装组：负责石油工程建设管理工作，包括编制工程计划(涵盖进度、质量等)、承包商管理、设计现场、施工技术管理、工程变更管理、建设过程控制、工程资料管理、工程量计量管理、组织完工交接、编写投运方案等。

建筑道桥组：负责建筑道桥工程建设管理工作，包括编制工程计划(涵盖进度、质量等)、承包商管理、设计现场、施工技术管理、工程变更管理、建设过程控制、工程资料管理、工程量计量管理、组织完工交接、编写投运方案等。

安全环保组：负责地面建设项目安全环保、车辆交通安全管理和项目应急管理等工作。

设备材料组：负责物资计划编制上报、采购、催缴催运、入库(进场)验收、仓储、发放、核销、统计结算等工作，以及物资采购合同办理和协调处理物资使用过程中出现的质量问题等。

土地外协组：负责项目建设土地征借、外部关系协调、对外事务，以及相关手续的报批等工作。

经营组：负责计划、财务、结算、合同、投资控制、招投标、谈判、管理费用预算及控制、内控管理等工作。

综合组：负责媒体宣传、汇报材料撰写、办会、接待、资料归档、车辆管理及调度等工作。

三、总体部署

(一) 编制依据

(1) 国家或集团公司批准的可行性研究报告和初步设计文件。

(2) 项目实际。

(二) 编制范围

新建及改(扩)建重点储气库地面建设工程项目。

(三) 编制与报批

建设项目总体部署经业主项目部组织设计、施工、监理、质量监督、物资采购、生产准备等单位(也可以是这些单位已经组建的项目部)于初步设计获得批准后20日内共同编制完成，经批准后实施。工程建设过程中工期、质量、投资等指标的调整，须按程序报批。

四、文23储气库项目EPC组织机构

由石油工程建设公司牵头设立联管会，中石化中原石油工程设计有限公司(以下简称“中原设计公司”)为联合体牵头人，中石化中原油建工程有限公司(以下简称“中原油建公司”)和中石化中原建设工程有限公司(以下简称“中原建工公司”)为联合体成员。三家公司挑选技术素质好、有丰富管理经验的人员组成文23储气库项目(一期工程)地面工程项目EPC联合体项目部(以下简称“EPC项目部”)，负责项目实施过程的全面管理和控制。

中原设计公司印发《关于成立文23储气库项目(一期工程)地面工程EPC项目部的通知》(中石化中原设计〔2017〕158号)，成立EPC项目部，以项目经理负责制运行该项目。

1. EPC项目部职责

(1) 严格按照国家法律法规及合同的相关要求对项目统筹管理。

(2) 全面负责项目的实施管理工作，负责项目的成本、质量、进度、合同和HSE等工作。

(3) 负责与中国石化天然气分公司主管部门、中国石化石油工程建设公司相关管理部门及其他相关方的联络工作，履行合同、协议约定的各项义务。

(4) 按照项目建设的总体目标编制工程建设实施计划，负责制定项目部各项工作管理办法和规章制度。

(5) 组织召开工程协调会，协调监督各部门的工作。

2. EPC 项目部组成

EPC 项目部领导班子设项目经理、党工委副书记 1 人，党工委书记、纪工委书记 1 人，总工程师、副经理 1 人，副经理 5 人。EPC 项目部下设设计管理部、采办管理部、工程质量部、计划控制部、HSE 管理部、党政办公室 6 个职能部门。各职能部门在项目经理、党工委书记、总工程师及项目副经理领导下开展工作。

1) 项目经理、党工委副书记

根据联合体各方法定代表人的授权，代表联合体履行 EPC 合同规定的权利和义务，对整个项目的实施总负责。

贯彻执行党和国家的法律法规、方针政策和强制性标准，执行上级主管部门和单位的有关管理制度。

负责组建项目管理机构，确定人员，分配各职能部门的职责和权限。

负责组织建立完善的 EPC 项目运行管理体系，组织制定与内部业务管理流程相适应的管理办法和规章制度，确保项目部各项管理工作有序开展。

建立与业主、监理、分包单位，以及公司内、外各协作部门和单位的协调关系，为项目实施创造良好的合作环境。

对项目实行全过程管理，确保项目目标的实现。

项目结束时，对项目部人员提出考评意见。

2) 党工委书记、纪工委书记

由公司党委派出，对公司党委负责，按照党章的有关规定和公司党委的工作部署与要求，结合工作实际开展工作。

负责组织召开党工委会议、党员领导干部民主生活会、思想政治工作会、理论学习会及其他专题会议，学习贯彻、落实党的路线、方针、政策，传达、学习上级部门的重要指示和重要会议精神，保证党的路线、方针、政策和上级党组织的部署在项目部的贯彻执行。

负责抓好项目部班子自身建设，以及项目执行过程中党的建设、思想政治工作和精神文明建设，发挥政治核心作用，为工程的顺利实施提供坚强有力的组织保证和思想政治保证。

负责抓好工程建设过程中的党风廉政建设工作，认真贯彻落实上级有关党风廉政建设方面的制度、规定和要求，严格管理，强化监督，对发现的违规违纪问题严肃处理。

深入了解员工思想、学习、工作、生活等状况，经常开展思想政治、职业道德、爱岗敬业、团队与企业精神教育，监督指导劳动保护和劳动争议工作，收集与反馈员工意见、建议、要求等信息，发现并及时解决问题，创造良好的集体氛围。

负责项目宣传、形象建设，积极宣传典型事件，树立良好的企业形象，项目完工后申报国家优质工程奖。

项目结束时，对项目部人员提出考评意见。

3）总工程师、副经理

协助项目经理、党工委书记开展工作，全面负责项目的技术、质量管理工作。

负责组织重大设计方案的评审，负责施工组织设计、专项施工方案的评审。

组织项目质量管理体系文件的编制、宣贯和实施。

负责组织重大设计变更的评审，以及项目重大技术问题的处理。

负责组织项目新技术、新工艺、新材料、新设备的推广和应用。

负责组织交工技术文件的提交工作。

参与项目重大问题的讨论和决策。

4）副经理

协助项目经理和党工委书记开展工作，组织落实各分管工作的开展，并对分管的工作负责。

(1)经营副经理。

分管经营、计划、费控、合同、财务、风险控制工作。

(2)设计副经理。

分管设计、文控、综合管理等工作。

(3)施工副经理。

分管施工、质量管理等工作。

(4)HSE 副经理。

分管 HSE、工农协调等工作。

(5)采购副经理。

分管物资采购、仓储管理等工作。

5）设计管理部

负责组织设计工作；负责设计报表的审核、组织设计交底、设计变更管理、设计现场服务、外部接口的协调；负责采购文件的编制、参加技术评审和谈判、供货厂商图纸资料的审查和确认工作；负责施工、采办过程中的技术变更管理；组织有关设计质量、进度、技术方面的协调会，协调和处理存在的问题；负责组织编制竣工图；负责本部门周报、月报的编制；负责建立设计质量管理体系，以及处理设计质量事故。

6）采办管理部

负责项目的采购计划编制，明确采购工作范围、采购原则、程序和方法，组织实施采购；负责供货商与设计、施工等接口问题的协调，以及采买过程的进度、费用控制；负责采购招投标工作和合同谈判，以及与合作方的沟通与联络；负责采办报表的编制，以及设备、材料的采买、催交、检验、运输、开箱检查、交接及仓储管理工作；组织有关采购质量、进度、技术方面的协调会，协调和处理存在的问题，制定对策和措施并实施；配合施工部门进行到货接收和检验工作；负责安排供应商的现场技术服务工作，协助处理物资退换、索赔和争议；负责剩余物资的处置；负责物资采购资料管理，以及厂家交工资料的整理和提交。

7）工程质量部

负责建立健全项目质量管理体系、质量管理文件的编制和宣贯；负责组织施工组织设计(方案)、工程质量检验计划的编制和审查；参与图纸会审、设计交底、施工总体交底；负责施工开工条件的审查；负责施工过程的进度、质量综合管理；负责施工资源的综合管理、工农关系的协调，协调和处理存在的问题，制定对策和措施并监督实施；负责施工总平面图的管理，以及施工变更、签证核实，组织施工交工技术文件的编制、提交；负责定期组织召开生产协调会；负责施工过程中与业主、监理、设计、采购等之间的协调工作；负责定期对施工单位进度、质量进行考核和评比。

8）计划控制部

负责工程项目总体策划方案、管理手册及程序文件的编制工作；负责工程项目进度计划综合管理和协调工作；负责工程项目费用及进度控制、造价管理、资金回收及工程结算工作；负责工程项目分包和招标组织工作；负责工程项目合同的综合管理工作；负责施工变更、签证核实的最终审查及确认工作；负责项目内部经营管理和绩效考核；负责项目管理平台的搭建和实施工作。

9）HSE 管理部

负责项目 HSE 管理体系的建立、运行和持续改进；负责编制 HSE 工作目标、计划并监督落实；组织开展 EPC 项目部人员安全教育培训及取证工作；指导施工单位入场 HSE 教育培训并监督考核，组织对来访人员进行 HSE 方面的培训或安全告知；负责施工单位及相关人员的安全资质、安全资格证、安全准入审查；组织开展项目施工危害识别和风险评估，督促制定重大危害因素的安全管理措施；负责组织制定项目应急救援预案，并组织开展应急演练活动；负责组织项目 HSE 检查；负责职业健康、环境保护、隐患排查、安全事故处理等管理工作；负责项目 HSE 管理委员会办公室日常工作。

10）党政办公室

负责项目部党建、纪检工作；负责项目部日常行政管理工作；负责项目文控管理工作；负责会议的安排和记录、工作事项的通报和督办工作；负责工程建设重大事项和项目重大活动的宣传报道工作；负责项目部员工考勤、绩效考核、薪酬管理工作；负责公司财务管理制度的执行和实施工作；负责项目部财务管理日常工作；负责编制项目部的资金需求计划，配合相关部门回收和支付工程款；负责项目部党政公文档案、信息化办公和网络管理；负责项目部办公用品、办公场所管理工作；负责项目部车辆管理工作。

3. 设计和采办团队

为确保 EPC 项目部设计和采办工作按要求顺利开展，中原设计公司同时成立设计项目部和采办项目部。

1）设计项目部

负责编制设计总体计划，编制设计质量保证方案。

负责建立项目设计质量管理规定及奖惩考核制度。

负责设计统一技术规定及技术方案、路线。

负责组织编制、设计策划文件，对设计输入过程进行控制。

负责执行设计质量管理体系文件情况的自检，发现问题在设计产品交付前及时进行纠正。

配合公司技术质量部对设计图纸文件进行技术审查。

负责编制设备/材料技术规格书、数据表和采购清单及厂家的技术交流、技术标评审、澄清，配合设备检验、出厂验收工作。

负责完成设计文件、基础资料、计算书、设计变更等文件的整理和归档。

负责组织施工图设计的实施、设计审查、设计技术交底、施工图纸的交付工作。

2）采办项目部

负责建立和完善采办管理的各项规章制度和业务规范文本，对项目采购程序、规章制度、采购计划的执行情况进行监督、检查和指导。

负责根据设计部门提交的采购需求编制物资采购计划；负责供应商技术澄清、技术交流等相关协调工作。

负责按照 EPC 项目部批复的采购计划，组织项目物资的招标及执行框架协议采购工作；负责组织签署技术协议及采购合同。

负责做好物资的催交催运，组织协调第三方监造机构或指派其他人员进行物资的监造和验收工作。

负责组织协调物资物流运输的监管，及物资的接收、保存、检查、入库、出库工作。

负责及时安排供货商的现场技术服务，协助处理物资退换、索赔和争议。

负责协助财务部门定期编制资金计划，办理结算手续。

负责物资采办相关资料的整理归档、移交工作。

4. 施工项目分部

1）注采站施工项目分部

由中原油建公司组建注采站施工项目分部，在 EPC 项目部的总体组织、协调和管理下，负责注采站工作范围内的施工工作。负责编制施工组织设计、专项施工方案、施工质量检验计划、施工四级进度执行计划等，负责施工资源的配置，负责施工过程中 HSE、质量、进度、费用等的控制，负责施工过程中工农关系协调工作，负责处理施工过程中遇到的各类问题，负责交工资料的编制、收集、归档和提交工作等。

2）集输管道系统施工项目分部

由中原建工公司组建集输管道系统施工项目分部，在 EPC 项目部的总体组织、协调和管理下，负责集输管道系统工作范围内的施工工作。负责制定施工组织设计、专项施工方案、施工质量检验计划、施工四级进度执行计划等，负责施工资源的配置，负责施工过程中 HSE、质量、进度、费用等的控制，负责施工过程中工农关系协调工作，负责处理施工过程中遇到的各类问题，负责交工资料的编制、收集、归档和提交工作等。

5. 试运团队

施工中后期，EPC 项目部负责组建试运团队，成员由 EPC 项目部、设计团队、采办团队、施工项目分部、供货商等人员组成。试运团队负责管道设备系统清洗、吹扫、试压方案的编制，负责电气系统调试方案、仪表及控制系统调试方案的编制，负责动设备单机试车方案及保运方案的编制，并积极配合建设单位编制联动试车及投料试车方案，负责试运、投产、保运工作的实施等。

第四节 勘察设计管理

一、勘察设计管理概述

（一）勘察设计管理定义、阶段划分及范围

1. 勘察设计管理定义

勘察设计管理定义包括勘察、设计和勘察设计管理，见表2-5。

表2-5 勘察设计管理定义

名 词	定 义
勘察	是指根据油气田地面建设项目的需要，按照国家及行业有关法律法规和勘察标准规范的规定，通过对地面建设项目所涉及的地形、地貌、气象、水文、地质环境条件的测绘、勘探、原位测试及室内实验等，查明、分析和评价项目建设场地、管道敷设沿途的地质环境特征及岩土工程、水文地质和气象等条件，编制勘察文件并作为设计、施工的重要依据，配合设计和现场施工人员，服务于项目建设全过程的活动
设计	是指把储气库地面建设项目通过油气田开采设想、规划和计划，以图纸或文件等可视设计形式表达出来，以期达到油气田企业预期经营目标的活动过程
勘察设计管理	是指油气田企业利用管理手段，解决项目在勘察、设计过程中存在的问题，尽可能使勘察设计管理在既定的预(概)算范围内，以最小的投资费用来实现油气开采经营目标的活动过程

2. 阶段划分及范围

勘察设计管理包括初步勘察设计管理和施工图勘察设计管理，见表2-6。

表2-6 勘察设计管理阶段划分及范围

阶段划分	初步勘察设计管理	施工图勘察设计管理
管理范围	是指可研报告批复之后至初步设计批复结束，主要包括初步勘察、初步设计单位选商和初步勘察设计过程管理[建设规模、建设水平、工艺技术及工艺流程、站(厂)选址、线路路由、各专项评价响应、规划审批等]	是指初步设计批复之后至竣工验收结束，主要包括施工图勘察、施工图设计单位选商和勘察设计过程管理、施工、试运投产过程中的勘察设计服务和竣工验收阶段的勘察设计总结以及勘察设计成果申报等

（二）初步勘察概述

初步勘察阶段、范围及目的见表2-7。

表2-7 初步勘察阶段、范围及目的

项 目	内 容
阶段	可行性勘察及选址勘察之后、详细勘察之前的勘察阶段
范围	主要包括对工程涉及的油气管道工程线路、隧道、穿越、跨越，各类厂、站、阀室，重要设备、大型储罐、坑池、塔架、管架等基础，油气田道路及公用工程等勘察内容

续表

项目	内容
目的	满足初步设计要求的勘察，对拟通过或建设场地内的建(构)筑物所处地基的稳定性、工程地质、水文气象、周边(相邻)建(构)筑物和人居分布等做出定量评价，为确定拟建管道线路路由、设计基础形式、地基处理、不良地质防治方案等提供足够的地质、水文、气象和测绘数据资料

(三) 初步设计概述

初步设计阶段、范围及目的见表 2-8。

表 2-8 初步设计阶段、范围及目的

项目	内容
阶段	可行性研究之后施工图设计之前的设计阶段
范围	根据可研批准报告、初步设计合同、设计任务书或有关文件的要求所做的具体建设方案的过程
目的	依据可行性研究确定的总体建设方案、建设规模，确定设计方案、关键设备选型、主要工程量响应各专项评价意见及要求，完善安全、环保、职业卫生、消防、节能等措施，进一步细化投资，满足引进设备、长周期和主要设备材料的订货条件，满足编制施工图勘察、设计招标文件和编制施工图设计文件的需要

(四) 详细勘察设计概述

详细勘察设计定义、范围及目的见表 2-9。

表 2-9 详细勘察设计定义、范围及目的

项目	内容
定义	施工图设计阶段的勘察通常称为详细勘察(简称“详勘”)，主要以满足施工图设计要求为目的，是在初步勘察的基础上，对具体建(构)筑物地基或具体地层进行钻探，对拟通过或建设场地内的建(构)筑物所处地基稳定性和工程地质问题做出详细评价，详细查明拟建管道通过区域或建设用地区域水文气象和周边人居分布的真实情况
范围	施工图设计所涉及的建(构)筑物、机柜、设备、储罐和容器等地基基础，管架、塔架及烟囱等高耸设施基础，管道穿(跨)越及特殊地段等
目的	在初步勘察基础上，进一步解决初步勘察工作中未查明的地质问题，以及勘察深度和详细、准确度不够等问题，为施工图设计和施工提供详细、准确的工程地质、水文气象和人居分布等勘察资料

(五) 施工图设计概述

施工图设计定义、范围及目的见表 2-10。

表 2-10 施工图设计定义、范围及目的

项目	内容
定义	施工图设计以初步设计为依据，遵循初步设计批准的原则和范围，并对初步设计进一步细化、优化和完善，施工图设计是油气田工程建设实施阶段最重要的指导性文件，也是工程验收和结算的重要依据

续表

项　目	内　容
范围	施工图设计所涉及的建(构)筑物、机柜、设备、储罐和容器等地基基础，管架、塔架及烟囱等高耸设施基础，管道穿(跨)越及特殊地段等
目的	在初步勘察基础上，进一步解决初步勘察工作中未查明的地质问题，以及勘察深度和详细、准确度不够等问题，为施工图设计和施工提供详细、准确的工程地质、水文气象和人居分布等勘察资料

二、勘察管理

(一) 初步勘察管理

1. 勘察单位管理

一类、二类、三类项目，应选择具有工程勘察甲级资质的勘察单位承担项目勘察工作；对于工程地质和水文气象条件复杂或有特殊施工要求的重点项目，以及建设单位认为有必要的项目，应委托具备相应勘察资质，与建设、设计单位没有隶属关系的勘察单位开展独立勘察工作。勘察单位应与地震、地灾、压覆矿产等专项评价相结合，提出合理的方案、防治措施和建议。

建设单位可根据勘察难度、施工风险和工期安排等情况，选择项目开展隧道、大型穿越、跨越、重要地基处理、边坡治理等专项工程勘察、施工一体化的风险承包，控制项目投资。

2. 勘察文件编制管理

(1) 勘察工作前，勘察单位应进行勘察前期准备工作。勘察前期准备工作内容见表 2-11。

表 2-11　勘察前期准备工作内容

工作内容	提供人	接收人
明确项目组织机构及其职责，提出人力、物力资源配置方案	勘察单位	建设单位
全面收集项目通过或建设场地地形地貌、气象、水文、地质环境条件和人居分布情况，分析总结相邻地区已建成项目经验和教训，对比本项目的特点、难点和重点，提出针对性强、行之有效、可操作的对策和措施		
对上阶段勘察成果文件及其审查意见进行研究，全面熟悉和了解上阶段勘察思路、原则和指导思想，保证项目勘察的延续性；如不同勘察阶段为不同的勘察单位承担，上阶段勘察文件编制单位有义务对下阶段勘察单位进行技术交底，提供所收集的基础资料和勘察文件		
在对项目进行深入分析后，形成适合本项目实际情况的总体勘察思路，明确勘察的目的、任务和工作安排		
对于建设单位确定的重点地面建设项目，勘察单位还应按规范编制勘察工作大纲		

(2) 勘察工作中，勘察单位应加强中间检查及验收工作。勘察中间检查及验收工作内容见表 2-12。

表 2-12 勘察中间检查及验收工作内容

<table>
<tr><th>工作内容</th><th>检查方</th><th>被检查方</th></tr>
<tr><td>组织室外作业中间检查，重点检查勘察前期准备工作、资料收集、编录、取样、勘察方法的选择等，及时发现问题并采取措施进行纠正</td><td rowspan="3">建设单位</td><td rowspan="3">勘察单位</td></tr>
<tr><td>对钻探作业，应有勘察单位工程技术人员监督整个作业过程，并按一孔一图的原则，拍摄钻孔取心作业照片及岩心照片，同时按规范对钻孔进行封孔，封孔后须向建设单位提交封孔证明资料，并由封孔人签字、封孔单位盖章，作为勘察报告附件备查并存档；对于岩心、土样都应保留至验收通过后再处理</td></tr>
<tr><td>在室外作业结束前，勘察单位技术负责人应对原始资料进行全面审定</td></tr>
</table>

(3) 勘察成果报告编制完成后，勘察单位应组织内部具有相应专业技术水平的注册岩土工程师对成果报告进行认真审核、审查，提出修改意见，成果报告修改完善后由审查人签署确认，再将勘察报告及内审意见等成果附件按程序提交建设单位审查验收。

(4) 勘察成果审查和验收。勘察成果审查和验收工作内容见表 2-13。

表 2-13 勘察成果审查和验收工作内容

<table>
<tr><th>工作内容</th><th>检查方</th><th>被检查方</th></tr>
<tr><td>对于地质条件复杂或有特殊施工要求的重要项目，以及建设单位认为有异议或特别重要的项目，由建设单位组织审查</td><td>建设单位</td><td rowspan="2">勘察单位</td></tr>
<tr><td>由设计单位按照法律法规、标准规范对勘察文件是否满足设计要求进行审查，由建设单位按照勘察合同对勘察工作是否符合合同要求进行审查，对于不符合设计及合同要求的勘察文件，设计单位、建设单位应提出具体修改意见，并督促勘察单位修改勘察文件</td><td>建设单位
设计单位</td></tr>
</table>

(二) 详细勘察管理

1. 勘察单位管理

勘察单位管理工作内容见表 2-14。

表 2-14 勘察单位管理工作内容

选商管理要求	工作内容
选商管理	应在工程建设项目初步设计及概算获得批复，且建设资金计划已落实后，开展详细勘察选商工作
资质要求	勘察单位资质应符合国家法律法规、国家及行业标准规范，以及集团公司管理规定
准入条件	原则上应在集团公司承包商准入网内选择，且准入证在年检有效期内，其准入范围符合拟参与的地面建设项目施工图勘察要求
选商方式	应按集团公司和各油气田公司技术服务单位选商有关规定，通过招标或非招标方式开展地面建设项目施工图勘察单位选择
合同签订	通过招标或非招标方式选定勘察单位后，应按集团公司和各油气田公司合同管理有关规定，及时签订施工图勘察技术服务合同，严禁事后签订合同

2. 勘察过程管理

1）基本要求

按照施工图勘察合同的约定，根据国家及行业标准规范的要求，勘察单位应独立开展详细勘察测量工作，在初步设计阶段已取得勘察测量成果的基础上，进一步查明、分析和评价施工图设计所需的项目建设场地、管道敷设沿线的地质环境、岩土工程、水文地质、气象条件和人居分布等情况，对于工程地质和水文地质条件复杂或有特殊施工要求，如油气输送管道的山体和水域隧道、河流定向钻穿(跨)越、大型储罐基础、重要设备基础、房屋建(构)筑物及高耸设施基础等应重点加强勘察工作。同时，勘察单位应结合地震、地灾、压覆矿产等专项评价，给设计人员提供合理的方案、防治措施意见或建议。

2）勘察准备工作

(1) 成立勘察项目组织机构，明确成员、分工与职责。

(2) 编制勘察测量实施方案，明确人、财、物等资源配置方案，明确勘察的目的、任务和工作安排。对于重点储气库地面建设项目，勘察单位还应按规范编制详细勘察测量工作大纲。

(3)熟悉初步设计文件内容，了解项目建设场地选址、重要建(构)筑物及设备设施基础形式与要求、管道路由及穿(跨)越等。

(4) 全面了解初步勘察测量成果文件，对建设项目通过的地形、地貌、气象、水文、地质环境条件和人居分布情况，确定详细勘察测量重点和难点，制定针对性和可操作性强且科学、合理、经济的勘察测量方案。

3）勘察工作实施

深入建设项目现场，按照勘察测量实施方案要求开展详细勘察测量工作，并详细、准确地记录各项勘察测量数据，对岩土勘察钻孔应按标准规范取心和拍照，并进行实验数据分析、测定，加强详勘中间成果检查及验收工作等。

4）勘察文件编制

(1) 勘察单位在现场工作结束后，应对收集的资料、记录的各项数据和实验报告等按勘察文件编制格式、内容和质量等要求，及时开展室内勘察文件编制工作。

(2) 勘察成果报告编制完成后，勘察单位应组织内部具有相应专业技术水平的注册岩土工程师对成果报告进行认真审核、审查，并提出修改意见；修改完善后的勘察测量成果报告由审查人签署确认，再将勘察报告及内审意见等成果附件按程序提交建设单位审查验收。

5）勘察文件审查和验收

(1) 建设单位组织建设单位内部有关业务管理和专业技术人员、项目施工图设计单位人员，并在必要时特邀专家或委托咨询评估公司，根据施工图勘察合同约定和有关国家法律法规、国家及行业标准规范要求对勘察文件进行审查，出具审查意见，并督促勘察单位修改勘察文件。

(2) 勘察单位应按照建设单位出具的审查意见修改完善施工图勘察文件，并将修改完善且签署齐全的施工图勘察文件提交给建设单位。

6）勘察文件使用

（1）建设单位应根据施工图设计需要及时将施工图勘察测量文件提供给项目施工图设计单位，作为施工图设计的重要依据之一。

（2）施工图设计单位应充分利用勘察测量成果，认真落实勘察测量人员提出的意见或建议措施，不得擅自更改勘察测量结论和数据，并及时将勘察测量文件中存在的问题或异议反馈给建设单位，由建设单位要求勘察单位予以澄清和明确。

7）勘察服务要求

勘察单位在提交勘察测量文件后，应做好建设项目施工图设计配合和施工过程中的勘察测量交底与现场技术服务工作。

8）勘察测量总结

建设项目完工，并经生产试运行和性能考核合格后，由勘察测量单位按照储气库地面建设项目竣工验收有关要求及时做好施工图勘察测量竣工总结，待竣工验收通过后及时提交建设单位归档。

三、初步设计管理

（一）设计单位的选择

储气库地面建设项目初步设计应根据国家有关法律法规和集团公司管理规定要求，选择集团公司承包商准入库中具有相应资质和良好业绩的单位。

（二）初步设计质量管理

（1）初步设计应依据项目可行性研究报告批复的建设方案、技术路线和规模进行设计。直接编制初步设计（代可行性研究）的项目，应在初步设计文件中增加可行性研究的相关内容。

（2）初步设计应按“切合实际、安全适用、技术成熟、经济合理”的原则进行，初步设计的内容和深度应符合国家、行业的有关标准、规范和集团公司、各油气田公司的有关规定。

（3）初步设计应响应可研阶段已开展的专项评价批复结论及建议，完善相应设计内容、列出工程量和投资概算。

（三）初步设计进度管理

建设单位应按照设计策划安排，定期组织设计进度检查，做好设计与专项评价中间成果的衔接。重点项目可采用初步设计周报制度。

（四）初步设计审批权限及程序管理

经批准的项目初步设计，其投资主体、资源市场、建设规模、场址选择、工艺技术、产品方案、概算投资等内容发生重大变化，或批准超过两年未开展实质性工作的，应按照审批权限重新报批或取消。

四、施工图设计管理

（一）施工图设计原则

（1）坚持“先勘察、后设计、再施工”的基本建设程序。

（2）应对初步设计响应安全评价、环境影响评价等各专项评价情况进行复核，并细化和完善响应措施，符合“同时设计、同时施工、同时投入使用”的“三同时”要求。

（3）以初步设计及概算批复为依据，对初步设计进行优化、细化和完善，以满足采购、施工和试运投产需要。

（二）设计单位选择管理

设计单位选择管理内容见表2-15。

表2-15　设计单位选择管理内容

选择时间	应在工程建设项目初步设计及概算获得批复，且建设资金计划已落实后，开展施工图设计选商工作
资质要求及准入条件	施工图设计单位资质应符合国家法律法规、国家及行业标准规范及集团公司管理规定，原则上应在集团公司承包商准入网内选择，其准入范围应符合拟参与的地面建设项目施工图设计要求
业绩要求	应有与拟参与建设项目类似的成功业绩，业绩年限及数量应根据施工图设计的工艺技术复杂程度、是否采用“新工艺、新设备、新材料和新技术”等具体要求合理设定。对于高温、高压、高含有毒有害物质和工艺介质腐蚀性强、危害大的施工图设计，应提高业绩要求，以确保满足施工图设计质量、深度及可靠性要求

（三）设备材料技术规格书管理

1. 编制原则

（1）符合国家及地方有关法律法规、国家及行业有关标准规范，以及集团公司有关管理规定。

（2）符合工程初步设计批复的范围、设计参数（压力、流量、温度和适用介质范围等）、规格型号及数量、材质、技术水平、使用年限和投资费用。

（3）有标准化设计成果的，应符合标准化设计要求。

（4）设计参数、设计使用年限、适用介质范围等主要基础数据应齐全、准确。

（5）技术先进、成熟、可靠、经济、适用。

2. 编制要求

1）编制依据

根据国家和地方相关法律法规、国家及行业相关标准规范，以及集团公司管理规定，初步设计文件。

2）编制深度

应满足设备材料采购和加工制造要求；若因工程建设和生产实际需要，除通用技术条件，可附加合理的技术要求。

3）编制单位

设备材料技术规格书应委托有相应资质的单位进行编制，原则上应由项目设计单位负责编制。

4）编审时间

引进的长周期设备材料技术规格书应在初步设计阶段完成编审工作，其他设备材料技术规格书在初步设计获得批复后完成编审。

5）编制主要内容要求

(1) 一般应包括工程概况、通用技术(基本)要求、专用技术要求和数据单四部分内容，特殊情况下可根据具体工程项目需要进行适当调整。

(2) 应标明关键条款(*)和重要条款(#)，为编制招标文件的技术标书提供依据。

3. 审批管理

1）审批管理原则

应坚持“先审查、后采购”的原则。未经审查批准和签署不全的设备材料技术规格书不得用于采购环节。

2）审查管理程序

(1) 设计单位编制完成技术规格书，并经内部审查合格后，将签署齐全的技术规格书(A 版)提交建设单位审查。

(2) 建设单位组织专业技术人员对技术规格书进行审查，并出具审查意见。

(3) 编制单位应按建设单位审查意见修改完善技术规格书，并将签署齐全的技术规格书(O 版)提交建设单位用于设备材料采购。

3）审查方式

为保证审查质量，宜以会议审查方式为主。负责审查的建设单位(项目管理部门)原则上应组织工程项目的设计、采购和生产(使用)等单位的相关专业技术人员进行审查。

对于涉及专业面广、技术难度大的设备材料技术规格书，为保证审查质量，可根据需要委托咨询公司或聘请专家进行审查。

4. 使用要求

(1) 对集团公司和各油气田公司已发布的技术标准和标准化技术成果，或各油气田公司已审查并发布实施的设备材料技术规格书，其适用范围满足建设项目要求且设备材料技术规格书按已发布的文件要求执行的，可不再组织审查，但应经设计单位和建设单位确认。

(2) 经审查批准的设备材料技术规格书不得随意修改。确需修改的，其修改内容应先经原设计(编制)单位书面认可，再报原审批单位(部门)批准后才能进行修改。

(3) 设备材料技术规格书应由建设单位(项目管理部门)提供给采购单位(采购部门)用于设备材料采购，设计(编制)单位不应直接将设备材料技术规格书提供给采购单位(采购部门)用于设备材料采购。

(四) 施工图设计进度及质量管理

1. 进度管理

(1) 对于大型、中型地面工程项目，建设单位应根据各地面工程项目总体部署或实施计划安排确定的工期目标，制定合理的施工图设计进度管理目标和具体的施工图设计进度计划，其进度计划应至少包括项目名称、建设规模、工程投资、初步设计批复文号、主要工程量、建设项目负责人、项目专项评价完成情况、勘察项目负责人、设计项目负责人、勘察完成时间、施工图设计 A 版完成时间、建设单位审批时间、施工图设计 O 版完成时间等。

(2) 建设单位根据本单位施工图设计管理规定，结合各工程项目实际情况制定切实可行的进度计划控制措施，主要包括根据已批准的项目施工图设计进度计划，确定进度管理的关键控制点，实时跟踪进度情况，分析进度偏差、及时纠偏等。

2. 质量管理

建设单位项目管理部门应根据各地面建设工程项目总体部署或实施计划安排确定工程质量管理目标，制定具体的施工图设计质量管理目标，其编制内容、深度应符合法律法规、标准规范以及集团公司和各油气田公司等有关管理规定，并满足工程采购、设备材料加工制造、指导现场施工和试运投产需要。地面建设工程项目施工图设计的编制内容及范围原则上应与其初步设计及概算批复文件一致，对于与初步设计及概算批复的原则和范围不一致的，应履行相关变更手续并说明变化情况及理由。

(五) 施工图设计审查管理

1. 施工图设计审查流程

施工图设计审查流程如图 2-9 所示。

2. 施工图设计审查应具备的条件

(1) 地面建设工程项目所需的相关专项评价报告及批复已完成。

(2) 施工图设计所需的地方手续已办理完成。

(3) 与地面工程交叉的公路、铁路、河流、电缆(光缆)、管道等穿(跨)越许可协议已取得。

(4) 施工图详细勘察工作已完成，勘察单位已提交符合要求的工程地质勘察报告。

(5) 施工图设计文件已按要求编制完成或分批编制完成，其设计质量和深度已达到审查条件。

3. 施工图设计审查需提交的主要资料

一般应提供但不限于以下资料：

(1) 项目初步设计及概算批复文件，施工图设计 O 版和审定的概算书。

(2) 施工图设计文件(总说明、工艺流程图、工艺平面布置图、设备材料表、总平面布置图、建筑图等)。

(3) 安全预评价、职业病危害、水土保持方案、地质灾害危险性评价、压覆矿产资源调查评价等专项评价报告及批复文件。

(4) 线路路由规划红线、厂(站场、阀室等)选址批复文件。

(5) 工程勘察报告。

(6) 用水、用电、用地等意向性协议文件。

(7) 公路、铁路、河流、电缆(光缆)、管道等穿(跨)越许可协议。

以上资料所需数量，由各建设单位根据施工图设计合同、工程项目性质和审查情况自行确定。

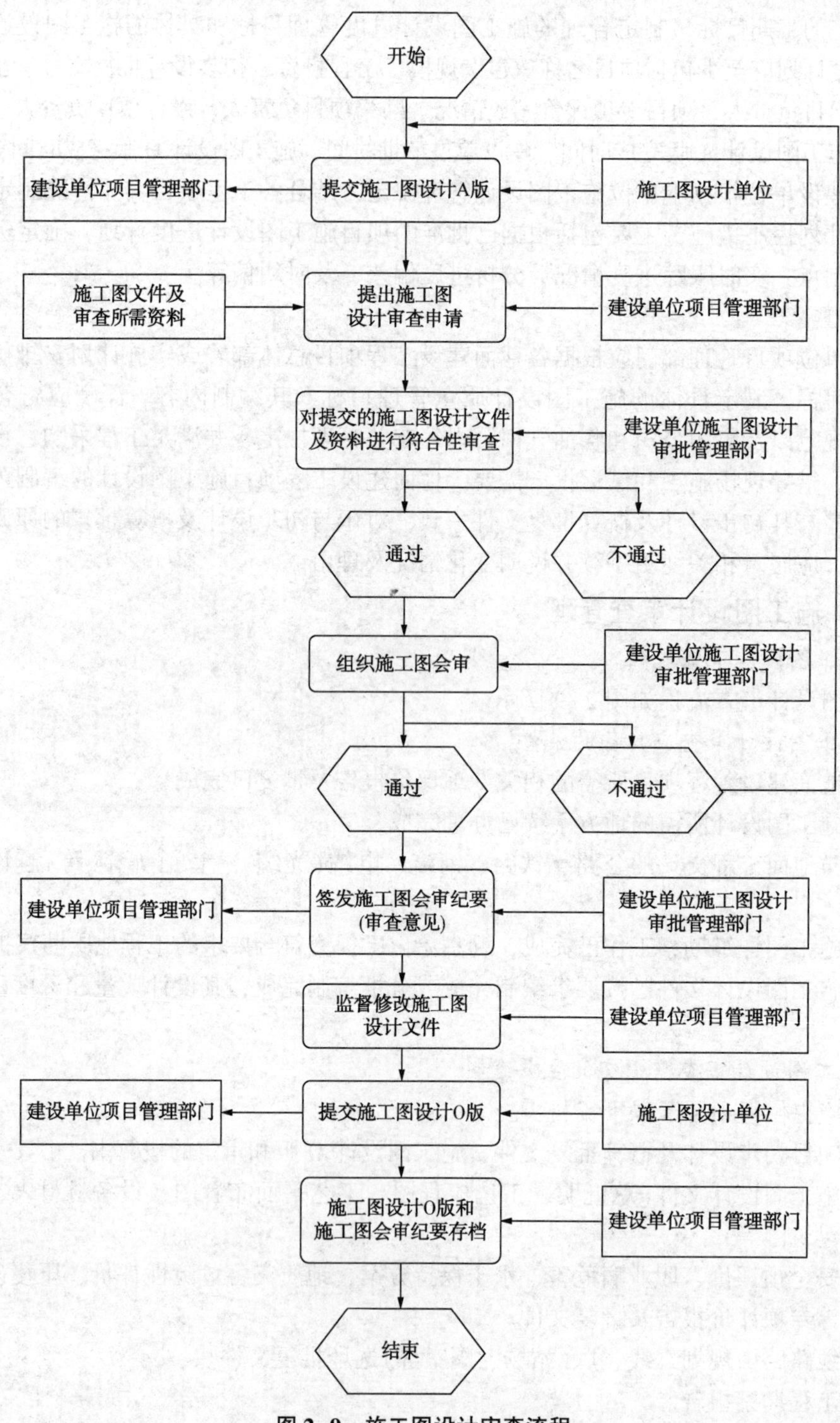

图 2-9　施工图设计审查流程

4. 施工图设计的主要审查内容

(1) 是否符合国家有关工程建设的方针、政策、法律法规、各项技术标准规范和管理规定。

(2) 是否符合工程初步设计批复的范围。

(3) 设计的主要基础资料、数据是否齐全、准确。

(4) 工艺流程、设备选型、材料选用、建筑结构、厂(站)选址、总图布置、基础形式、施工技术等是否合理。

(5) 厂(站)、线路、穿(跨)越的土石工作量是否与工程地质相吻合。

(6) 是否满足标准化设计要求。

(7) 是否对各专项评价的响应措施进行细化和完善，是否具有针对性和可实施性。

(8) 是否已落实地方行政审批要求。

(9) 是否已落实公路、铁路和河流等第三方穿越许可批复意见及措施要求。

(10) 建设项目的综合利用、“三废”治理、环境保护、安全设施、职业卫生、节能、消防等是否符合有关标准规定，配套设施的外部协作条件是否已落实。

5. 施工图设计的审查方式

1) 审查组织单位

施工图设计审查一般宜以会议的方式进行，由建设单位主管部门或项目部组织建设单位所属有关部门、项目实施单位和生产单位，以及项目勘察、设计等单位人员召开会议进行审查。对于涉及专业面广、技术复杂、投资大的项目施工图设计审查，可委托咨询公司组织专家进行。

2) 参加审查专业要求

参加施工图设计审查会的专业应覆盖施工图所涉及的主要专业，对于涉及技术复杂、施工难度大或建设单位技术力量薄弱的施工图设计审查，可外聘技术专家参加施工图设计审查把关。

3) 审查意见形成过程

审查前，为确保施工图设计审查质量和深度，先踏勘工程现场，并根据需要进行专业分组讨论，形成专业审查意见，再由大会讨论形成施工图设计审查意见。

6. 施工图设计的批准

一般由建设单位施工图设计管理部门，按照本单位施工图设计审批管理规定签发正式的施工图设计审查纪要(审查意见)作为施工图设计的批准文件。

对于工艺流程及系统复杂、工艺单元多的大型、中型项目，若因施工图设计文件较多、设计周期较长，为满足采购和施工需要，可根据需要分批、分阶段开展施工图设计审查和批准。

施工图设计单位应按照施工图设计批准文件进行修改、完善，并将设计修改情况及时回复建设单位(项目管理部门)。经建设单位(项目管理部门)对设计修改情况确认后，由设计单位出具施工图设计 O 版。

施工图设计未经审查批准和未按审查批准文件修改完善的，不得用于施工作业。

(六) 施工图设计交底管理

1. 施工图设计交底应具备的基本条件

(1) 施工图设计审查获得批准并已提交施工图设计 O 版文件。对分批审查的施工图应满足分批交底的要求。

（2）所涉及施工图设计交底的施工、检测和监理等单位已确定，并已充分熟悉施工图设计文件内容。

（3）工程现场已具备施工图设计交底的条件。

2. 施工图设计交底的要求

（1）建设单位（建设单位项目管理部门或建设项目管理机构）应组织勘察、设计、施工、检测和监理等单位参加。对于改建、扩建工程，必要时可邀请有关生产单位人员参加施工图设计交底，说明原有生产设施布置、生产运行情况，以及与本工程改建、扩建关系。

（2）一般情况下，为确保施工图设计交底质量和效果，施工图设计交底应在工程现场进行。

（3）施工图设计交底应突出设计重点、施工难点和关键环节。应针对工程施工重点、难点、主要技术要求、施工质量、安全、环保注意事项等重点部位和关键环节进行详细交底。

（4）施工图设计交底时，勘察、设计单位应对施工、检测、监理等参建单位就施工图勘察、设计提出的问题或疑惑进行认真、详细、准确解答。

（5）建设单位应加强管理设计交底过程，确保设计交底的质量和效率，并按规定形成设计交底记录，经参会各方签字确认后跟踪落实和管理。

（七）设计现场服务及回访管理

1. 设计现场服务的定义

设计现场服务是指设计单位自施工图设计 0 版交付后至工程试运投产结束阶段的施工现场服务，旨在及时协调、解决施工和试运投产过程中有关设计问题，确保工程质量、安全、环保和施工顺利进行，以及为了试运投产安全平稳而要求设计单位提供的及时服务和技术保障。

2. 设计现场服务的方式及范围

设计现场服务方式一般分为需要时到现场服务、现场常设设计代表和现场常设设计项目组三种方式。建设单位可根据各工程项目实际情况在设计合同中约定。

设计现场服务的范围应以设计合同约定为依据。

3. 设计现场服务管理的主要内容

（1）制定设计现场服务计划和监管措施。

（2）明确设计现场服务的范围、方式和程序。

（3）明确设计现场服务的组织机构形式、设置地点、主要专业设计人员任职资格、资源配备、信息报送和联络沟通方式等。

（4）负责对设计现场服务过程的监管、协调。

（5）负责对设计服务质量及效果的考核评价。

4. 设计回访

设计回访旨在及时向建设、施工和生产使用等单位了解地面工程设计在设备制造、材料加工、施工安装和生产试运等过程中的意见和要求，检验合同项目的设计质量和服务质量，总结设计经验教训，不断提高设计质量、服务质量和设计技术水平。一般采取现场回访方式，当现场回访有困难时，亦可采取信函等方式进行设计回访。

（八）施工图设计创新成果管理

1. 施工图设计创新成果的归属

建设单位在施工图勘察、设计单位选商时，应明确地面建设工程项目勘察、设计的创新成果申报、知识产权归属及分配比例、甲乙方权利与义务等内容，并在施工图勘察、设计合同中以具体条款的形式进行明确。

2. 施工图设计创新成果申报

施工图设计创新成果的申报应按施工图勘察设计合同约定的有关规定执行，原则上地面建设工程项目的优秀设计及创新成果，由项目设计单位报送建设单位，并由建设单位按规定报送参加相应优秀设计及创新奖评比。

五、勘察设计考评管理

（一）考评依据

勘察、设计服务合同是作为考评勘察单位、设计单位的主要依据，在合同中应约定考评制度、办法及奖惩措施。

（二）考评管理

建设单位应根据集团公司和自身管理规定，制定地面工程建设项目勘察、设计考评管理制度。

1. 勘察考评、设计考评的主要内容

（1）勘察考评的主要内容宜包括但不限于以下内容：勘察单位资质、勘察项目组或团队（管理水平、勘察人员的任职资格、技术能力）、勘察进度、勘察报告质量、勘察资料及数据的准确性与真实性、勘察现场服务、勘察总结及投资控制等。

（2）设计考评的主要内容宜包括但不限于以下内容：设计单位资质、设计项目组或团队（管理水平、设计人员的任职资格、技术能力）、设计进度、设计质量、设计审查意见的修改与完善情况、设计签署、设计交底、设计现场服务、设计资料报送、设计回访和设计总结及投资控制等。

2. 考评方式

建设单位可在项目完工时对勘察单位、设计单位进行初考评，在项目竣工时对勘察单位、设计单位进行正式考评，并形成相应的考评结论。

（三）考评结果处理

建设单位应根据工程勘察、设计合同约定和考评结果，对勘察单位、设计单位进行奖惩处理。建设单位应按年度对考核结果进行通报，函告勘察单位、设计单位及相关管理部门，并将工程勘察、设计考评结果与勘察单位、设计单位准入管理和招投标管理相结合，择优进行选择。

原则上对于考核结果为合格的勘察单位、设计单位可推荐承担今后地面建设项目的勘察工作、设计工作；对于考核不合格的勘察单位、设计单位及人员不得承担后续其他地面建设项目的勘察工作、设计工作。

六、设计变更管理

（一）设计变更的定义及分类

1. 设计变更定义

设计变更是指工程项目自初步设计批准之日起至通过竣工验收正式交付使用之日止，对已批准的设计技术文件、初步设计文件或施工图设计文件所进行的修改、完善活动。

2. 设计变更分类

（1）按阶段划分：初步设计变更、施工图设计变更。

（2）按重要程度划分：重大设计变更、一般设计变更。

重大设计变更是指建设规模、建设水平、总平面布置、主要工艺流程及功能、主要设备材料、线路路由、重要穿(跨)越等与原批复文件存在较大差异和重要调整，引起建设规模、建设水平、功能、工程量、工期和投资等发生较大变化。

一般设计变更是指除重大设计变更外的其他变更。

（二）设计变更条件

（1）勘察资料不详尽，导致设计不准确甚至存在重大质量、安全问题或隐患。

（2）原设计与自然条件(含地质、水文、地形等)不符。

（3）设计文件中存在“错、漏、碰、缺”。

（4）因油气田开发或地面工程内、外部条件变化等(如开发方案调整、政策变化、法律法规和标准规范更新、地理条件和自然环境变化等)要求引起的设计变更。

（5）为确保施工安全和环境保护，或节省占地、减少水土保护工作量、改善施工条件、降低施工难度等而进行的设计变更。

（三）设计变更流程

设计变更的程序一般为：设计变更申请(提出)→设计变更必要性论证→设计变更委托(建设单位下达设计变更指令)→设计变更文件编制→设计变更文件审批→设计变更实施。

（四）设计变更管理要求

建设单位应高度重视和加强设计变更管理，避免随意变更和擅自变更行为，确保工程质量、安全、环保、工期，严格控制工程投资，尽可能减少工程设计变更。一般应做到以下几点：

（1）建设单位做好设计变更必要性论证把关。必要时，应组织勘察、设计、施工、监理和生产使用等有关单位人员讨论确定。

（2）对确需设计变更的，应及时向勘察单位、设计单位下达设计变更指令。设计单位在未接到建设单位设计变更指令前，不得开展设计变更实质性工作。

（3）建设单位严把设计变更审批关。建设单位应对设计单位编制的设计变更文件及概算费用进行认真审查，严格把关后才能批准。对于重大设计变更审批应按集团公司和建设单位有关规定履行设计变更申报和审批程序。

（4）监督设计变更的实施。设计变更获得批准后，应严格按照设计变更要求实施，建设单位应做好实施过程的监管工作；未经批准的设计变更不得实施。不得以设计联络单和施工变更或施工联络单代替设计变更，以规避设计变更审批程序。

(5) 因工程应急抢险等紧急情况需要对原设计进行变更的，建设单位可组织设计、监理、施工等相关单位和部门进行现场办公，确定设计变更方案后先行实施，但事后应及时按设计变更程序完善审批手续。抢险工程主要包括大型塌方、滑坡、泥石流等地质灾害，洪涝水毁灾害，火灾，隧道涌突水，结构工程严重破坏和第三方破坏等。

七、标准化设计管理

标准化设计是根据不同类型油气田的特点，找出在设计、采购、建设和管理中的共性，然后对这些共性进行归纳总结，形成标准化管理，并进行更大范围的推广应用。标准化设计应遵循系统性、先进性、动态适应性等原则。

第五节 招标管理

储气库地面建设招标包括工程施工、物资采购和勘察、设计、监理、检测等工程服务招标。

一、招标范围和标准

建设工程招标管理是指中国石油化工集团公司、中国石油化工股份有限公司以独资、合资、合作方式建设的工程项目招投标活动的监督、管理，包括招标、投标、开标、评标、中标及签订合同的全过程管理。应符合《中国石化建设工程招投标管理规定》(中国石化建〔2013〕236 号)的要求。

建设工程总承包、勘察、设计、施工、监理、检测及与建设工程有关的重要设备、材料等采购，达到下列标准之一的，必须进行招标：

(1) 建设工程总承包、施工单项合同估算价在 200 万元以上的。

(2) 勘察、设计、监理、检测等服务的采购，单项合同估算价在 50 万元以上的。

(3) 重要设备、材料等货物的采购，单项合同估算价在 100 万元以上的。

(4) 单项合同估算价低于上述规定的标准，但建设工程总投资额在 3000 万元以上的。

建设工程项目有下列情况之一的，经审批后，可以不进行招标：

(1) 涉及国家安全、国家秘密或者抢险救灾。

(2) 需要采用不可替代的专利或者专有技术。

(3) 属于利用扶贫资金实行以工代赈、需要使用农民工。

(4) 采购人依法能够自行建设、生产或者提供。

(5) 已通过招标方式选定的特许经营项目投资人依法能够自行建设、生产或者提供。

(6) 需要向原中标人采购工程、货物或者服务，否则将影响施工或者功能配套要求。

管理原则：

(1) 建设工程招标投标活动遵循公开、公平、公正和诚实守信的原则。

(2) 建设工程招标投标活动的管理实行审批或者备案制。

(3) 为了加强建设工程市场诚信体系建设，参加中国石化建设工程实施的承包商、服务商应加入中国石化建设工程市场资源库，建立诚信档案。

管理体系：

(1) 根据《国务院关于组建中国石油化工集团公司有关问题的批复》，中国石化对规定范围的建设工程招标投标活动进行监督、管理。

(2) 中国石化建设工程招标投标管理委员会是中国石化工程招标投标活动的主管机构，全面负责中国石化建设工程招标投标活动的监督、管理。

(3) 中国石化建设工程招标投标管理委员会办公室(招标办)是中国石化建设工程招标管理委员会的常设结构，设在工程部，负责中国石化建设工程招标投标活动的日常监督、管理。

(4) 依法组织招标的各企事业单位、股份公司各分(子)公司应指定专门机构对本单位的建设工程招标投标活动进行归口管理，设立专职招标管理岗位，负责本单位建设工程招标投标活动的组织实施，招标人应将招标投标管理机构和人员名单报招标办备案。

二、管理模式和程序

1. 建设工程招标的组织形式分为自行招标和委托招标

(1) 招标人具备以下自行招标条件的，经核准或者审批后可自行组织招标投标活动：

具有法人资格或受法人委托；

具有与招标建设工程规模和复杂程度相适应的技术、经济和管理等方面专业人员，可自行编制招标文件和组织评标；

设有专门招标机构或者拥有3名以上取得职业证书的专职招标业务人员；

熟悉和掌握招标投标法及有关法律规章。

(2) 中国石化部分重点建设工程和招标人不具备自行招标条件的建设工程，招标人应按照程序委托具有相应资质和招标代理机构进行委托招标。

(3) 招标人应与被委托的招标代理机构签订书面委托合同，合同约定的收费标准应符合国家有关规定，招标代理机构应按照本规定要求，在招标人委托的范围内，以招标人的名义组织招标投标活动和完成招标工作，可承担以下招标事宜：

协助招标人拟定招标方案；

编制和出售资格预审文件、招标文件；

协助招标人审查潜在投标人资格；

编制标底或者最高投标人资格；

组织潜在投标人踏勘现场；

接受投标，组织开标、评标；

草拟合同；

招标人委托的其他事项。

2. 建设工程招标方式分为公开招标和邀请招标

(1) 公开招标是指招标人通过国家指定的新闻媒介发布招标公告或者资格预审公告，邀请不特定的符合资质要求的法人或其他组织参加投标。

(2) 邀请招标是指招标人向3家以上具有相应资质、具备承担招标建设工程能力、资源库成员单位发出投标邀请书，以邀请书的方式邀请投标。

(3) 建设工程一般采用公开招标，但是有下列情况之一的，经过核准或者审批，可以采用邀请招标方式招标：

技术复杂、有特殊要求或者受自然环境限制，只有少量潜在投标人可供选择；

采用公开招标方式的费用占建设工程合同金额比例过大；

法律法规所规定不宜公开招标的其他情况。

具体招标方式选择见表2-16~表2-18。

3. 建设工程招标应具备条件

(1) 按规定成立建设工程管理部或管理结构。

(2) 建设工程已经批准立项、资金到位。

(3) 招标方案经过招标办审批。

(4) 有招标所必需的相关资料。

4. 招标程序

(1) 招标人编制招标方案报招标办审批后组织实施。

(2) 招标人编制招标公告、资格预审公告报招标办审批后发布。

(3) 招标人填写招标申请表报招标办审批后组织招标。

(4) 招标人编制资格预审文件、招标文件报招标办审批后发售。

(5) 招标人组建评标委员会，评标委员会成员名单报招标办审批。

(6) 招标人组织开标。

(7) 评标委员会进行评标，向招标人提交评标报告。

(8) 招标人公示评标结果。

(9) 招标人将评标报告、招标结果报招标办审批。

(10) 招标人下发中标通知书，退还投标保证金。

(11) 招标人与中标人签订合同。

(12) 招标人进行资料存档。

5. 工程采购招标要求和流程

1) 招标

公开招标的项目，招标人应当在国家指定媒介和电子交易平台上发布招标公告或资格预审公告，在不同媒介上发布的同一招标项目的资格预审公告或者招标公告的内容应当一致。招标公告按照《招标公告和公示信息发布管理办法》的要求载明：招标人名称、地址和联系方式，工程概况和招标范围、申请人资格要求、资格预审方法、获取资格预审文件时间、地点及收取的费用，资格预审申请文件提交地点和截止时间以及其他有关事项。

邀请招标的项目，投标邀请书内容和招标公告要求的内容基本一致，招标人可以要求潜在投标人确认是否收到了投标邀请书。

招标人可以根据招标项目的具体特点和实际需要进行资格预审或者资格后审。

招标人应当按照《中国石化建设工程招标标准文件》(简称《招标标准文件》)编制资格预审公告、资格预审文件、招标公告和招标文件，落实《中国石化承包商安全监督管理办法》相关要求 。

表 2-16 中国石化建设工程招标的范围、标准和情形

公开招标	邀请招标	非招标采购(竞标、竞价、独家采购)
1. 工程项目中的工程总承包、施工、勘察、设计、监理、评估、项目管理、检测监测、造价咨询、招标代理、达到下列标准之一的，必须进行招标： (1)工程总承包、施工单项合同估算价在400万元以上的。 (2)勘察、设计、监理、评估、项目管理、检测监测、造价咨询、招标代理单项合同估算价在100万元以上的。 (3)同一项目中可以合并进行的工程总承包、施工、勘察、设计、监理、评估、项目管理、检测监测、造价咨询、招标代理的采购，合同估算价合计达到前款规定标准的，必须公开招标。 2. 工程采购活动有下列情形之一的，必须公开招标： (1)采用框架协议采购形式的。 (2)建设单位依据本规定终止招标程序转为非招标程序或直接采用非招标采购方式选定承包商，并且未在合同约定分包商的，该承包商进行工程分包发包时，分包项目属于上述第1条要求的必须进行招标的范围且达到规定规模标准的。 (3)以暂估价形式包括在总承包范围内的工程、服务，属于第1条要求的必须进行招标的项目范围且达到规定规模标准的。 暂估价，是指建设单位进行总承包招标时，不能确定价格而在招标文件中暂时估定的工程、服务的金额。 3. 采购项目有下列情形之一的，必须公开招标： (1)国家法律法规规定，工程建设项目中必须依法进行招标的勘察、设计、施工、监理以及构成工程不可分割的组成部分且为实现工程基本功能所必需的设备材料等采购项目。 (2)单次采购估算额在200万元及以上的其他工程、100万元及以上的其他物资或服务采购项目。 (3)单次采购估算额低于上述(1)、(2)项规定的标准，但年度范围内同类项目总采购估算在1000万元及以上的采购项目。 (4)国家法律法规和集团公司规定的其他需要招标的项目。 除上述必须招标的项目，所属企业可根据实际情况规定本单位应当参照招标程序进行采购的项目范围和规模	1. 必须招标的项目，应该公开招标。但有下列情况之一的，经审批可以进行邀请招标： (1)技术复杂、有特殊要求或者受自然环境限制，只有少量潜在投标人可供选择。 (2)采用公开招标方式的费用占项目合同金额的比例过大。 (3)法律、法规所规定不宜公开招标的其他情况。 2. 采用邀请招标方式进行招标的项目，每个标段的投标人数量应当为3个及以上，其中除涉及国家秘密以外的邀请招标项目，总投标人数量还应当大于中标人数量2个及以上。投标人数量不能满足要求的，应当进行公开招标	1. 依照公开招标第1条必须进行招标的项目(以下简称"必须招标的项目")，有下列情况之一的，经审批后，可以依照本规定采用非招标采购方式采购： (1)涉及国家安全、国家秘密、抢险救灾或者属于利用扶贫资金实行以工代赈，需要使用农民工等特殊情况，不适宜进行招标。 (2)主要工艺、技术需要采用不可代替的专利或者专有技术。 (3)采购人依法能够自行建设、生产或者提供。 (4)已通过招标方式选定的特许经营项目投资人依法能够自行建设、生产或者提供。 (5)需要向原中标人采购工程或者服务，否则将影响施工或者功能配套要求。 (6)已建成工程需要改建、扩建，由其他单位进行设计影响功能配套性。 (7)按照本规定要求进行招标，连续两次招标失败且没有限制公平竞争情形的。 (8)符合直接签订框架协议项下合同条件的。 (9)国家规定的其他情形
工程项目前期工作以及为工程项目投产试运行、竣工验收所做的各类评估、培训、试车保运等服务，可以采用招标方式或非招标采购方式选定承包商		
大检修项目，可以采用招标方式或非招标采购方式选定承包商		

表 2-17　中国石化建设工程非招标采购方式适用条件

竞标采购	竞价采购	独家采购
1. 必须招标的项目，组织招标后连续两次招标失败且第二次招标时，有下列情况之一的，应当采用竞标采购方式采购： （1）购买资格预审文件或招标文件的潜在投标人为2个。 （2）在资格预审截止时间前提交申请文件的潜在投标人为2个。 （3）资格预审合格的潜在投标人为2个。 （4）在投标截止时间前提交投标文件的投标人为2个。 符合上述条款情况进行竞标采购的，至少应当邀请上述潜在投标人或投标人参与竞标采购活动。 2. 不是必须招标的项目，其中技术相对复杂或难以准确描述的，可以采用竞标采购方式采购	不是必须招标的项目，其中需求明确、技术简单、市场资源充足的，可以采用竞价采购方式采购	3. 有下列情况之一的项目，可以采用独家谈判采购方式采购： （1）主要工艺、技术需要采用不可替代的专利或专有技术的。 （2）需要向原中标人或成交人采购工程、货物或者服务的，否则将影响施工或者功能配套的要求。 （3）已建成工程需要改建、扩建，由其他单位进行设计影响工程功能配套性。 （4）涉及抢险救灾的。 （5）必须招标的项目连续第二次招标或非必须招标的项目第一次招标时，购买资格预审文件或招标文件的潜在投标人为1个及以下的，或资格预审合格的潜在投标人数量为1个及以下的，或在资格预审截止时间前提交申请文件的潜在投标人为1个及以下的，或在投标截止时间前提交投标文件的投标数量为1个及以下的。 （6）履行竞标采购、竞价采购程序后，只能从唯一承包商处采购的。 （7）国家和中国石化规定的其他条件

表 2-18　中国石化物资及相关物流、监造和检测等服务招标采购方式适用条件

公开招标	邀请招标	可不进行招标
符合下列条件的物资及相关物流、监造和检测等服务，实施应招必招： （1）《必须招标的工程项目规定》中规定的工程建设项目所需物资，单项合同估算金额在 200 万元以上的。 （2）用于工程建设估算金额在 200 万元以上的框架协议采购。 （3）与工程建设项目所需物资采购有关的物流、监造和检测等服务，单项合同估算金额在 100 万元以上的。 其他依照法律法规需要招标采购的物资	国家法律法规规定必须招标的物资，应公开招标。有下列情形之一的，可以邀请招标： （1）招标物资技术复杂或有特殊要求，或者受自然地域环境限制，只有少量潜在投标人可供选择。 （2）采用公开招标方式的费用占项目合同金额比例过大。 （3）其他具备公开招标条件的物资，原则上应公开招标	应招必招的项目，有下列情况之一的，可不进行招标： （1）需要采用不可替代的特定专利或专有技术的产品，但应同时满足以下条件： ① 项目功能的客观定位决定必须使用指定的专利或者专有技术。 ② 项目使用的专利或专有技术具有不可替代性。 ③ 项目使用的专利或专有技术无法由其他单位分别实施或提供。 （2）需要向原中标人采购，否则将影响施工或功能配套要求的，应同时满足以下条件： ① 原项目是通过招标确定的中标人，但因客观需要向原合同中标人追加采购物资。 ② 如果不向项目原中标人追加采购，必将影响工程项目产品使用功能的配套要求。 ③ 原项目中标人必须具有依法继续履行新增项目合同的资格能力。 （3）产品特殊且能满足采购要求的供应商不足 3 家。 （4）涉及国家安全、国家秘密或抢险救灾物资，不适宜招标的。 （5）采购人依法能够自行生产的。 （6）原主机配套的备品配件。 （7）采用首购、订购等方式采购首台（套）目录产品的。 （8）其他法律法规规定可不招标的。 依法必须招标项目的物资，符合上述条件不招标的，由各单位组织专家论证，单位领导审核，并报集团公司物资装备部备案
国家法律法规没有规定必须招标但同时具备如下条件的物资及有关物流、监造和检测等服务，能招尽招： 一次采购合同估算金额 50 万元以上。 潜在投标人不少于 3 个		

招标采购应当采用综合评审法，并在招标文件中明确评标办法。

资格预审是指在投标前对潜在投标人进行的资格审查。招标人采用资格预审的，应当发布资格预审公告、编制资格预审文件。

(1) 资格预审公告可以代替招标公告。资格预审公告内容按照《招标公告和公示信息发布管理办法》的要求载明：招标人名称、地址和联系方式，工程概况和招标范围、申请人资格要求、资格预审方法、获取资格预审文件时间、地点及收取的费用，资格预审申请文件提交地点和截止时间以及其他有关事项。

(2) 招标人应当在国家指定媒介和电子交易平台上发布资格预审公告。

(3) 招标人应当按照资格预审公告中规定的时间、地点发售资格预审文件。资格预审文件自开始发出之日起至停止发出之日止，最短不得少于5日。

(4) 招标人应当确定合理提交资格预审申请文件的时间，自资格预审文件停止发售之日起不得少于5日。

(5) 资格预审由招标人组建的资格审查委员会负责，资格审查委员会及其成员应当遵守本规定有关评标委员会及其成员的规定。

(6) 资格预审应当按照资格预审文件规定的标准和方法进行。资格预审文件未规定标准和方法的，不得作为资格审查的依据。

(7) 资格预审方法分为合格制和有限数量制。采用合格制的，即凡符合资格预审文件资格规定的资格预审申请人，均可通过资格预审。采用有限数量制的，限制数额一般不得少于5个，符合资格条件的申请人不足该数额的，所有符合资格条件的申请人均视为通过资格预审。

(8) 招标人不得以抽签、摇号等不合理条件限制或者排斥资格预审合格的潜在投标人参加投标。

(9) 资格预审结束后，招标人应当及时向资格预审申请人发出资格预审结果通知书。

(10) 未通过资格预审的申请人不具有投标资格。通过资格预审的申请人少于3个的，应当重新招标。

资格后审是指在开标后对投标人进行的资格审查。招标人采用资格后审的，应当在开标后由评标委员会按照招标文件规定的标准和方法对投标人的资格进行审查，经资格审查不合格的投标人的投标应当予以否决。

招标项目需要划分标段的，招标人应当进行合理划分，确定各标段的工作内容、完成期限和资格条件，并在招标文件中如实载明。招标人不得利用划分标段规避招标，限制或者排斥潜在投标人。

招标人应当在招标文件中规定投标有效期，以保证招标人有足够的时间完成评标和与中标人签订合同。投标有效期从招标文件规定的提交投标文件截止之日起计算。

招标人可以在招标文件中要求投标人交纳投标保证金。

(1) 投标保证金一般应采用银行保函，也可以是银行汇票、银行电汇等。

(2) 采用银行汇票、银行电汇形式提交的投标保证金应当从投标人的基本账户转出；采用银行保函的，应当由投标人开立基本账户的银行出具。

(3) 投标保证金不得超过招标项目估算价格的2%，有效期应当与投标有效期一致。

（4）招标人不得挪用投标保证金。

（5）在原投标有效期结束前，出现特殊情况的，招标人可以书面形式要求所有投标人延长投标有效期。投标人同意延长的，不得要求或者允许修改其投标文件的实质性内容，但应当相应延长其投标保证金的有效期；投标人拒绝延长的，视为放弃投标，投标人有权收回投标保证金。

招标人应当确定投标人编制投标文件所需要的合理时间，自招标文件开始发出之日起至投标人提交投标文件截止之日止，最短不得少于 20 日。

招标人可以根据招标项目的具体特点和实际需要决定是否编制标底。

（1）标底由招标人自行编制或者委托中介机构编制。

（2）一个招标项目的每个标段应当对应一个标底。

（3）招标人应当优先选用中国石化造价体系标准编制标底。

（4）标底必须保密，在开标前任何人不得泄露。

必须招标的项目，应当在招标文件中明确最高投标限价或者最高投标限价的计算方法。招标人不得规定最低投标限价，或以其他任何形式限制投标人在价格方面的合理竞争。

招标人应当按照招标公告或者投标邀请书中规定的时间、地点发售招标文件。招标文件自发出之日起至停止发出之日止，最短不得少于 5 日。

招标人发售资格预审文件、招标文件收取的费用应当仅限于补偿印刷、邮寄的成本支出，不得以营利为目的。对于所附的设计文件，招标人可以向投标人酌情收取押金。对于开标后投标人退还设计文件的，招标人应当向投标人退还押金。

资格预审文件或者招标文件自发出至停止之日止，获取资格预审文件或者招标文件的潜在投标人少于 3 个的，招标人应当重新招标。

招标人不得向他人透露已获取资格预审文件、招标文件的潜在投标人名称、数量以及可能影响公平竞争的其他情况。

招标人根据招标项目的具体情况，可以组织潜在投标人踏勘建设工程现场，但不得组织单个或者部分潜在投标人踏勘建设工程现场。在组织踏勘项目现场时，招标人应当采取相应的保密措施并对潜在投标人提出有关保密要求，防止影响投标竞争的情况发生。

招标人组织踏勘时，可向潜在投标人介绍建设工程场地和相关环境的有关情况，招标人对其向潜在投标人介绍有关情况的真实性、准确性负责；潜在投标人根据招标人介绍情况作出判断和决策的准确性，由投标人自行负责。

对于潜在投标人在阅读招标文件和现场踏勘中提出的疑问，招标人可以书面形式或召开投标预备会的方式解答，但不得说明问题的来源，同时将解答内容以书面方式通知所有购买招标文件的潜在投标人，该解答的内容为招标文件的组成部分。

招标人可以对已发出的资格预审文件或者招标文件进行必要的澄清或者修改。澄清或者修改的内容可能影响资格预审申请文件或者投标文件编制的，招标人应当在提交资格预审申请文件截止时间至少 3 日前，或者投标截止时间至少 15 日前，以书面形式通知所有获取资格预审文件或者招标文件的潜在投标人，不足 3 日或者 15 日的，招标人应当顺延提交资格预审申请文件或者投标文件的截止时间。

潜在投标人或者其他利害关系人对资格预审文件有异议的，应当在提交资格预审申请文件截止时间 2 日前提出；对招标文件有异议的，应当在投标截止时间 10 日前提出。招标人应当自收到异议之日起 3 日内作出答复；作出答复前，应当暂停招标投标活动。

招标人编制的资格预审文件、招标文件内容违反法律、行政法规的强制性规定，以及公开、公平、公正和诚实守信原则，影响资格预审结果或者潜在投标人投标的，招标人应当在修改资格预审文件或者招标文件后重新招标。

招标人可以依法对建设工程的全部或者部分实行总承包招标。

招标人对技术复杂或者无法精确拟定其技术规格的建设工程，可以分两个阶段进行招标。

(1) 第一阶段：潜在投标人按照招标公告或者投标邀请书的要求提交不带报价的技术建议。招标人根据投标人提交的技术建议确定技术标准和要求，编制招标文件。

(2) 第二阶段：招标人向在第一阶段提交技术建议的投标人提供招标文件，投标人按照招标文件的要求提交包括最终技术方案和投标报价的投标文件。

(3) 招标人要求投标人交纳投标保证金的，应当在第二阶段提交。

招标人在售出资格预审文件或招标文件后，不得擅自终止招标。招标人终止招标的，应当及时发布公告，或者以书面形式通知被邀请的或者已经获取资格预审文件、招标文件的潜在投标人。已经发售资格预审文件、招标文件或者已经收取投标保证金的，招标人应当及时退还所收取的资格预审文件、招标文件的费用以及所收取的投标保证金。

招标人不得以下列不合理行为或条件限制、排斥潜在投标人或者投标人：

(1) 就同一招标项目向潜在投标人或者投标人提供有差别的信息。

(2) 设定的资格、技术、商务条件与招标项目的具体特点和实际需要不相适应或者与合同履行无关。

(3) 以特定行政区域或者特定行业的业绩、奖项作为加分条件或者中标条件。

(4) 对潜在投标人或者投标人采取不同的资格审查或者评标标准。

(5) 限定或者指定特定的专利、商标、品牌、原产地或者承包商。

(6) 限定潜在投标人或者投标人的所有制形式或者组织形式。

(7) 以其他不合理条件限制、排斥潜在投标人或者投标人。

招标人、招标代理机构应当通过“信用中国”网站（www. creditchina. gov. cn）查询相关主体是否为失信被执行人，并采取必要方式做好失信被执行人信息查询记录和证据留存。

必须招标的项目，招标人应当在资格预审公告、招标公告、投标邀请书及资格预审文件、招标文件中明确规定对失信被执行人的处理方法和评标标准，在潜在投标人报名阶段，招标人或者招标代理机构应当查询投标人是否为失信被执行人；在评标阶段，招标人或者招标代理机构或评标委员会应当查询投标人是否为失信被执行人。对属于失信被执行人的投标活动依法予以限制。

两个以上的企业法人或者其他组织组成一个联合体，以一个投标人的身份共同参加投标活动的，应当对所有联合体成员进行失信被执行人信息查询。联合体中有一个或一个以上成员属于失信被执行人的，联合体被视为失信被执行人。

招标人应当在招标文件中明确分包要求，包括是否允许分包、允许分包的范围和形式、分包商应具备的资质资格条件等。招标人可以要求投标人在投标文件中提供分包商资质资格、业绩等信息；也可以要求投标人在双方签订合同后，按照招标文件及合同要求，将分包商有关信息报建设单位。

2）投标

投标人应当具备承担招标建设工程的能力，除满足国家规定的资质条件，还应当符合招标文件规定的其他资格条件。

投标人应当按照招标文件的要求编制投标文件，投标文件应当对招标文件提出的实质性要求和条件作出响应。

投标人在招标文件要求提交投标文件的截止时间前，可以补充、修改已提交的投标文件，并书面通知招标人。补充、修改的内容为投标文件的组成部分。

投标人撤回已提交的投标文件，应当在投标截止时间前书面通知招标人。招标人已收取投标保证金的，应当自收到投标人书面撤回通知之日起5日内退还。投标截止后投标人撤销投标文件的，招标人可以不退还投标保证金。

投标人应当在招标文件要求提交投标文件的截止时间前，按照招标文件要求密封投标文件，并将投标文件送达招标人指定的地点及接收人。

招标人应当如实记载投标文件的送达时间、密封和数量情况，由接收人和投标人代表签字，并由接收人存档备查。招标人收到投标文件后，应当妥善保存，开标前不得开启。

投标文件有下列情形之一的，招标人应当拒收：

(1) 未通过资格预审的申请人提交的投标文件。

(2) 逾期送达或者未送达指定地点的。

(3) 未按招标文件要求密封的。

招标人应当在资格预审公告、招标公告或者投标邀请书中载明是否接受联合体投标。投标人按照招标公告、资格预审公告或者投标邀请书中接受联合体投标的要求，2个及以上法人或者其他组织可以组成一个联合体，以一个投标人的身份共同投标。

(1) 联合体资质的认定，应当以联合体共同投标协议中约定的专业分工为依据。不同专业工作是由不同联合体成员分别承担的，应按照各自承担的专业工程所对应的专业资质确定联合体的资质；同一专业是由不同联合体成员分别承担的，按照其最低的资质等级确定联合体的资质等级。

(2) 由联合体相同专业各成员分工所占的工作量比例加权计算业绩合计数量。联合体协议中不承担有关实质性专业工作的联合体成员，其相应的专业业绩不作为核定联合体业绩的评审依据和考核内容。

(3) 联合体各方应当签订共同投标协议，明确约定各方应当承担的工作和责任，并将共同投标协议连同投标文件一并提交招标人。

(4) 联合体各方必须指定牵头人，授权其代表所有联合体成员负责投标和合同实施阶段的主办、协调工作，并在投标截止时间前向招标人提交由所有联合体成员法定代表人签署的授权书。

(5) 联合体投标，应当以联合体各方或者联合体中牵头人的名义交纳投标保证金。以联合体中牵头人名义交纳的投标保证金，对联合体各成员具有约束力。

(6) 招标进行资格预审的，联合体各方应当在资格预审时向招标人提出组成联合体的申请。在资格预审时未提出联合体申请的投标人，不得在资格预审完成后组成联合体投标。

(7) 联合体各方签订联合体协议后，不得在同一招标项目中以自己名义单独投标或者再参加其他联合体投标。否则，以自己名义单独提交的投标文件或者其他联合体提交的投标文件均无效。

(8) 资格预审后或者提交投标文件截止时间后，不得增减、替换联合体成员，否则招标人应当拒绝其投标文件或者作无效处理。

(9) 联合体中标后，联合体各方应当与招标人共同签订合同，就中标建设工程向招标人承担连带责任。

(10) 招标人不得强制投标人组成联合体共同投标，不得限制投标人之间的竞争。

投标人发生合并、分立、破产等重大变化时，应当及时书面告知招标人。投标人不再满足资格预审文件、招标文件规定的资格条件或者其投标影响招标公平竞争的，其投标无效。

禁止投标人相互串通投标。有下列情形之一的，属于投标人相互串通投标：

(1) 投标人之间协商投标报价等投标文件的实质性内容。

(2) 投标人之间约定中标人。

(3) 投标人之间约定部分投标人放弃投标或者中标。

(4) 属于同一集团、协会、商会等组织成员的投标人按照该组织要求协同投标。

(5) 投标人之间为谋取中标或者排斥特定投标人所采取的其他联合行动。

有下列情形之一的，视为投标人相互串通投标：

(1) 不同投标人的投标文件由同一单位或者个人编制。

(2) 不同投标人委托同一单位或者个人办理投标事宜。

(3) 不同投标人的投标文件载明的项目管理成员为同一人。

(4) 不同投标人的投标文件异常一致或者投标报价呈规律性差异。

(5) 不同投标人的投标文件相互混装。

(6) 不同投标人的投标保证金从同一单位或者个人的账户转出。

禁止招标人与投标人串通投标。有下列情形之一的，属于招标人与投标人串通投标：

(1) 招标人在开标前开启投标文件并将有关信息泄露给其他投标人。

(2) 招标人直接或者间接向投标人泄露标底、评标委员会成员等信息。

(3) 招标人明示或者暗示投标人压低或者抬高投标报价。

(4) 招标人授意投标人撤换、修改投标文件。

(5) 招标人明示或者暗示投标人为特定投标人中标提供方便。

(6) 招标人与投标人为谋求特定投标人中标所采取的其他串通行为。

投标人不得以低于成本的报价投标，也不得通过使用受让或者租借等方式获取的资格、资质证书以他人名义投标。

投标人不得弄虚作假，骗取中标，有下列情形之一的，属于弄虚作假行为：

(1) 使用伪造、变造的许可证件。

(2) 提供虚假的财务状况或者业绩。

(3) 提供虚假的项目负责人或者主要技术人员简历、劳动关系证明。

(4) 提供虚假的信用状况。

(5) 其他弄虚作假的行为。

提交资格预审申请文件的申请人应当遵守本规定有关投标人的规定。

投标人应当按照招标文件中分包相关要求，如实提供分包商名称、资质资格、业绩等内容。

3）开标

开标应当在招标文件确定提交投标文件截止时间的同一时间公开进行，开标地点在招标文件中预先确定。

招标人因自身客观原因需要修改开标时间或开标地点的，应当以书面形式及时通知所有招标文件的收受人，并将相关原因记录在案。

在投标截止时提交投标文件的投标人少于 3 个时，招标人不得开标，应当研究原因后重新招标。

开标应当在招标人派出人员的监督下进行，由招标人或招标代理机构主持，并按照以下程序进行：

(1) 投标人或者其推选的代表与监督人共同检查投标文件的密封情况。

(2) 招标人或者招标代理机构工作人员在开标现场当众拆封在投标文件截止时间前收到的所有投标文件。

(3) 招标人或者委托招标代理机构工作人员应当按照招标文件的要求当众宣读投标人名称、投标价格和投标文件的其他主要内容，设有标底的应当公开标底内容。

(4) 招标人或者委托招标代理机构应当在开标现场制作开标记录，记载开标时间、地点、参与人、唱标内容等情况，由参加开标的招标人、投标人和监督人共同签字确认。

招标人应当邀请所有投标人参加开标会议。除招标文件另有规定，投标人有权决定是否派代表参加开标会议的，投标人未派代表参加开标会议的，视其默认开标结果。

投标人对开标有异议的，应当在开标现场提出，由招标人当场作出答复，并做好记录。

为了技术评标不受报价的影响，对部分招标项目，招标人可以在招标文件中预先明确采用“二次开标”。

(1) 招标人首先开启不带商务报价的技术投标文件，按照招标文件规定的标准和办法对技术投标文件进行评定，评定出符合标准的投标人进入第二次开标。

(2) 第二次开标，招标人按照招标文件规定的程序，开启首次开标中经技术评审合格投标人的商务报价。根据招标文件规定的评审标准和办法，按照商务报价得分或者综合评价得分的高低，列出中标候选人顺序。

4）评标

评标由依法组建的评标委员会负责。

评标委员会由招标人的代表和有关技术、经济等方面的专家组成，成员人数为 5 人及以上单数，其中中国石化建设工程评标专家库中的专家不得少于评委成员总数的三分之二。

评标委员会成员一般应当在评标前 1~3 个工作日内从中国石化建设工程评标专家库相关专业的总部级评标专家和资深评标专家名单中以随机抽取的方式确定，任何单位和个人不得以明示、暗示等任何方式指定或者变相指定参加评标委员会的专家成员。

评标委员会成员名单在中标结果确定前应当保密。

评标委员会成员与投标人有利害关系的，应当更换。

评标委员会设负责人的，其负责人由评标委员会成员推举产生或者由招标人确定。评标委员会负责人与评标委员会的其他成员具有同等表决权。

招标人应当采取必要措施，保证评标在严格保密的情况下进行。任何单位和个人不得非法干预、影响评标的过程和结果。

评标开始前，招标人应当核对评标专家身份，确保现场评委与在招标投标信息系统中产生的评委名单相一致。

招标人应当向评标委员会提供评标所必需的信息和数据，但不得明示或者暗示其倾向或者排斥特定投标人。

招标人可以在评标时设置项目负责人面试环节，由评标委员会按照招标文件中相关要求和标准进行面试。

招标人应当根据工程规模和技术复杂程度等确定合理的评标时间。超过二分之一的评标委员会成员认为评标时间不够时，招标人应当适当延长。

评标过程中，评标委员会成员有回避事由、擅离职守或者因健康等原因不能继续评标的，应当及时按照原来确定评标委员会成员的方式进行更换。被更换的评标委员会成员作出的评审结论无效，由更换的评标委员会成员重新进行评审，已形成评标报告的，应当作相应修改。

评标委员会成员应当遵循公平、公正、科学、择优的原则，按照招标文件规定的评标标准和方法，客观、公正地对投标文件提出评审意见。招标文件没有规定的评标标准和方法不得作为评标依据。

评标委员会成员不得与任何投标人或者与招标结果有利害关系的人进行私下接触，不得收受投标人、中介人、其他利害关系人的财物或者其他好处，不得向招标人征询其确定中标人的意向，不得接受任何单位或者个人明示或者暗示提出的倾向或者排斥特定投标人的要求，不得有其他不客观、不公正履行职务的行为。

招标项目设有标底的，仅作为评标的参考，不得以投标报价是否接近标底作为中标条件，也不得以投标报价超过标底上下浮动范围作为否决投标的条件。

评标委员会成员和与评标活动有关的工作人员不得透露对投标文件的评审和比较、中标候选人的推荐情况以及与评标有关的其他情况。

与评标活动有关的工作人员，是指评标委员会成员以外的因参与评标监督工作或者评标事务性工作而知悉有关评标情况的所有人员。

评标委员会否决不合格投标后，有效投标不足 3 个的，评标委员会应继续评审。经评审后认为明显缺乏竞争性的，评标委员会可以否决全部投标。

投标文件中有含义不明确的内容、明显文字或者计算错误，评标委员会认为需要投标人作出必要澄清、说明或者补正的，应当书面通知该投标人。投标人的澄清、说明或者补正应当采用书面形式，并不得超出投标文件的范围或者改变投标文件的实质性内容。

评标委员会不得暗示或者诱导投标人作出澄清、说明或者补正，不得接受投标人主动提出的澄清、说明。

按规定调整后的报价经投标人确认方可产生约束力。投标文件中未列出的价格和优惠条件在评标时不予考虑。

有下列情形之一的，评标委员会评审后应当否决其投标：

(1) 投标文件未经投标人盖章和单位负责人签字。

(2) 投标联合体没有提交共同投标协议。

(3) 投标人不符合国家或者招标文件规定的资格条件。

(4) 同一投标人提交两个及以上不同的投标文件或者投标报价，但招标文件要求提交备选投标的除外。

(5) 投标报价低于成本或者高于招标文件设定的最高投标限价。

(6) 投标文件没有响应招标文件的实质性要求和条件。

(7) 投标人有串通投标、弄虚作假、行贿等违法行为。

(8) 投标人资格条件不符合国家有关规定和招标文件要求的。

(9) 投标人拒不按照招标文件和评标要求对投标文件涉及评标的内容进行澄清、说明或者补正的。

(10) 国家法律法规和本规定要求的其他应当否决投标的情况。

评标委员会应当根据招标文件，审查并逐项列出投标文件的全部投标偏差。投标偏差分重大偏差和细微偏差。

下列情况属于重大偏差：

(1) 没有按照招标文件要求提供投标担保或者所提供的投标担保有瑕疵。

(2) 投标文件载明的招标项目完成期限超过招标文件规定的期限。

(3) 明显不符合技术规格、技术标准的要求。

(4) 投标文件附有招标人不能接受的条件。

(5) 不符合招标文件中规定的其他实质性要求。

投标文件有上述情形之一的，为未能对招标文件作出实质性响应，评标委员会应当否决投标。招标文件对重大偏差另有规定的，从其规定。

细微偏差是指投标文件在实质上响应招标文件要求，但在个别地方存在遗漏信息或者提供了不完整的信息等情况，并且补正这些遗漏或者不完整信息不会对其他投标人造成不公平的结果。细微偏差不影响投标文件的有效性。

评标委员会应当书面要求存在细微偏差的投标人在评标结束前予以补正。拒不补正的，在详细评审时可以对细微偏差作不利于该投标人的量化评价，量化标准应当在招标文件中规定。

评标委员会完成评标后，应当向招标人提交书面评标报告和中标候选人名单。中标候选人应当不超过3个，并标明排列顺序。

评标报告应当由评标委员会全体成员签字。对评标结果有不同意见的评标委员会成员应当以书面形式说明其不同意见和理由，评标报告应当注明该不同意见。评标委员会成员拒绝在评标报告上签字又不书面说明其不同意见和理由的，视为同意评标结果，评标委员会应当对此作出书面说明并记录在案。

必须招标的项目首次招标时，若投标人少于3个或者所有投标被否决的，招标人在分析招标失败原因后，应当重新招标。

5）中标

招标人应当在收到书面评标报告之日起3日内在电子交易平台上公示中标候选人，公示期不得少于3日。

投标人或者其他利害关系人对评标结果有异议的，应当在中标候选人公示期间提出，并由招标人自收到异议之日起3日内作出答复；作出答复前，应当暂停招标投标活动。

公示期间没有异议、异议不成立、没有投诉或者投诉处理后未发现问题的，招标人应当根据评标委员会的书面评标报告，在中标候选人中确定中标人。异议成立或者投诉发现问题的，应当及时更正；存在重新进行资格预审、重新招标、重新评标情形的，按照《中国石化建设工程招标投标管理规定》处理。

招标人不得在评标委员会推荐的中标候选人之外确定中标人，应当确定排名第一的中标候选人为中标人。若排名第一的中标候选人放弃中标、因不可抗力不能履行合同、不按照招标文件要求交纳履约保证金，或者被有关部门查实存在影响中标结果的违法行为等情形，不符合中标条件的，招标人可以按照评标委员会提出的中标候选人名单排序依次确定其他中标候选人为中标人，也可以重新招标。

若中标候选人的经营、财务状况发生较大变化或者存在违法行为，招标人认为可能影响其履约能力的，应当在发出中标通知书前由原评标委员会按照招标文件规定的标准和方法审查确认。

招标人确定中标人后，在电子交易平台公布中标结果，同时向中标人发出中标通知书，并向所有未中标人发出中标结果通知书。

招标人不得向中标人提出压低报价、增加工作量、缩短工期或其他违背中标人意愿的要求，以此作为发出中标通知书和签订合同的条件。

必须招标的项目的招标投标活动违反国家法律法规，对中标结果造成实质性影响，且不能采取补救措施予以纠正的，其招标、评标、中标视为无效，应当重新招标或者评标。

6）签订合同

招标人与中标人应当自中标通知书发出之日起30日内，订立书面合同。合同的标的、价款、质量、履行期限等主要条款应当与招标文件和中标人的投标文件内容一致。招标人与中标人不得再行订立背离合同实质性内容的其他协议。

招标人最迟应当在书面合同签订后5日内向中标人和未中标人退还投标保证金。

中标通知书对招标人和中标人具有法律效力。中标通知书发出后，若中标人无正当理由放弃中标项目或拒绝签订合同，投标保证金不予退还。招标人改变中标结果或拒绝签订合同，应当按照缔约过失赔偿投标人的损失，也可以约定以投标保证金的相同金额赔偿投标人。

招标文件要求中标人交纳履约保证金的，中标人应当按要求交纳。履约保证金不得超过中标合同金额的10%。

中标人应当按照合同约定履行义务，完成中标建设工程。中标人不得向他人转让中标建设工程，以及将中标建设工程肢解后分别向他人转让。

招标人可以按照招标文件约定直接招标选择分包项目承包商，并纳入总承包商范围，但不得随意为总承包商直接指定分包。

招标人或者其委托的招标代理机构应当妥善保管招标过程中的文件资料，备查，保存期为建设工程竣工验收后10年以上。

招标人可以在签订合同时，依据招标文件和中标人的投标文件，与中标人约定分包商。

招标过程文件资料主要包括：

(1) 工程采购方案及批复文件。

(2) 资格预审公告，资格预审文件及其澄清、补充文件。

(3) 资格预审申请文件及其澄清、补充文件。

(4) 资格预审报告、资格预审结果通知书。

(5) 招标公告或投标邀请书。

(6) 招标文件及其澄清、补充文件。

(7) 开标记录、开标签到表和投标文件接收记录表。

(8) 投标文件及其澄清、补充文件。

(9) 评标委员会成员名单及签到表、评标委员会声明书。

(10) 评委打分表、评审澄清答疑文件和评标报告。

(11) 标底、最高投标限价及其支持文件。

(12) 中标通知书、中标结果通知书。

(13) 其他需要说明的事项。

三、管理职责及权利和义务

1. 中国石化建设工程招标管理委员会的主要职责

(1) 贯彻执行国家有关招标投标法律法规和政策规定。

(2) 制定中国石化建设工程招标投标管理规定等管理制度。

(3) 监督、指导招标办工作，维护国家利益和招标人、投标人的合法权益。

(4) 处理中国石化建设工程招标投标活动中的违规行为，裁决有异议的中标结果。

(5) 总结、交流招标投标工作经验。

2. 招标办的主要职责

(1) 贯彻执行国家有关招标投标法律法规和政策规定。

(2) 贯彻执行中国石化建设工程招标投标相关管理制度，负责建设工程中招标投标活动的监督、管理。

(3) 审批建设工程招标范围、招标组织形式和招标方式。

(4) 建立中国石化建设工程市场诚信体系和招标投标管理信息系统，对中国石化评标专家库和资源库进行监督、管理。

(5) 负责中国石化建设工程交易中心的监督、检查和指导。

(6) 负责中国石化建设工程招标投标活动的业务监督、检查、指导，组织经验交流和人员培训等工作。

(7) 受理中国石化建设工程招标投标活动的有关投诉，查处违规行为。

(8) 负责对口联系国家招标投标监管部门，协调与有关省、市行政管理部门的相关事宜。

3. 招标人的权利及义务

(1) 认真贯彻落实国家的法律法规和政策规定，严格执行中国石化建设工程招标投标管理规定和有关制度。

(2) 接受招标办的监督、检查和管理。

(3) 按照本规定组织建设工程招标。

(4) 法律法规赋予的其他权利和应承担的其他义务。

4. 中国石化集团招标有限公司的权利和义务

(1) 严格执行国家有关招标投标法律法规和政策规定。

(2) 根据招标人的委托，在其资质许可范围内从事相应的建设工程招标代理业务。

(3) 维护国家、中国石化和相关方的整体利益，按照本规定组织招标。

(4) 负责中国石化评标专家库和中国石化建设工程交易中心的日常维护、管理工作。

(5) 法律法规规定的其他权利和义务。

5. 投标人的权利和义务

(1) 遵守国家的法律法规及本规定，接受招标办的监督、管理。

(2) 参加投标活动、自主确定投标方案和投标报价。

(3) 要求招标人提供编制投标文件所必需的相关资料。

(4) 要求招标人对其提供的招标文件及相关资料中的问题进行解答。

(5) 提供本单位资质证明文件及技术力量、业绩等基本情况资料。

(6) 按照招标文件的要求提交投标保证金。

(7) 中标后与招标人签订合同。

(8) 依法享有国家法律、法规赋予的其他权利和义务。

四、招标分类管理

(一) 工程采购招标管理

工程采购，是指针对工程项目和大检修项目中的工程和服务，采购人按照规定的方式和形式，择优选定各类承包商的活动，包括工程分包发包活动。

(二) 承包商准入及管理

承包商包括参与中国石化工程建设项目、大检修项目的工程总承包、施工、勘察、设计、监理、评估、项目管理、检测监测、工程造价、招标代理等活动的单位。

1. 承包商管理原则

(1) 统一管理、自愿申请。中国石化通过明确各方职责，制定评价规则，设置考核模型，建立中国石化建设工程市场诚信体系(以下简称"诚信体系")，对承包商实行统一管理。各企业不再设置其他形式的诚信考核体系。承包商通过登录中国石化电子招标投标交易平台(以下简称"电子交易平台")，自愿申请加入中国石化建设工程招标投标管理信息系统投标人库(以下简称"投标人库")，接受诚信考核管理。

(2) 动态考核、客观评价。诚信考核由多方主体参与，按照规定程序和标准，对承包商行为进行客观、真实评价和动态考核，在信息系统中及时发布考核结果，并应用于工程采购活动。承包商分为承担工程建设的总承包商和咨询、勘察、设计、施工、监理、检测以及检维修等活动的承包商和服务商。集团公司对承包商实行准入制度，并建立统一的承包商资源库。

2. 承包商入库管理

(1) 注册、申报。承包商登录电子交易平台(http://ebidding.sinopec.com)，按要求进行注册。注册成功后，按照要求填报以下信息：

国家政府部门颁发的营业执照或事业单位法人证书；

组织机构代码证、税务登记证；

国家有关部门颁发的资质、资格证书；

法定代表人身份证明，申报责任人的授权委托书、身份证明、社保证明；

单位名称、组织机构代码证变更信息；

单位资信证明；

单位奖惩证明、业绩证明；

质量管理体系认证证书、HSE体系认证证书、环境管理体系认证证书及职业健康安全管理体系认证证书；

单位领导成员、组织机构及管理人员信息；

职业人员信息、资格证明、业绩证明；

投标人库要求填报的其他信息与证明文件。

(2) 符合性审查。中国石化工程部依照程序对上述承包商提交的基本信息资料的格式进行符合性审查。

(3) 网上公示。通过资料审查的承包商信息将在电子交易平台上进行网上公示，公示期为5天。公示期内无异议的，加入投标人库。

(4) 承包商入库异议。

网上公示期间、入库以后发现承包商格式符合性、资料真实性存在问题的单位，可以提出异议。以个人名义提出的异议，不予受理。提出异议应当提供书面材料及相关证据，并加盖单位公章，可以通过电子邮件、传真、寄送方式送达工程部。

工程部受理异议后进行核实处理。核实情况期间，承包商入库程序照常进行。经核实后，对于格式符合性存在问题的单位，将退回申报资料并按要求修改。对于审查资料真实性存在问题的单位，处于公示期间的将终止入库程序；已经入库的将被清除出投标人库，并对相关单位、个人依照《中国石化建设工程市场诚信体系管理办法》进行处理。对于故意捏造事实、恶意提出异议的单位，依照《中国石化建设工程市场诚信体系管理办法》进行处理。

（5）行贿犯罪档案查询。工程部将已加入投标人库的承包商名单定期、定批报给检察机关，通过“全国行贿犯罪档案查询系统”对承包商行贿犯罪情况进行查询，并依据监察局廉洁诚信相关规定进行处理。

（6）信息修改。承包商信息发生变化时应及时进行修改，其中需要资料审查的，应当履行符合性审查与网上公示程序。

3. 承包商诚信考核管理

（1）诚信考核内容包括承包商基本情况、参与工程采购活动情况、合同履约情况等。

（2）诚信考核依据为承包商申报的信息、国家及地方政府相关监督部门作出的行政处罚决定、总部相关部门的检查考核结果及处理意见、建设单位和总承包单位的检查考核结果等。

（3）诚信考核标准、模型依据《中国石化建设工程市场诚信评价细则》。

（4）将诚信考核结果最终量化为诚信分数，由工程管理信息系统按照考核标准、模型自动计算得分。诚信分数采用百分制。

（5）诚信分数在信息系统网站上公布，并在投标人库信息中予以记录。

（三）物资招标管理

1. 供应商管理

1）供应商搜寻

（1）敞开供应服务大门，供应商自愿申请参与中国石化物资采购活动。

（2）根据中国石化物资采购需求，在全球范围内主动搜寻优秀供应商，邀请其参与中国石化物资采购活动。

2）资格审查

（1）针对中国石化生产装置高温高压、易燃易爆、连续生产的特点，依据生产建设本质安全的要求，按照物资类别或品种制定资格审查标准并对供应商进行资格审查。

（2）资格审查内容包括资质审核和现场审查，审查合格结果3年内有效。对资格审查合格的供应商根据采购需求进行抽查复核，对违约处理后恢复交易资格的供应商要重新进行审查：

资质审核是对供应商与中国石化进行交易的相关资质进行审核，主要包括但不限于供应商的营业执照、组织机构代码证、税务登记证、HSE体系认证、质量体系认证等；

现场审查是对供应商相关供应服务能力进行的现场符合性审查，主要包括但不限于供应商的基本资质、生产能力、质量保证体系、售后服务体系等；

按照“谁审查、谁负责”的原则，审查单位和人员对审查结果真实性负责；

按照中国石化物料分类与代码，对资格审查合格的供应商，赋予相应许可供应物资品种目录。

3）动态量化考评

（1）建立供应商动态量化考评机制，对供应商资质、履约、综合等方面进行动态量化考评，采购决策中应用动态量化考评结果。

(2) 在中国石化交易活动中，因抢险救灾、紧急保供、国产化攻关、标准化建设、绿色低碳、小订单响应、易派客平台使用等方面有突出贡献的，按照标准进行加分。

(3) 在中国石化交易活动中，因诚信不佳、扰乱采购秩序、不公平竞争等方面造成不良影响的，按照标准进行扣分。

4) 分级管理

(1) 根据供应商动态量化考评结果，按照物资类别或品种计算资质、履约、综合三个方面的总分，评定供应商星级。

(2) 根据星级评定结果，按照物资类别或品种，定期对供应商星级级别进行动态调整。

5) 警示与违约处理

(1) 警示。

在产品制造、监造、出厂、物流、验收等阶段，发现供应商的产品质量、交货、服务、资料交付等方面存在问题时，及时发出工作警示函，督促其限期整改。

(2) 违约处理。

根据供应商在与中国石化交易活动中存在的产品质量、交货、服务、廉洁从业、法律等方面的违约行为，视情节轻重，给予通报降级、暂停交易资格一年、取消交易资格等处理。

2. 物资招标要求和流程

物资，是指集团公司各单位生产建设所需的各类物资(除原油)。

物资的招标采购管理由总部物资装备部负责。中国石化总部机关各部门、各企业事业单位、集团公司各分(子)公司对中国石化生产建设所需物资及相关物流、监造和检测等服务采购招标时应严格执行《中国石化物资采购招标投标管理规定》。

1) 物资采购招标应具备以下条件：

(1) 招标人已经依法成立。

(2) 应当履行项目审批、核准或者备案手续的已审批、核准或者备案。

(3) 有相应资金或者资金来源已经落实。

(4) 能够提出物资的使用与技术要求。

(5) 工程项目需要提前采购的物资已完成提前采购审批。

2) 招标组织形式

总部集中招标，由中国石化国际事业有限公司(以下简称“国际事业公司”)统一组织实施：

单项金额超过50万元的招标项目，实行总部集中招标；

企业自行招标的，由企业自行组织实施，主要为总部集中招标范围以外的项目；

总部集中招标项目委托其他招标机构招标的，须经集团公司物资装备部批准。

3) 招标管控方式

(1) 统一管理制度。集团公司物资装备部组织制定中国石化统一的物资采购招标管理制度，并由各单位严格按照统一的管理制度要求开展物资采购招标工作。

(2) 统一操作流程。集团公司物资装备部组织制定中国石化统一的物资采购招标操作流程，将流程固化在招标操作平台中，并由各单位严格按照统一的操作流程操作物资采购招标业务。

(3) 统一招标文件。集团公司物资装备部组织制定中国石化统一的物资采购招标文件模板，将模板固化在招标操作平台中，并由各单位严格按照统一的招标文件模板开展物资采购招标业务。

(4) 统一评标办法。集团公司物资装备部组织制定中国石化统一的物资采购招标评标办法模板，将模板固化在招标操作平台中，并由各单位严格按照模板编制评标办法，开展物资采购招标业务。

(5) 统一评标专家库。集团公司物资装备部组织建立统一的中国石化物资采购招标评标专家库(以下简称“评标专家库”)，并负责组织评标专家库的统一管理和考核，由各单位统一从评标专家库中抽取评标专家。

(6) 统一操作平台。集团公司物资装备部会同信息化管理部组织建设中国石化统一的物资采购电子招标平台，并由各单位在平台上严格操作招标业务。

3. 招标其他有关要求

1) 划分合同包的基本原则

建设工程项目所需的各种物资应按实际需求时间分成几个阶段进行招标。每次招标时，可依据物资的性质只发一个合同包或分成几个合同包同时招标。投标的基本单位是包，投标人可以投一个或其中的几个包，但不能仅投一个包中的某几项，而且必须包括物资全部规格和数量供应的报价。

招标货物需要划分标包的，由招标人合理划分标包，确定各标包的交货期，并在招标文件中如实载明。

招标人允许中标人对非主体货物进行分包的，应当在招标文件中载明。

划分采购标和包的原则是，有利于吸引较多的投标人参加竞争以达到降低货物价格、保证供货时间和质量的目的，考虑的主要因素包括：

(1) 有利于投标竞争。按照标的物预计金额的大小，恰当地分标和分包。若一个包划分过大，中小供货商无力承担；反之，划分过小对有实力的供货商又缺少吸引力。

(2) 工程进度与供货时间的关系。分阶段招标的计划应以到货时间满足施工进度计划为条件，综合考虑制造周期、运输、仓储能力等因素。既不能延误施工，也不应过早到货，以免支出过多保管费用及占用建设资金。

(3) 市场供应情况。项目建设需要大量材料和设备，应合理预计市场价格的浮动影响，合理分阶段、分批采购。

(4) 资金计划。考虑建设资金的到位计划和周转计划，合理地进行分次采购招标。

2) 掌握设备/材料信息，优选供货厂家

准确掌握设备/材料质量、价格、供货能力等信息，优选供货厂家，以确保工程质量，降低工程造价。订货时，采购方应要求厂家提供质量保证文件，以表明提供的货物完全符合质量要求。质量保证文件的内容主要包括：供货总说明；产品合格证及技术说明书；质量检验证明；检测与试验者的资质证明；不合格品或质量问题处理的说明及证明；有关图纸及技术资料等。

第六节　合同管理

一、管理程序

(一) 合同的概念

按照国家及集团公司相关规定，本节所称合同是指集团公司以及各企业事业单位和分(子)公司(以下统称“企业”)与自然人、法人或其他组织之间设立、变更、终止民事权利义务关系而订立的协议，包括合同书、具有法律约束力的其他法律文件(框架协议、备忘录、意向书、传真、数据电文等)以及即时清结的口头协议。

(二) 合同管理业务流程

1. 重大合同和一般合同

1）重大合同

公司总部机关各职能部门主办或委托企业办理，以公司或企业名义订立的投资类、融资类、担保类、知识产权类、不动产类等合同为重大合同。重大合同包括：

(1) 有较强法律约束力的战略合作协议。

(2) 石油、天然气等自然资源合作勘探开发合同。

(3) 长期股权投资、境内外合资合作等合同。

(4) 长期贷款合同、担保合同(由财务公司办理的、公司系统内企业之间的借贷或担保合同除外)。

(5) 涉及专利权、商标权、著作权、商业秘密等知识产权引进、许可、转让、合资等合同。

(6) 不动产买卖、土地使用权取得及处置合同。

(7) 根据公司内控制度权限指引，须由公司主管领导审批，并由公司总部机关部门主办的其他合同。

2）一般合同

一般合同指除重大合同以外的其他合同。公司总部机关和企业的业务主办部门负责其职责和权限范围内的一般合同管理。一般合同包括：

(1) 买卖合同。

(2) 短期贷款合同。

(3) 供用电、水、气、热力合同。

(4) 租赁合同。

(5) 承揽合同。

(6) 运输合同。

(7) 技术合作开发、委托开发、咨询、服务合同。

(8) 仓储合同。

(9) 保管合同。

(10) 建设工程合同。

2. 一般合同管理业务流程

1) 合同准备

(1) 合同主办部门应当在本部门职责范围和权限内根据生产经营计划、预算或签报等订立一般合同。合同经办人应在办理合同前及时将合同签约依据信息及与合同相关的项目信息录入合同管理信息系统。

(2) 对拟签订的一般合同，合同主办部门应合理选择合同相对人，并认真调查合同相对人的主体资格、资质、资信情况及履约能力等，必要时可组织进行尽职调查。公司已经建立合同相对人市场准入制度的，合同主办部门应当选取获得准入资格的合同相对人。合同经办人或合同管理员应在签订合同前及时将合同相对人的信息录入合同管理信息系统并定期进行维护更新。

(3) 合同主办部门负责向合同相对人提出全面、明确、具体的合同经济、技术条件与要求。公司招标投标管理制度对合同订立有其他规定的，合同主办部门应执行招标投标管理制度的相关规定。

(4) 合同主办部门负责回应合同相对人提出的合同经济、技术条件与要求。

(5) 合同主办部门负责与合同相对人就一般合同的经济、技术条件与要求进行沟通、谈判直至达成一致。

(6) 对较为复杂的一般合同，应由合同主办部门牵头组织成立由经济、技术、法律等人员组成的合同谈判小组，负责合同谈判。

(7) 合同谈判涉及我方专有技术或其他商业秘密等权利的，合同主办部门在谈判前应要求相对人与我方签订保密协议。我方相关人员在合同谈判过程中知悉相对人的专有技术和其他商业秘密时，应当做好保密工作。

(8) 合同各方在谈判过程中互致的信件、传真、电传、电子数据交换和电子邮件等资料，是确认各方权利、义务的重要凭证，合同主办部门经办人应负责收集、整理、保管和保密。

(9) 对于内容简单、法律风险低的一般合同，可以不组织合同谈判小组进行谈判。合同主办部门可以在合理资信调查基础上直接进入合同订立阶段。

(10) 合同经办人应按照要求在合同管理信息系统合同准备页面填写并提交合同要素信息。

2) 文本选择

(1) 合同经办人负责发起合同审核审批流程，并在合同管理信息系统中上传合同附件、生成合同文本、设置合同履行提示信息。

(2) 签订一般合同时，合同主办部门应按下列顺序选择使用合同文本：

法律部发布的标准合同示范文本；

法律部批准企业发布的标准合同示范文本；

行业标准合同示范文本；

合同各方共同起草的文本或第三方文本；

合同相对人起草的合同文本。

(3) 合同文本要做到标的明确，内容合法可行，主要条款完备，权利、义务明确，违约责任具体，文字表达准确。

3) 文本审查

(1) 签订合同前，应以会签形式履行合同经济、技术、法律审核手续。

(2) 企业应根据合同的性质、种类、关联程度等确定合同审核会签部门及批准权限，并在合同管理信息系统中配置相应的流程和权限。合同主办部门进行内部审查后，按照相关流程提交送审。

(3) 审核会签部门根据职责分工审查相关条款，并提交审核意见。

(4) 负责经济审核的部门应重点审核合同相对人的信用情况，以及标的数量、价格、交付方式、付款方式等商务内容。

(5) 负责技术审核的部门应重点审核合同及附件中的技术、质量、安全、环保等内容。

(6) 完成经济、技术审核后，由合同管理员对拟签订合同的交易结构、权利义务安排等内容进行法律审核。法律审核的内容主要包括合法性、严密性和完整性。

(7) 审核会签部门有不同意见的，合同主办部门应主动与审核会签部门协商，并取得一致意见；无法取得一致意见时，应列出各方理由，按规定权限报批。

(8) 法律部门审核合同时，应明确表达同意、保留或否定的法律意见。对于所审核的合同有修改意见的，应当以适当形式与合同主办部门进行沟通。未能达成一致意见的，法律部门应出具书面法律意见。

4) 合同审批

(1) 合同主办部门在履行审核会签程序后，应按照本单位合同审批和签署权限指引规定，将拟签合同文本及相关资料分级报批。

(2) 合同文本完成审批后，方可对外签订。

5) 合同打印

合同文本在合同管理信息系统中完成审批后，由合同主办部门或法律部门负责打印拟签合同文本和《合同会签审查审批表》。

6) 合同授权

(1) 对外签订合同，除法定代表人和符合制度、内控权限指引规定的人员，签约人应办理内部授权手续。

(2) 合同主办部门应按照授权委托相关制度办理对外签订合同的授权事项，并及时反馈被授权人的行权情况。

7) 合同签订

对外签订合同，由法定代表人或被授权人在合同文本上亲笔(电子)签名。

8) 合同用章

(1) 除公司领导签订重大合同或合同相对人要求对等加盖行政印章的合同可加盖行政

印章，对外签订合同应一律加盖合同签约主体的合同专用章。禁止用部门印章等其他印章代替合同专用章。内部单位之间的合同可使用电子合同专用章。

（2）合同经主办部门审查、会签部门审核、权限领导审批、法定代表人或授权签约人签订后，方可加盖合同专用章或行政印章。

（3）合同主办部门到法律部门加盖合同专用章时，应提交《合同会签审查审批表》等资料。

（4）合同盖章后，合同管理员或经办人应及时在合同管理信息系统合同盖章备案页面填写并提交合同盖章相关信息，完成盖章备案操作。

（5）合同经双方签字盖章后，合同经办人应及时在合同管理信息系统签署备案页面填写并提交合同签署相关信息，上传合同签字盖章页扫描件，完成签署备案工作。

（6）法律法规规定应当办理批准、登记等手续方能生效的合同，合同主办部门应当积极协调相关部门办理相应手续。

9）合同履行

（1）合同生效后，合同主办部门应认真组织履行合同，按照合同约定行使权利、履行义务，并注意行使法定权利。

（2）合同主办部门及其他相关部门应履行相应审核程序，控制合同履行风险。合同履行过程中出现问题时，合同主办部门应及时通报法律部门。

（3）合同履行过程中需要变更、转让或终止(不包含合同债务已经按照约定履行的情形，下同)合同的，双方应签订书面协议。合同主办部门应当在合同管理信息系统中提出申请，按程序办理审核审批手续。

（4）按合同约定需要变更、转让或终止合同的，合同主办部门应当书面通知合同相对人，说明理由，并按照规定程序签订书面协议。

（5）合同相对人提出变更、转让或终止合同的，合同主办部门应要求合同相对人以书面方式提出，并经双方协商同意后签订书面协议。因此造成我方经济损失的，合同主办部门应向合同相对人以书面形式提出索赔。

（6）不得以口头形式改变合同权利或义务，对因没有书面证据而造成我方经济损失的，责任人应按所造成的后果及责任大小，承担相应的责任。

（7）合同相对人违约的，合同主办部门应按合同条款约定或法律规定追究对方违约责任。在不影响我方权益的前提下，应当要求合同相对人继续履行合同义务。

（8）合同主办部门在向合同相对人发出或签收、确认改变合同权利、义务的书面凭证前，应当事先经过法律审核程序。

（9）合同发生变更、转让后，合同经办人应在合同管理信息系统中填写并提交合同变更、转让信息，上传书面协议签字盖章页扫描件，完成变更、转让备案操作。

（10）合同履行完毕后，合同经办人应根据合同实际履行情况，在合同管理信息系统中进行履行完毕操作。

10）合同终结

（1）合同按约定履行完毕、按约定条件解除、转让或达到法定终止条件的，合同主办部门应收集、整理合同签订、履行等相关资料，进行合同评价或总结，办理合同终结手续。

（2）合同终结后，合同经办人应在合同管理信息系统中提交相对人后评价、合同完毕情况说明，完成合同履行终结和电子归档操作。

（3）合同经办人应当按照档案管理规定将上年度终结的合同及相关资料、合同归档清单等纸质资料移交档案管理部门。履行期限较长(一般指两年以上)的合同，当双方主要权利与义务履行完毕后，可移交档案管理部门。合同经办人应在合同管理信息系统中提交纸质资料移交清单，完成纸质归档操作。

11）争议处理

（1）合同履行过程中或合同终结后发生争议的，合同主办部门应及时进行处理，并向法律部门通报。

（2）合同履行过程中或合同终结后发生纠纷的，应按照公司法律纠纷管理制度执行。

（3）合同诉讼或仲裁处理过程中，应按照法律纠纷证据管理制度的要求收集、管理、提供证据，未经法律部门同意，任何部门和个人不得对外提供与案件有关的证据材料，不得向合同相对人作出实质性答复或承诺。

（4）合同履行过程中、合同终结前发生纠纷的，合同经办人应及时在合同管理信息系统中填写并提交发案信息，完成发案管理操作。

3. 重大合同管理内容与方法

（1）对拟签订的重大合同，合同主办部门应根据需要牵头组织经济、技术、法律等人员开展尽职调查。法律尽职调查范围应当包括合同相对人的主体资格、组织文件，土地、房屋、知识产权等资产权属情况，重要交易合同和诉讼、担保等有关事项，以及环境保护、税务、劳动关系状况等。

（2）合同主办部门应根据需要牵头组织由经济、技术、法律等人员组成的合同谈判小组，拟定谈判方案，制定谈判策略，确定全面、明确、具体的合同经济、技术条件与要求，经批准后实施：

双方在谈判过程中互致的信件、传真、电传、电子数据交换和电子邮件等资料，是确认双方权利、义务的重要凭证，合同主办部门经办人应注意收集、整理、保管和保密；

谈判过程中签收、确认或发出的明确权利、义务的书面文件，应事先征求合同谈判小组中专职合同管理员的意见；

谈判小组应做好谈判记录，每次谈判过程中的重要事项应形成谈判备忘录，并由谈判各方签字确认。

（3）法律部门专职合同管理员应全程参与重大合同的谈判、起草和修订，并负责合同文本审核。

（4）合同主办部门在对外签订任何具有法律效力的合同性质的文件前，应严格履行经济、技术、法律审核程序，并根据合同的关联程度确定其他合同审核会签部门。合同审核会签部门一般应包括计划、财务、科技、安全环保、法律等相关部门。

(5) 合同主办部门可采取专题会议形式进行经济、技术、法律审核。采取专题会议审核形式的，合同主办部门应就各部门提出的意见形成会议纪要。

(6) 合同主办部门组织完成重大合同的经济、技术和法律审核，并与合同相对人就合同文本条款达成一致后，由合同经办人将合同文本及相关资料提交到合同管理信息系统中，交各合同审核会签部门进行审核会签。各会签部门应在合同主办部门提交材料齐全后5个工作日内完成会签工作。

(7) 企业受公司委托承办重大合同具体事项的，在向总部机关合同主办部门报送项目申请文件时，应附项目主合同以及本单位法律部门出具的初审法律意见书。法律部在承办单位法律部门出具的法律意见的基础上进行法律审核。

(8) 公司委托企业签订重大合同时，企业应为合同签约人，并向法律部申请办理重大合同签订特别授权手续。

(9) 合同生效后，合同主办部门应当组织合同谈判小组向合同履行具体执行人进行合同书面交底，明确合同风险控制点及防范、控制风险措施。企业经授权具体承办的重大合同，应在公司总部相关职能部门指导下，由企业合同主办部门组织本单位财务、人事和法律等部门共同做好交割工作。

(10) 重大合同管理中的其他事项，适用一般合同管理业务流程中的相关规定。

二、储气库地面建设合同管理的其他要求

(1) 合同管理部门在核实立项计划及投资后，按储气库地面建设项目招标文件中标通知书签订合同，凡无计划、资金未落实或未按规定进行招标的项目不签订合同。

(2) 项目承包单位按程序办理签订手续。建设工程项目、勘察设计项目的承包方须持中标通知书在规定的时间内到合同管理部门办理合同签订手续，其他工程合同的签订须根据有关单位会签的委托书办理合同签订手续。

(3) 合同管理部门在合同洽谈前必须对承建单位资质等级、经营、注册资金、法人授权委托书、代理人代理权限等进行复核，如有与审查结果不符或有违反国家规定的，不得签订合同。

(4) 除合同内容涉及国家秘密及企业核心商业秘密并经法律部门核准，合同办理一律应在合同管理信息系统中操作。

(5) 合同办理应按照本办法规定的流程执行。发生下列特殊情形的，合同主办部门可在采取紧急措施后30日内按本规定完成合同审核、审批、签署手续：

发生安全生产事故，需要立即采取抢险抢修措施的；

发生自然灾害事故，需要立即采取抢险措施的；

发生机械设备故障导致停工停产，需要立即采取抢修措施的；

其他生产经营过程中急需采取措施的。

三、储气库地面建设合同示范文本

1. 示范文本的编制

集团公司法律部负责统一组织编制、发布和推广使用各类标准合同示范文本，建立和维护合同标准文本库，供各企业使用。企业法律部门可根据本企业实际情况，在法律部发布的标准合同示范文本的基础上，开发本企业的标准合同示范文本，报法律部批准后使用。合同主办部门应根据合同签订及履行中遇到的问题，及时对标准合同示范文本提出修改意见。

合同文本编制遵循以下原则：

（1）法律规定与项目实际相适应。合同条款将公司的生产经营实践和业务流程加以规范，使合同文本更加符合项目实际需要。

（2）通用性与针对性相统一。示范文本既满足共性需要，又尽可能增加合同针对性条款约定。

（3）原则性与操作性相结合。文本的通用条款一经确定，不应随意更改。需要特殊约定的个性条款，可根据项目实际情况进行细化。

（4）示范文本主要由合同文本及相关附件构成，使用中应注意文本的完整性和一致性。

（5）示范文本中关于词语定义的内容可根据实际情况添加。地区公司合同管理部门可根据需要组织对示范文本进行细化，并报集团公司/集团公司法律部备案。

涉及储气库地面建设的示范文本有建设工程勘察合同、建设工程设计合同、建设工程委托监理合同、建设工程施工合同等。

2. 地面建设标准合同文本(示范文本)

地面建设标准合同(示范文本)主要包括：

（1）建设工程勘察合同。

（2）建设工程设计合同(包括协议条款、合同条件、安全生产、环境保护合同、非煤矿山外包工程安全生产管理协议)。

（3）建设工程施工合同(包括协议条款、合同条件、安全生产、环境保护合同、工程质量保修协议书和工程安全生产管理协议)。

（4）委托监理合同(包括协议条款、合同条件、安全生产、环境保护合同、非煤矿山外包工程安全生产管理协议)。

（5）买卖合同。

第七节　开工管理

开工管理是工程开工建设的关键性工作，是工程建设质量、安全、进度、投资等管理和控制目标顺利实现的基础。建设单位在工程开工前应确定项目实施计划及保证措施；落实选商及合同订立；完善工程施工现场的“三通一平”(水通、电通、路通、场地平整)及外部保障条件；组织相关交底工作和施工图会审；落实物资采购相关工作；确立 HSE 的目标并形成管理体系；核查参建各方责任主体开工准备情况并落实工作职责；及时进行工程质量监督申报注册；完成各项开工准备工作后及时办理开工手续。

一、工程开工前准备工作

建设单位应进一步明确项目管理机构的职责，并在投资计划下达后至工程开工前做好以下准备工作。

（一）制订项目管理实施计划及保证措施

按照建设项目总体部署的内容及要求，结合工程建设实际特点，进一步调整和完善相关内容，落实各项管理指标实现的条件，制订项目实施计划及保证措施。

（1）明确质量、工期、投资以及安全、环保、工业卫生等控制指标，并制定和落实相应的措施。

（2）结合项目特点，制订合理的建设工期及施工图交付计划、物资采购计划和资金需求计划等，各项计划要与工程建设进度相衔接，保证总体目标的实现，并制定保证工期的主要措施。

（3）明确质量方针和目标，以及保证设计、施工、监理、物资采购、试运投产、生产准备等质量的主要措施。

（4）以批准的初步设计概算为依据，制定投资控制目标，编制各部门、各项工作、各工程项目和各单项工程的投资控制措施。

（5）落实水、电、交通、征地及拆迁等外部保证条件完成情况，以及国家对劳动、技术监督、环保、安全、消防等规定。

（二）选商及合同订立

建设单位应按照中国石油化工集团有限公司相关管理规定，完成选商。根据《中国石油化工股份有限公司合同管理办法》，完成合同签订。

（三）三通一平

工程开工前，建设单位或委托施工单位完成施工现场临时供电、供水等相关工作，保证施工现场临时道路畅通，施工场地平整，达到“三通一平”的要求。施工单位搭建各种临时保障设施等，要符合安全文明施工的相关管理规定。暂设(生活区、材料库、办公区)等临时用地，应向建设单位土地管理部门申请审批办理。

（四）工程交底

工程开工前，建设单位应组织勘察设计单位、监理单位、施工单位以及质量监督部门进行各方工作交底，及时明确有关工程程序和要求。

1. 建设单位交底

建设单位应及时组织召开交底会议，各参建单位项目负责人组织本单位技术、质量、安全、信息管理等主要岗位负责人参加，由建设单位介绍工程情况、明确工作目标、划分工作界限、制定工作流程、确定工作内容、提出工作要求，相关单位应按照建设单位要求，落实相关工作。

2. 监理首次工地会议

建设单位组织召开首次监理工地会议，明确授权范围。监理单位应按照建设工程监理规范、工程建设质量验收规范和强制性标准条文，严格履行监理合同，依据工程施工工程承包合同进行合同监理，明确在施工阶段全过程对质量、进度、投资、安全文明施工等方面的控制内容，协调建设单位、承包单位之间与建设工程合同有关方面之间的联系活动，明确专业分工、落实工作责任、制定工作标准、采取有效措施，确保实现本工程的质量、进度、投资、安全等各方面的工作目标。

3. 设计交底

建设单位应组织勘察设计单位向施工、监理、检测等参建单位进行设计交底。由设计单位对施工图设计意图、设计内容、技术要求、HSE 专篇及注意事项进行说明和解释，由设计单位整理设计交底纪要。

(五) 施工图会审

建设单位应组织项目的设计、监理、检测等单位的有关人员在开工前进行施工图会审。

(1) 施工图会审分专业会审和综合会审。专业会审应注意明确设计意图，详细查对图纸细节，找出问题并做好记录。综合会审在专业会审的基础上进行，是各专业之间的综合协调会审，重点是解决各专业施工图设计的交叉配合问题。会审组织单位与设计单位及有关专业人员协商后，确定处理意见，形成会审纪要。

(2) 各参建单位应结合现场施工技术条件，审查实现设计意图的可行性，并与设计单位就施工图设计文件中存在的疑问和问题达成一致意见，由施工单位整理图纸会审纪要和记录，并在会签后下发。

(3) 施工图会审应对消防、安全环保、职业卫生等设计内容进行审查。

(六) 物资采购

建设单位应及时组织上报物资采购计划，经物资管理部门审批后安排采购。采购工作按照《中国石化物资采购供应资源管理办法》相关规定执行。

(1) 工程所需物资采购应严格执行相关管理办法，不得擅自采购非准入产品，如需要采购非准入产品，必须按有关规定报批。

(2) 物资采购等都要依法签订合同，按合同规定确保供货质量、价格和供货期。合同签订后物资采购部门要及时将合同信息反馈给项目经理部。

(3) 采购的物资必须满足工程设计的技术要求，必要时签订补充技术协议。在物资采购时不得擅自调整和修改工程设计的相关技术要求。

(4) 项目经理部要在物资进场时，组织监理、施工、物资供应等相关单位人员进行物资入场验收，不符合物资采购合同和有关规范标准的物资不能通过验收，不允许未经验收和不合格的产品进入工程现场。

(5) 项目经理部应组织对采购物资的规格、数量和技术条件进行审查，各类采购物资数量应控制在初步设计批复范围内。如系统工艺方案、主要设备选型发生重大变化，应上报原初步设计审批部门核实批准。

(七) HSE 管理

工程开工前，应确立 HSE 的目标和要求，形成项目的 HSE 管理体系。签订 HSE 合同，完成 HSE 培训工作，施工区域及临时暂设应满足 HSE 相关要求。

(八)施工单位开工准备

开工前，建设单位应对施工单位的开工准备情况进行审查(表2-19)，并重点审查以下几个方面工作：

(1) 施工单位施工组织设计编制完成，并履行审批程序。对于危险性较大的工程，必须编制专项施工方案，并组织专家审查。

(2) 施工单位配备的施工管理人员、特殊作业人员的资质和数量以及设备机具是否与投标文件、合同及批准的《施工组织设计》相符，若发生变化应报建设单位或授权项目经理部批准后方能实施。

(3) 施工单位针对工程可能出现的紧急情况编制应急预案，应急预案应报监理单位和项目经理部备案。

表2-19　施工单位开工条件审查项目

序号	审查内容	审查要求
1	工作策划文件编制情况	(1)施工管理制度健全。 (2)施工组织设计审批完成
2	人员准备情况	(1)项目经理和其他主要施工管理人员已进场。 (2)管理人员资质符合施工合同规定。 (3)组织机构健全，人员分工明确。 (4)施工操作人员已进场，特种作业人员资质符合国家规定，工种和人员数量满足初步施工需要
3	机具准备情况	(1)主要施工机具已进场，性能良好，能够满足初步施工需要。 (2)检测工具检定手续齐全
4	材料准备情况	(1)主要材料已订货，部分材料已到货，满足连续施工需要。 (2)材料质量符合要求
5	环境条件准备情况	(1)控制测量已完成。 (2)营地已建立，并通过验收。 (3)“三通一平”已完成
6	其他情况	(1)施工合同已签订。 (2)建设单位对人员的考核、培训已完成。 (3)设计交底和图纸会审已完成。 (4)单位工程施工组织设计已由建设单位代表签认。 (5)施工单位现场质量、安全生产管理体系已建立

(九) 监理单位开工准备

开工前，建设单位应对监理单位的开工准备情况进行重点审查(表2-20)。

(1) 监理规划编制完成并履行审批程序。

(2) 现场监理人员的数量、专业和设备配备必须满足工程建设需要，并符合国家监理规范的规定。

表 2-20 监理单位开工条件审查项目

序号	审查内容	审查要求
1	工作策划文件编制情况	(1)监理工作制度齐全。 (2)监理规划审批完成
2	人员准备情况	(1)项目总监和其他主要监理人员已进场。 (2)监理人员资质符合监理合同规定。 (3)组织机构健全，人员分工明确
3	机具准备情况	(1)主要检测工具齐全。 (2)检测工具检定手续齐全
4	环境条件准备情况	(1)营地已建立。 (2)通信设施齐全。 (3)监理内部培训已完成
5	其他情况	(1)监理合同已签订。 (2)建设单位对监理人员的考核、培训已完成

(十) 检测单位开工准备

建设单位要在工程开工前审查检测单位的开工准备工作，重点审查以下两方面内容：

(1) 检测方案编制完成并履行审批程序。

(2) 现场检测人员的数量、专业和设备配备必须满足工程建设需要，并符合国家相关规范和标准的规定。

(十一) 工程质量监督申报注册

建设单位在办理开工报告前，到监督机构办理监督注册手续，填写《工程质量监督注册申请书》，提交各项资料，经验审合格后，办理《工程质量监督注册证书》。

二、开工报告的办理条件及要求

(一) 开工报告办理条件

建设单位在完成开工前各项准备工作后，具备开工条件时，应及时向上级建设主管部门申请办理工程开工报告。开工报告的审批，必须具备以下条件：

(1) 项目初步设计及概算已经批复。

(2) 工程的安全评价及环境影响评价已经批复。

(3) 项目投资已经下达。

(4) 已办理工程征(用)地、管道走向许可和供电、供水等相关协议，已办理消防建审手续。

(5) 建设单位与施工单位(或 EPC 总承包单位)、监理和检测等单位已签订工程施工(或 EPC 总承包)、监理、检测合同及 HSE 合同。

(6) 施工单位、监理单位已按程序成立项目经理部和项目监理部，人员具有相应的资质，专业人员配置满足项目需要。

(7) 已办理工程质量监督注册手续。

(8) 完成施工图图纸会审和设计交底，施工图发放满足开工需要。

(9) 已经制定、落实建设项目实施总体部署、施工组织设计、质量保证计划、监理规划；工程施工、监理等参建单位进驻现场，施工机具运抵现场。

(10) 已全部落实健康、安全、环境作业计划书、指导书等各项开工措施。

(11) 工程物资已经进场，并经检验合格，数量能够满足连续施工的要求。

(12) 施工现场实现水、电、路畅通，场地平整，达到“三通一平”的要求。

(13) 满足法律法规规定的其他条件。

(二) 开工报告的要求

(1) 开工报告由建设单位编制，报上级建设主管部门审批备案。

(2) 工程开工前，须办理开工报告，批复后三个月未开工的应申请延期，延期以两次为限，每次不超过三个月。在建工程因故中止施工的，建设单位应自中止施工之日起一个月内向上级建设主管部门报告，中止施工满一年的工程在恢复施工前，须重新办理开工报告。

第八节 HSE 管理

对项目建设过程的健康、安全与环境三个要素的管理，称为项目 HSE 管理。项目 HSE 管理工作与项目前期同步启动，持续到项目建设完成。

一、HSE 管理目的

(1) 建设工程健康、安全管理的目的。

在生产活动中，职业健康、安全生产的管理活动，对影响生产的具体因素进行状态控制，使生产因素中的不安全行为和状态尽可能减少或消除，且不引发事故，以保证生产活动中人员的健康和安全。对于建设工程项目，职业健康、安全管理的目的是防止和尽可能减少生产事故、保护产品生产者的健康与安全、保障人民群众的生命和财产免受损失；控制影响或可能影响工作场所内的员工或其他工作人员；访问者或任何其他人员的健康、安全条件和因素，应避免因管理不当对在组织控制下工作的人员健康和安全造成危害。

(2) 建设工程环境管理的目的。

环境保护是我国的一项基本国策。环境管理的目的是保护生态环境，使社会的经济发展与人类的生存环境相协调。对于建设工程项目，环境保护主要指保护和改善施工现场的环境，企业应当遵照国家和地方的相关法律法规以及行业和企业自身要求，采取措施控制施工现场的各种粉尘、废水、废气、固体废弃物以及噪声、震动对环境的污染和危害，并且要注意节约资源和避免资源浪费。

二、HSE 管理体系要素

HSE 管理体系由十项要素构成：

(1) 领导承诺、方针、目标和责任。

(2) 组织机构、职责、资源和文件控制。

(3) 风险评价和隐患治理。

(4) 承包商和供应商管理。

(5) 装置(设施)设计和建设。

(6) 运行和维修。

(7) 变更管理和应急管理。

(8) 检查和监督。

(9) 事故处理和预防。

(10) 审核、评审和持续改进。

这十项要素之间紧密相关、相互渗透，以确保体系的系统性、统一性和规范性。公司应建立遵守国家有关 HSE 方面的法律法规和标准的程序。公司适用的法律法规和标准应是现行有效的版本，应将其具体要求传达给公司全体员工和相关方。

企业是公司 HSE 管理体系实施的主体，经理(局长、厂长)是 HSE 的最高管理者，按照本标准要求，应设立管理者代表和 HSE 管理体系的组织机构，组建 HSE 管理委员会及 HSE 管理部门，明确责任并落实 HSE 责任。在开展 HSE 现状调查分析的基础上，编制出简洁明确、通俗适用的 HSE 管理体系实施程序，重点制定 HSE 目标、HSE 职责、HSE 表现、HSE 业绩考核和奖惩制度，认真开展各层次的 HSE 培训。该程序应及时经企业最高管理者批准发布并正式投入运行，实行年度 HSE 业绩报告制度，通过审核、评审，实现持续改进，不断提高 HSE 管理水平。

公司在 HSE 管理上应有明确的承诺和形成文件的方针、目标，高层管理者提供资源，通过采用考核和审核的方式，不断改善公司的 HSE 业绩。

各参建单位应依法建立、健全本单位 HSE 生产责任制，组织制定本单位 HSE 生产规章制度和操作规程，履行 HSE 管理职责，并承担相应的管理责任。

建设单位是项目 HSE 责任主体，应按照国家和上级企业有关 HSE 法律法规和规定，配备项目 HSE 管理人员，统一协调、监督参建各方的 HSE 工作。

建设单位不得对勘察、设计、施工、工程监理等单位提出不符合建设工程安全生产法律法规和强制性标准规定的要求，不得压缩合同约定的工期。

建设单位应按合同约定要求参建各方建立并有效运行 HSE 体系，落实 HSE 责任，加强项目全过程危害辨识、评估、控制和应急管理，防范事故发生。

建设单位是建设(工程)项目承包商 HSE 监督管理的责任主体，履行以下主要职责：

(1) 负责制定本单位承包商 HSE 监督管理实施细则。

(2) 明确工程建设、工程技术服务、装置设备检修维修等各类承包商的主管部门及其对承包商的 HSE 监管职责。

(3) 负责本单位承包商 HSE 资格审查、培训、作业过程监督、HSE 绩效评估等工作，及时清退不合格承包商。

(4) 组织对承包商采用的新工艺、新技术、新材料、新设备进行 HSE 评估和审核。

(5) 负责向重大建设(工程)项目派驻监督监理。

(6) 保证建设(工程)项目所需 HSE 投入、工期、施工环境、HSE 监管人员配备等资源。

(7) 参与、配合做好本单位承包商生产安全事故的调查处理工作。

派驻监督监理的建设(工程)项目，监督监理应代表建设单位负责对建设(工程)项目HSE进行监督。

实行总承包的建设(工程)项目，建设单位对总承包单位的HSE负有监管责任，总承包单位对施工现场的HSE负总责。

总承包单位承担分包单位的HSE监管职责，并对分包单位的HSE承担连带责任。

业主项目部根据建设单位的授权范围，代表建设单位承担部分HSE管理职责。

三、HSE方针、目标

HSE方针、目标是公司在HSE管理方面的指导思想和原则，是实现良好的HSE业绩的保证。公司的HSE方针是“安全第一，预防为主；全员动手，综合治理；改善环境，保护健康；科学管理，持续发展”。HSE目标是“追求最大限度不发生事故、不损害人身健康、不破坏环境，创国际一流的HSE业绩”。

公司的HSE方针、目标体现了以下原则，下属企业在制定本企业的HSE方针、目标时应遵照执行：

(1) 公司所有的生产经营活动都应满足HSE管理的各项要求。

(2) 与公司其他方针保持一致，并具有同等重要性。

(3) 能够得到各级组织的贯彻和实施。

(4) 公众易于获得。

(5) 符合或高于相关法律法规的要求。

(6) 当法律法规没有相关规定时，可选用公司内部合适的企业标准。

(7) 尽可能有效地减少公司的业务活动对HSE带来的风险和危害。

(8) 通过定期审核和评审，以达到持续改进的目的。

(一) 项目可行性研究及审批备案阶段

项目可行性研究应突出风险分析，对项目建设和运营过程中主要风险因素及其发生概率和影响程度进行定性、定量分析，提出防范风险的对策。

按照有关法律法规要求，建设单位及时做好环境影响评价、安全预评价、水土保持评价、职业病危害预评价、地质灾害危险性评估、节能评估、地震安全性评价、土地复垦方案、使用林地可行性报告、文物调查勘探评估，完成相关的审批、核准、备案手续。

(二) 项目管理机构筹建阶段

业主项目部成立且管理模式选定后，应确定HSE管理机构、岗位、人员、职责，建立健全HSE管理工作制度，编写项目管理手册、总体部署，配置HSE管理的相关资源。

建设单位应加强项目风险管理，根据风险控制费用与投资效益配比的原则，将项目风险管理贯穿于项目建设全过程，通过有效的风险管理，实现项目质量、HSE、进度、投资等控制目标最优化和风险管理成本最小化。

建设单位应对项目可行性研究、工程设计、物资采购、工程施工、生产准备、试运行投产、竣工验收等各个阶段进行常态化风险识别及评估，持续分析风险变化趋势，及时提出风险解决方案，实现风险动态循环管理和有效管控。

建设单位应组织参建各方对项目全过程进行风险识别，重点关注设计方案、重大施工、安装作业、试运行投产等主要活动中可能发生的风险事件，形成项目风险清单。

建设单位应依据上级企业风险评估规范，对识别出的风险事件予以定性、定量分析，依据其发生概率和影响程度确定综合排序，形成项目风险评价报告，结合自身风险偏好和承受度，选择风险回避、抑制、自留或转移等合适的风险应对策略，制定针对性风险解决方案，并合理配置资源，确保风险解决方案落到实处。

建设单位根据上级企业有关规定，可通过工程保险转移项目风险，并按合同约定组织参建各方统一办理工程保险。因工程变更等原因，保险期限和范围发生变化的，应及时通知保险公司。

四、HSE 管理的特点

1. 复杂性

建设项目的职业健康安全和环境管理涉及露天作业，受到气候条件、工程地质和水文地质、地理条件和地域资源等不可控因素的影响较大。

2. 多变性

一方面是项目建设现场材料、设备和工具的流动性大；另一方面由于技术进步，项目不断引入新材料、新设备和新工艺，这都加大了相应的管理难度。

3. 协调性

项目建设涉及的工种甚多，并且各工种经常需要交叉或平行作业。

4. 持续性

项目建设一般具有建设周期长的特点，从设计、实施直至投产阶段，诸多工序环环相扣，前一道工序的隐患，可能在后续的工序中暴露，从而酿成安全事故。

五、项目实施阶段 HSE 管理工作

(一) 勘察设计阶段

勘察设计阶段的工作主要有安全设施设计与报审，职业卫生设计与报审，环境保护专篇的编制、审查与备案，消防设计、审核与备案，节能专篇的编制与审查，以及防雷防静电装置的设计等工作。

1. 安全设施设计与报审

《建设项目安全设施“三同时”监督管理办法》(国家安全生产监督管理总局令第 77 号) 于 2015 年 5 月 1 日起施行，《中国石化建设工程项目竣工验收管理规定》(中国石化建〔2011〕619 号) 于 2011 年 7 月 13 日实施。

1) 安全设施设计

进行油气田新建、改建、扩建项目初步设计时，建设单位须委托有相应资质的设计单位对建设项目安全设施同时进行设计，编制安全设施设计。安全设施设计单位、设计人员应当对其编制的设计文件负责。建设项目安全设施设计应当包括以下内容：

(1) 设计依据。

(2) 建设项目概述。

(3) 建设项目涉及的危险、有害因素和危险、有害程度及周边环境安全分析。

(4) 建筑及场地布置。

(5) 重大危险源分析及检测监控。

(6) 安全设施设计采取的防范措施。

(7) 安全生产管理机构设置或者安全生产管理人员配备要求。

(8) 从业人员教育培训要求。

(9) 工艺、技术和设备、设施的先进性和可靠性分析。

(10) 安全设施专项投资概算。

(11) 安全预评价报告中的安全对策及建议采纳情况。

(12) 预期效果以及存在的问题与建议。

(13) 可能出现的事故预防及应急救援措施。

(14) 法律、法规、规章、标准规定需要说明的其他事项。

2) 安全设施设计报审

储气库地面建设项目安全设施设计完成后，建设单位应向相关安全生产监督管理部门提出审查申请，并提交以下资料：

(1) 建设项目审批、核准或者备案的文件。

(2) 建设项目安全设施设计审查申请。

(3) 设计单位的设计证明文件。

(4) 建设项目安全设施设计。

(5) 建设项目安全预评价报告及相关文件资料。

(6) 法律、行政法规、规章规定的其他文件资料。

安全生产监督管理部门收到申请后，对属于本部门职责范围的，应当及时进行审查，并在收到申请后5个工作日内作出受理或者不受理的决定，书面告知申请人；对不属于本部门职责范围内的申请，应当将有关文件资料转送有审查权的安全生产监督管理部门，并书面告知申请人。

对已经受理的建设项目安全设施设计审查申请，安全生产监督管理部门应该自受理之日起20个工作日内作出是否批准的决定，并书面告知申请人；20个工作日内不能作出决定的，经本部门负责人批准，可以延长10个工作日，并应将延长期限的理由书面告知申请人。

3) 安全设施设计审查权限

在县级行政区域内的建设项目，报所在地县级以上安全生产监督管理部门进行审查。

跨两个及两个以上县级行政区域的建设项目，报上一级安全生产监督管理部门进行审查。

跨两个及两个以上地(市)级行政区域的建设项目，报省级安全生产监督管理部门进行审查。

跨省或承担国家级建设项目，报应急管理部进行审查。经安全生产监督管理部门审查后，取得审查批复意见。

2. 职业卫生设计与报审

1）职业病防护设施设计

项目初步设计时，建设单位须委托有相应资质的设计单位进行建设项目安全设施设计，编制职业病防护设施设计专篇。设计单位、设计人员应当对其编制的职业病防护设施设计文件负责。职业病防护设施设计专篇应当包括以下内容：

（1）设计的依据。

（2）建设项目概述。

（3）建设项目产生或者可能产生的职业病危害因素的种类、来源、理化性质、毒理特征、浓度、强度、分布、接触人数及水平、潜在危害性和发生职业病的危险程度分析。

（4）职业病防护设施和有关防控措施及其控制性能。

（5）辅助用室及卫生设施的设置情况。

（6）职业病防治管理措施。

（7）对预评价报告中职业病危害控制措施、防治对策及建议采纳情况的说明。

（8）职业病防护设施投资预算。

（9）可能出现的职业病危害事故的预防及应急措施。

2）职业病防护设施设计评审

建设单位在职业病防护设施设计专篇编制完成后，应当组织有关职业卫生专家，对职业病防护设施设计专篇进行评审。建设单位应当会同设计单位对职业病防护设施设计专篇进行完善，并对其真实性、合法性和实用性负责。

3. 环境保护专篇的编制、审查与备案

1）环境保护专篇

针对开展了环境影响评价并需要配套建设污染防治设施或生态保护设施的建设项目，建设单位须在油气田建设项目初步设计阶段委托有相应资质的设计单位按照环境保护设计规范和经批准的建设项目环境影响报告书(表)编制环境保护专篇，落实防治环境污染和生态破坏的措施以及环境保护设施投资概算，并组织进行设计审查，达到“同时设计”要求。

建设项目环境保护专篇的主要内容包括：

（1）环境保护设计依据。

（2）主要污染源和主要污染物的种类、名称、数量、浓度或强度及排放方式。

（3）采用的环境保护标准。

（4）环境保护工程设施及其简要处理工艺流程、预期效果。

（5）对建设项目引起的生态变化所采取的防范措施。

（6）绿化设计、环境管理机构及定员。

（7）环境监测机构。

（8）环境保护投资概算。

（9）存在的问题及建议。

2）环境保护设计审查与备案

建设单位对建设项目初步设计审查时，应当设立环境保护专业组，对环境保护篇章进行专项审查。对环境影响评价文件技术预审中确定的重大环境敏感项目，集团公司环境保护部可组织对环境保护篇章的专项审查。

政府有备案要求的，建设单位应当组织将环境保护设计及审查意见向负责环评的国家行政主管部门备案。

4. 消防设计、审核与备案

1）消防设计

石油与天然气收集、净化、处理、储运等站场或设施运行介质具有易燃、易爆等特性，且在高温、高压下运行，其新建、改建、扩建项目须按照国家《建设工程消防监督管理规定》(公安部令第106号)及有关标准规范和企业制度规定，在建设项目开工前，必须委托有相应行业资质的设计单位进行消防设计，依据项目可行性研究报告、安全预评价报告审查意见及国家和行业有关标准、规范进行，并向公安机关消防机构申请消防设计审核。

消防设计主要内容包括：综合考虑油气场站建筑总平面布局和平面布置、耐火等级、建筑构造、安全疏散、消防给水、消防电源及配电、消防设施等内容，具体参照《石油天然气工程设计防火规范》(GB 50183—2015)等。

2）消防设计审核

油气田新建、改建、扩建项目范围内的联合站、集中处理站(厂)、集输油(气)站、轻烃站(厂)、计量站，储气库以及长输油(气)管道的首站、末站、中间站等属于生产、储存、装卸易燃易爆危险物品的固定设施，建设单位应当向项目所在地县级以上公安机关消防机构申请消防设计审核(跨行政区域的建设项目，建设单位向项目所在地上一级公安机关消防机构提出消防设计审核申请)。

消防设计审核一般应当提供以下资料(法律规定的特殊情形除外)：

(1) 建设工程消防设计审核申报表。

(2) 建设单位的工商营业执照等合法身份证明文件。

(3) 新建、扩建工程的建设工程规划许可证明文件。

(4) 设计单位资质证明文件。

(5) 消防设计文件。

公安机关消防机构应当自受理消防设计审核申请之日起20日内出具消防设计审核书面批复意见(法律规定的特殊情形除外)。

消防设计需要修改时，建设单位须向出具消防设计审核意见的公安机关消防机构重新申请消防设计审核。

3）消防设计备案

除以上“消防设计审核”内容以外的储气库地面建设项目，建设单位在取得施工许可及工程竣工验收合格之日起7日内，通过省级公安机关消防机构网站的消防设计和竣工验收备案受理系统进行消防设计、竣工验收备案，或者报送纸质备案表，由公安机关消防机构录入消防设计和竣工验收备案受理系统。

被公安机关消防机构确定为抽查对象的备案项目，建设单位在收到备案凭证之日起5日内，按照备案项目要求向公安机关消防机构提供以下材料：

（1）建设工程消防设计审核申报表。

（2）建设单位的工商营业执照等合法身份证明文件。

（3）新建、扩建工程的建设工程规划许可证明文件。

（4）设计单位资质证明文件。

（5）消防设计文件。

依据建设工程消防监督管理规定，公安机关消防机构应当在收到消防设计备案材料之日起30日内，依照消防法规和国家工程建设消防技术标准强制性要求完成图纸检查，或者按照建设工程消防验收评定标准完成工程检查，制作检查记录。检查结果应当在消防设计和竣工验收备案受理系统中公告。公安机关消防机构发现消防设计不合格的，应当在5日内书面通知建设单位改正；已经开始施工的，同时责令其停止施工。

建设单位收到通知后，应当停止施工，将消防设计修改后送公安机关消防机构复查。经复查，对消防设计符合国家工程建设消防技术标准强制性要求的，公安机关消防机构应当出具书面复查意见，告知建设单位恢复施工。

5. 节能专篇的编制与审查

在初步设计阶段，建设单位应委托有相应资格的咨询机构编制节能专篇。

1）节能专篇编制的主要内容

（1）项目概况。

（2）项目所在地能源供应条件。

（3）合理用能标准和标准设计规范。

（4）项目能源消耗种类、数量分析。

（5）能耗指标。

（6）项目节能措施及效果分析。

2）节能专篇审查

节能专篇审查程序同初步设计审查。

6. 防雷防静电装置的设计

1）防雷装置

油气田企业在储气库和油气场、站、库的油罐等生产设施和建筑物、构筑物新建、改建、扩建时，必须按照规定建设、完善防雷防静电设施和装置(包括接闪器、引下线、接地装置、电涌保护器及其连接导体等)，必须符合国家有关防雷标准和国务院气象主管机构规定的使用要求。

（1）设计、施工与监测机构(单位)和人员资质要求。

机构(单位)资质及要求。防雷工程专业设计或者施工资质分为甲、乙、丙三级，由省、自治区、直辖市气象主管机构认定；油气田企业在选择防雷工程专业设计或者施工单位时，须按照防雷工程等级选择相应资质等级的防雷工程专业单位；禁止无资质或者超出资质许可范围的单位承担防雷工程专业设计或者施工。

人员资质要求。从事防雷装置检测、防雷工程专业设计或者施工的专业技术人员，必须取得省级气象主管部门核发的资格证书。

(2) 设计报审。

防雷装置设计完成后，报送当地县级以上地方气象主管机构进行审核，未经审核或者未取得核准文件的设计方案，不得进行施工。

施工中变更和修改设计方案的，须按照原申请程序重新申请审核。

(3) 产品选择。

选择的防雷产品须符合国务院气象主管机构规定的使用要求，经国务院气象主管机构授权的检测机构测试合格，并符合相关要求后投入使用。

2) 防静电装置

按照《油气田防静电接地设计规范》(SY/T 0060—2010)等的要求，油气田爆炸和火灾危险场所须设置防静电接地装置，油品生产和储运设施、操作工具等须采取防静电措施。

(1) 设置防静电接地装置的危险场所。

地上或管沟内敷设的石油与天然气管道的进出装置或设施处、爆炸危险场所的边界、管道泵及其过滤器(缓冲器等)、管道分支以及直线段每隔 200~300m 须设防静电接地装置。

汽车罐车、铁路罐车和装卸场所须设防静电专用接地线。

油品装卸码头须设置与油船跨接的防静电接地装置。

金属导体与防雷接地(不包括独立避雷针防雷接地系统)、电气保护接地(零)、信息系统接地等接地系统相连接时，不设专用的防静电接地装置。

(2) 采取防静电措施的场点。

油品、液化石油气、天然气凝液等装(卸)栈台和码头的管道、设备、建筑物与构筑物的金属构件和铁路钢轨等(做印记保护者除外)，须做电气连接并接地。

泵房门外、储罐上罐扶梯入口处与采样处、装卸作业区内操作平台扶梯入口处及悬梯口处、装置区采样口处、码头出入口处，须设消除人体静电装置。

(二) 招标与合同签订阶段

主要工作包括承包商 HSE 资格审查、招标过程的 HSE 管理以及合同签订过程的 HSE 管理等。

1. 承包商 HSE 资格审查

进入油气田的承包商应进行 HSE 资格审查，HSE 资格审查不合格的承包商禁止参与项目招投标。承包商 HSE 资格审查主要内容包括：

(1) 具有法人资格且取得安全生产许可证。

(2) 按规定设置 HSE 监督管理组织机构，配备专职、兼职 HSE 管理人员。

(3) 建立 HSE 管理体系，有健全的 HSE 规章制度和完备的 HSE 操作规程。

(4) 主要负责人、项目负责人、安全监督管理人员、特种作业人员取得安全资格证书。

(5) 特种作业人员持有效特种作业操作资格证书。

(6) 施工装备、机具配置满足行业标准规定并经检验合格。

(7) HSE 防护设施齐全，工艺符合有关 HSE 法律、法规和规程要求，性能可靠。

(8) 依法为从业人员进行职业健康体检，并参加工伤保险。

(9) 有职业危害防治措施，接触职业危害作业人员“三岗”(上岗前、在岗期间、离岗时)体检有记录，为从业人员配备的劳动防护用品符合国家标准或行业标准。

(10) 有事故应急救援预案、应急救援组织或者应急救援人员，配备必要的应急救援器材和设备。

(11) 近三年安全生产业绩证明，承包商采用新工艺、新技术、新材料、新设备的，还需要提供HSE风险评估报告。

2. 招标过程的HSE管理

(1) 招标管理部门应在招标文件中提出承包商和供应商应遵守的HSE标准与要求、执行的工作标准、人员的专业要求、行为规范及HSE工作目标、项目可能存在的HSE风险，以及列出HSE费用项目清单，HSE费用应满足有关标准规范及现场风险防范的要求。

(2) 依据招标管理规定可不招标的项目，建设单位在谈判阶段应提出上述规定。

(3) 承包商投标文件中应包括施工作业过程中存在风险的初步评估、HSE作业计划书、安全技术措施和应急预案，以及单独列支HSE费用使用计划。

3. 合同签订过程的HSE管理

(1) 建设单位合同承办部门应根据项目的特点，参照集团公司和建设单位安全生产(HSE)合同示范文本，组织制定HSE条款，与承包商签订安全生产(HSE)合同。

(2) 按照有关规定不需要单独签订安全生产(HSE)合同的，在工程服务合同中应具有HSE条款要求。

(3) 安全生产(HSE)合同应与工程服务合同同时谈判、同时报审、同时签订。工程服务合同没有相应的安全生产(HSE)合同或者HSE条款内容的，一律不准签订。

安全生产(HSE)合同中至少应约定以下内容：

工程概况，对项目作业内容、要求及其危害进行基本描述；

建设单位安全生产权利和义务；

承包商安全生产权利和义务；

双方安全生产违约责任与处理；

合同争议的处理；

合同的效力；

其他有关安全生产方面的事宜。

安全生产(HSE)合同签订后，应与相应的工程服务合同同时履行，同级安全管理部门负责监督。

建设单位应当在签订施工合同时，明确施工单位派驻安全监督人员的要求。

未经建设单位同意，承包商不得分包项目。经同意分包的，承包商所选择的分包商应满足相关要求，并将相关资料(如分包商名单、技术资质、分包项目等)提供给建设单位备案，并对分包商的HSE负责。

实行总承包的项目，建设单位应在与总承包单位签订的合同中明确分包单位的HSE资格，分包单位的HSE资格应经建设单位认可；总承包单位在与分包单位签订工程服务合同的同时，应签订安全生产(HSE)合同，约定双方在HSE方面的权利和义务，并报送建设单位备案。

(三) 开工准备阶段

主要工作包括落实安全监督、对承包商进行开工前的 HSE 审查、承包商 HSE 培训以及水土保持补偿费缴纳等。

1. 落实安全监督

安全监督工作从承包商准入审查开始，包括承包商准入、选择、使用、评价等过程，业主项目部根据建设单位的授权范围，确定自身的安全监督职责。

(1) 安全监督，指集团/集团公司及地区公司设立的安全监督机构和配备的安全监督人员(包括聘用其他监督机构中具有安全监督资格的人员)，依据安全生产法律法规、规章制度和标准规范，对地区公司生产建设和经营进行监督与控制的活动。

(2) 对建设(工程)项目中的高危作业、关键作业，建设单位和施工单位都应派驻安全监督人员进行监督。

(3) 中国石油化工集团公司安全生产监督管理制度规定，建设(工程)项目安全监督实行备案制度，国家及上级企业重点建设(工程)项目、重点勘探开发项目、风险探井、深井及超深复杂井施工项目，特殊的、复杂的工艺井和高压、高产、高含硫井施工项目，海上石油建设(工程)项目，建设单位应当在开工前 15 个工作日内，向所属地区公司安全监督机构办理备案手续。

(4) 建设单位应当根据项目规模和风险程度向建设(工程)项目派驻安全监督人员。向所属地区公司安全监督机构办理备案的建设(工程)项目，安全监督人员由地区公司安全监督机构负责派驻。派驻的安全监督人员应当由安全监督机构委派或者从第三方聘用。

(5) 建设单位安全监督人员主要监督下列事项：

审查建设(工程)项目施工、工程监理、工程监督等相关单位资质、人员资格、安全合同、安全生产规章制度建立和安全组织机构设立、安全监管人员配备等情况。

检查建设(工程)项目安全技术措施和 HSE“两书一表”(《HSE 作业指导书》《HSE 作业计划书》《HSE 现场检查表》)、人员安全培训、施工设备和安全设施、技术交底、开工证明和基本安全生产条件、作业环境等情况。

检查现场施工过程中安全技术措施落实、规章制度与操作规程执行、作业许可办理、计划与人员变更等情况。

检查相关单位事故隐患整改、违章行为查处、安全费用使用、安全事故(事件)报告及处理情况。

其他需要监督的内容。

建设(工程)项目相关单位及其人员应当接受建设单位安全监督人员的现场监督，履行各自在建设(工程)项目中的安全生产责任。安全监督人员不代替工程监理、工程监督。

2. 对承包商进行开工前的 HSE 审查

(1) 建设单位项目管理部门应在施工开始前组织对承包商进行开工前的 HSE 审查，确保施工方案中各项措施得到落实。开工前的 HSE 审查是否具备以下基本条件：

按规定编制 HSE 作业计划书并获得建设单位批准。

按规定进行施工方案、关联工艺、作业(岗位)风险、防范措施、应急预案“五交底”。

安全、消防设施及劳动防护用品、施工机具符合国家、行业标准。

开工申请报告已经批准。

作业按要求办理作业票。

作业人员经培训考核合格。

(2) 开工前的HSE审查合格后，建设单位项目管理部门应提供符合规定要求的安全生产条件，对承包商进行安全技术交底或者生产与施工的界面交接，同时提供项目存在的危害和风险、地下工程资料、邻井资料、施工现场及毗邻区域内环境情况等有关资料，并保证资料的真实、准确、完整。

(3) 总承包商应组织分包商、应急救援协作单位等项目相关方召开施工准备HSE交底会议，布置具体的HSE工作要求。

(4) 两个及以上承包商在同一作业区域内进行施工作业，可能危及对方生产安全的，在施工开始前建设单位应组织区域内承包商互相签订安全生产(HSE)合同，明确作业界面和各自的HSE管理职责、采取的安全措施，并指定专职安全监督管理人员进行安全检查与协调。

(5) 施工组织设计(方案)审查见表2-21。

表2-21 施工组织设计(方案)审查

序号	审核项目/内容	结 论
1	资金、劳动力、材料、设备等资源供应计划满足安全生产需要	
2	安全技术措施符合工程建设强制性标准	
3	施工总平面布置符合安全生产及消防要求，办公、宿舍、食堂、道路等临时设施以及排水、排污(废水、废气、废渣)、电气、防火措施不得违背强制性标准要求	
4	施工组织设计由项目负责人主持编制，可根据需要分阶段编制和审批	
5	施工组织总设计由总承包单位技术负责人审批	
6	单位工程施工组织设计由施工单位技术负责人或技术负责人授权的技术人员审批，施工方案由项目技术负责人审批	
7	重点、难点分部(分项)工程和专项工程施工方案由施工单位技术部门组织相关专家评审，施工单位技术负责人批准	
8	由专业承包单位施工的分部(分项)工程或专项工程的施工方案，由专业承包单位技术负责人或技术负责人授权的技术人员审批	
9	有总承包单位时，由总承包单位项目技术负责人核准备案	
10	规模较大的分部(分项)工程和专项工程的施工方案按单位工程施工组织设计进行编制和审批	
11	施工单位安全生产组织机构满足安全生产要求	
12	安全生产管理人员及特种作业人员配备满足要求	
13	安全生产责任制健全	
14	施工现场临时用电、用水方案符合强制性标准要求	
15	冬季、雨季等季节性施工方案符合强制性标准要求	

续表

序号	审核项目/内容	结　论
16	基础、管沟及水池等土方开挖的支撑与防护，高空作业，起重吊装，脚手架拆装，管道、储罐、换热器和塔类等设备试压，拆除，爆破，动火及有限空间(如管道、储罐、塔及其他容器内)作业，用电作业等分部分项工程安全专项施工方案或安全措施符合强制性标准要求	
17	石油化工装置、场站改(扩)建工程的安全防护措施符合有关安全规定	
18	分包单位编制的施工组织设计或(专项)施工方案均由施工单位按规定完成相关审批手续后，报建设(监理)单位审核	
19	已经通过监理单位审批	

3. 承包商 HSE 培训

(1) 建设单位应当在合同中约定，承包商根据建设(工程)项目安全施工的需要，编制有针对性的安全教育培训计划，入厂(场)前对参加项目的所有员工进行有关安全生产法律、法规、规章、标准和建设单位有关规定的培训，重点培训项目执行的规章制度和标准、HSE 作业计划书、安全技术措施和应急预案等内容，并将培训和考试记录报送建设单位备案。

(2) 建设单位应对承包商项目的主要负责人、分管安全生产负责人、安全管理机构负责人进行专项 HSE 培训，考核合格后，方可参与项目施工作业。

(3) 建设单位应对承包商参加项目的所有员工进行入厂(场)施工作业前的 HSE 教育，考核合格后，发给入厂(场)许可证，并为承包商提供相应的 HSE 标准和要求。

(4) 入厂(场)HSE 教育开始前，建设单位应审查承包商参加 HSE 教育人员的职业健康证明和安全生产责任险，合格后才能参加 HSE 教育。

(5) 建设单位对承包商员工离开工作区域 6 个月以上、调整工作岗位、工艺和设备变更、作业环境变化或者承包商采用新工艺、新技术、新材料、新设备的，应要求承包商对其进行专门的 HSE 教育和培训。经建设单位考核合格后，方可上岗作业。

(6) 在“高产、高压、高含硫”三高井、油气站库、油气集输管道及交叉作业等特殊环境和要害场所进行的施工作业项目，承包商应与建设单位一起对作业人员进行专门培训和风险交底，如特定个人防护装备的使用、关键作业的程序和关联工艺等。

(7) 实行总承包的项目，总承包方应对分包方进行 HSE 培训和考核。

(8) 建设单位应对承包商的培训效果进行验证，合格后方可进入施工作业现场。

4. 水土保持补偿费缴纳

在山区、丘陵区、风沙区以及水土保持规划确定的容易发生水土流失的其他区域，开办生产建设项目或者从事其他生产建设活动，损坏水土保持设施、地貌植被，以及不能恢复原有水土保持功能的油气田单位(以下简称“缴纳义务人”)，须按规定缴纳水土保持补偿费。

开办一般性生产建设项目的，缴纳义务人应当在项目开工前一次性缴纳水土保持补偿费。

(四) 施工阶段

施工阶段主要工作包括检查承包商的 HSE 管理体系运行情况、落实作业许可、特种设备登记备案、消防戒备、环境监理以及水土保持监理与检测等。

1. 检查承包商的 HSE 管理体系运行情况

承包商安全管理体系运行情况审查见表 2-22。

表 2-22 承包商安全管理体系运行情况审查

序号	审核项目/内容	结 论
1	现场安全生产规章制度健全(开工前审核一次): (1)安全生产责任制度。 (2)安全生产教育培训制度。 (3)安全生产规章制度。 (4)安全操作规程。 (5)安全生产管理机构	
2	安全生产许可证(开工前审核一次)	
3	项目经理资格(开工前审核一次，如有变动，重新审核)	
4	专职安全生产管理人员资格(开工前审核一次，如有变动，重新审核)	
5	特种作业人员资格	
6	施工机械和设施的安全许可验收手续	
7	“两书一表”、应急预案等应急救援体系文件齐全	
8	应急演练	
9	员工入场安全生产教育	
10	安全技术交底	
11	施工单位是否按照安全生产管理体系文件的规定按期自查整改(安全专项检查)	
12	超过一定规模的危险性较大的分部分项工程施工方案经过专家论证	
13	是否存在违章作业(记录种类和频次，供管理分析用)	
14	管理人员是否尽职	

1) HSE 管理体系运行情况的检查内容

建设单位应对承包商作业过程进行 HSE 监管，建设(工程)项目派驻的 HSE 监督人员和工程监督监理主要监督下列事项：

(1) 审查施工单位人员的资格、安全生产(HSE)合同、HSE 规章制度建立和 HSE 组织机构设立、HSE 监管人员配备等情况。

(2) 检查项目安全技术措施和 HSE“两书一表”，人员 HSE 培训、施工设备、安全设施、技术交底、开工证明和基本安全生产条件、作业环境等情况。

(3) 检查现场施工过程中安全技术措施落实、规章制度与操作规程执行、作业许可办理、计划与人员变更等情况。

(4) 检查有关单位事故隐患整改、违章行为查处、HSE 费用使用、安全事故(事件)报告及处理等情况。

(5) 其他需要监督的内容。

2) 承包商人员、机具、材料等的检查

建设单位项目管理部门应不定期核查承包商现场作业人员，是否与投标文件中承诺的管理人员、技术人员、特种作业人员和关键岗位人员一致，是否按规定持证上岗。检查施工项目中主要施工机具、特种设备、压力容器或 HSE 防护等的完好情况。

3) 承包商管理措施落实情况的检查

(1) 建设单位项目管理部门应根据识别的项目危害因素，对承包商作业过程中采用的工艺、技术、设备、材料等进行 HSE 风险评估。

(2) 对临时用电、高空作业、受限空间作业等安全技术措施和应急预案的落实情况进行监督检查。

(3) 建设单位应检查承包商列入概算的 HSE 费用是否按规定使用、是否专款专用。

(4) 建设单位项目管理部门应与承包商建立信息沟通机制，及时解决生产工作中出现的问题。

4) 其他管理要求和检查情况的处理

(1) 建设单位发现承包商违反有关规定，应及时通知其采取措施予以改正，并现场验证承包商整改情况；发现存在事故隐患无法保证安全，或者危及员工生命安全的紧急情况时，应责令其停止作业或者停工。

(2) 承包方员工进入油气站场、重要生产设施等场所，必须携带相关资质证件到建设单位办理现场“临时出入证”，并接受入站 HSE 教育。临时出入证只限工程项目相关的作业场所使用，有效期限与施工期限同步。

(3) 在日常 HSE 检查、审核中，发现承包商员工不能满足 HSE 作业要求时，应收回临时出入证，并禁止其进入施工作业现场。

(4) 承包商施工队伍进入油气站区必须由站区员工负责引领，未经同意不得进入与施工作业无关的生产区域。

(5) 进入建设单位属地作业时，若承包商员工违反有关文件，则建设单位项目管理部门按照有关规定将其清出施工现场，并收回临时出入证。

(6) 责令停工期间，由建设单位组织承包方开展 HSE 培训，完善安全生产条件，经考核评估合格后，报油气田企业专业主管部门和 HSE 监管部门备案后方可复工。

(7) 责令停工整改期间，承包商不得参加新项目投标。因停工、事故造成的损失及产生的费用，由承包商承担。

(8) 施工单位应根据工程性质、规模和采取的施工工艺，针对工程可能出现的紧急情况编制应急预案，提高应对突发事件的处置能力，最大限度减少事故危害。应急预案应报监理单位和项目经理部备案。

(9) 发生 HSE 事故，建设单位应立即启动事故应急预案，防止事故扩大，避免和减少人员伤亡及财产损失，并按规定及时上报，禁止迟报、瞒报。事故调查处理应按国家有关法律法规和上级企业有关规定执行。

(10) 建设单位项目管理部门在项目结束后，应对承包商 HSE 能力、日常 HSE 工作情况进行综合分析，并将承包商 HSE 绩效的总体评估结果提交承包商主管部门建立档案，作为承包商年度评价的重要依据。

2. 落实作业许可

在油气田企业生产或施工作业区域内，从事工作程序(规程)未涵盖的非常规作业(指临时性的、缺乏程序规定的作业活动)，包括有专门程序规定的高风险作业(如进入受限空间、挖掘、高处作业、吊装、管线打开、临时用电、动火等)，实行作业许可管理，作业前必须办理作业许可证。油气田企业基层单位在属地范围内执行作业许可管理实施细则，并负责现场的属地管理和监督。

3. 特种设备登记备案

特种设备是油气田的重要设备，在使用过程中具有高温、高压、易燃、易爆、易引起中毒等危害特性，依据国家《特种设备安全监察条例》(国务院令第 373 号)及集团公司相关法规、标准、制度等，特种设备在投用前须进行备案登记。

4. 消防戒备

油气田企业在开发、建设活动中，易发生储油罐或液化石油气储罐油气或硫化氢泄漏，存在引发火灾、爆炸、中毒等安全风险，须按照《公安消防部队执勤战斗条令》(公安部 2009)、《中国石化消防安全管理规定》(中国石化安〔2011〕661 号)及油气田企业专职消防队战备管理规范要求，做好现场消防戒备监护工作，建立相应的救援预案。

(五) 试运行投产和竣工验收阶段

这一阶段工作主要包括但不限于应急预案审核、消防设施检测、防雷检测和专项验收等工作。

1. 应急预案审核

建设项目试运行阶段的应急预案是建设项目总体试运行方案的重要组成部分，必须与总体试运行方案一同编制，并按照规定程序一同上报审核备案。

(1) 开展风险识别。

建设项目试运行阶段的关键装置和要害部位是应急管理的重点，需要进行全面风险识别。

(2) 应急预案的编制和审核。

在全面风险识别的基础上，编制和完善各种事故应急预案，并按照相关规定逐级审核。

2. 消防设施检测

储气库地面建设工程完工后，业主项目部或生产单位应委托取得相应资质的检测单位进行消防设施检测，以取得消防设施检测合格证明文件，并存档备查。

消防设施检测范围包括建筑物、构筑物中设置的火灾自动报警系统、自动灭火系统、消火栓系统、防烟排烟系统、应急广播、应急照明、安全疏散设施以及消防供水系统等。

生产建设单位应积极配合做好消防设施检测检查工作，对发现的不符合项，立即组织整改，直至检测合格。

3. 防雷检测

完工前建设单位应委托有资质的防雷检测单位对防雷装置进行检测，并出具检测报告。

4. 专项验收

消防设施、环境保护设施、安全设施、职业病防护设施和水土保持设施等应与主体工程同时设计、同时施工、同时投入使用。

第九节　质量管理

建设单位作为基本建设管理工作的第一责任主体，应建立工程建设项目质量管理体系、完善管理制度、成立质量管理组织机构并明确分工，监督检查相关责任方质量管理体系运行。

一、基本要求

储气库地面建设工程参建各方应严格执行基本建设程序，建立健全质量管理体系，实施全员质量管理，不断提高工程建设质量。工程建设项目的物资采购、承包商选用、招投标管理、合同管理、档案管理等工作，应严格遵守集团公司相关规定，规范运作。建设单位、PMC、EPC、勘察、设计、施工、检测、监理、监造等承包商及有关人员，在工程设计合理使用年限内对工程建设项目质量各负其责。

(1) 建设单位是工程建设项目质量管理的责任主体，对项目的全过程质量负责，建设单位应对各参建单位质量行为进行监督检查。

(2) 物资采购单位和供应商对工程建设项目采购物资的质量负责，对存在质量问题的材料设备负责处理或退换。

(3) 施工总承包单位应对全部建设工程施工质量负责，分包单位应按合同约定的分包工程的质量向总承包单位负责。总承包单位应加强对分包工程的质量管理，对分包单位的工程质量负连带责任。

(4) 操作人员应严格按照设计文件、标准规范、施工方案等要求进行施工作业，施工期间及时开展自检工作。

(5) 需要在施工过程中进行试验、检验或留置试块、试件的，施工单位应按规定及时完成试验、检验、留置试块等工作，并及时进行见证取样。

(6) 未实行监理的工程项目，本章中规定的监理单位质量管理相关工作由建设单位负责。

二、实施前期质量控制

实施前期质量控制，建设单位主要从技术准备、质量准备和生产准备三方面把关。健全项目质量管理体系，对监理单位和施工单位各项准备工作进行严格审查，达到符合开工的基本条件。

(一) 完善总体部署

(1) 项目计划下达后，建设单位要健全质量管理制度，划分岗位职责，明确监理单位授权范围，确定质量管理工作的负责人，配备满足工程需要的标准规范、检测仪器等。

（2）建设单位应根据生产计划编制工程建设实施计划，应在项目建设总体目标的基础上，结合招标文件和合同规定，分解细化施工阶段的各参建单位、工程实体的质量目标。

（3）建设单位应结合工程实际情况，完善质量保证措施。

（二）确定质量目标

（1）建设单位应制定可量化考核的工程建设项目质量目标，并在招标文件和合同中明确。

（2）其他参建单位应根据承包合同制定项目质量目标，并在质量计划中进行明确和细化。

（三）审批施工组织设计及质量计划

（1）建设单位（监理单位）应审批施工单位编制的施工组织设计。施工单位应履行本企业内部规定的施工组织设计编制、审批手续。施工组织设计中应有针对施工难点和关键工序的施工方案，对工序、原材料、设备以及涉及结构安全的试块、试件等制订质量检验计划，确定施工过程中的质量控制点和控制措施，见表2-23。

表2-23 施工组织设计审查要点统计

序号	审查内容
1	施工部署：质量组织机构、质量目标、施工程序、施工里程碑划分、施工重点和难点
2	施工准备和资源配置：技术准备、生产准备、施工设备和机具需用计划、劳动力需用计划
3	主要施工方法与措施：施工方法、施工流程、施工技术措施、季节性技术措施
4	质量保证措施：质量保证组织机构、质量目标、质量控制点和措施、质量通病防治措施、事故处理措施
5	其他管理措施：成品保护措施、地上地下设施防护措施
6	工程验收、交付与保修：工程的验收与交付、服务与保修措施

（2）建设单位应审批施工单位编制的施工质量计划，内容主要包括工程划分、质量管理机构、施工过程检验试验计划、施工质量控制措施等，见表2-24。

表2-24 施工质量计划审查要点统计

序号	审查内容
1	编制依据：合同、招标文件、设计文件、现场条件、法律法规、标准规范
2	工程概况：工程简介、主要施工内容
3	质量目标与工程划分：质量目标、工程划分
4	质量管理机构：质量组织机构、质量职责与权限
5	质量验收标准与检测器具：质量验收标准、质量检测器具
6	材料与设备检验试验计划：原材料检验试验计划、构件与配件检验试验计划、设备检验试验计划
7	施工过程检验试验计划：过程检验试验计划、最终检验试验计划
8	施工质量控制措施：特殊过程控制措施、关键工序控制措施、质量通病控制措施、质量创新措施

(3) 质量计划中工程划分要求：

工程划分是施工管理的基础，应在施工组织设计编制完成前完成，质量计划可直接引用；

单位工程、分部工程划分由建设单位(监理单位)组织完成；

分项工程、检验批划分由施工单位项目技术负责人组织完成，划分时应充分考虑施工合同、设计图纸、相关规范、施工部署等方面的工作要求，划分结果应获得建设单位(监理单位)认可。

(四) 审批专项施工方案

施工方案是项目顺利施工的基础和保障，方案确定的优劣直接影响到现场施工质量。

1. 专项施工方案的编制范围

工程结构特殊、技术复杂、专业性强的分部分项工程或工序，组织施工单位编制专项施工方案并进行审批。

2. 施工方案质量控制重点审查内容

(1) 分析分项工程特征，明确质量目标、验收标准，以及质量控制的重点和难点。

(2) 制定合理的施工技术方案，包括施工方法、施工工艺等。

(3) 合理选用施工机械、机具和临时设施。

(4) 采用的“四新”(新技术、新工艺、新材料、新设备)技术方案。

(5) 环境不利因素对施工质量的影响及其应对措施，如温度、湿度等。

(五) 审批监理规划及监理实施细则

建设单位应审批监理单位申报的监理规划和监理实施细则，监理规划和监理实施细则应结合工程实际内容，明确巡视、平行检验、旁站的部位、检查内容、抽检比例和质量控制要求等，专业性较强的工程建设项目，还应分专业制定监理实施细则，监理规划审查要点见表 2-25，监理实施细则审查要点见表 2-26。

表 2-25 监理规划审查要点

序号	审查内容
1	工程概况：基本情况、工程划分
2	监理工作的范围、内容和目标：监理工作范围、监理工作内容、监理工作目标
3	监理组织形式和岗位职责：组织形式、人员配备和岗位职责
4	监理工作制度
5	工程质量控制：质量目标分解、控制内容、控制措施、控制流程
6	组织协调：会议制度、报审制度、报验制度、旁站(巡检、平行检查)制度
7	监理工作设施：办公设施、交通设施、检测设施、通信设施

表 2-26 监理实施细则审查要点

序号	审查内容
1	专业工程特点：基本情况、质量工作目标、工艺流程、质量控制环节、相关工作条件
2	编制依据：标准、规范、图纸、监理大纲、施工组织设计
3	监理工作要点：根据监理规划列出质量管理常见问题清单
4	监理工作方法及措施：审核施工方案、审核人员资质、审核设备机具性能、施工过程检查、工序验收等

(六) 委托设备监造

(1) 列入集团公司产品驻厂监造目录(表 2-27)的工程建设重要产品和设备，建设单位按照相关规定及时组织驻厂监造。

(2) 监造单位应编制监造计划和监造实施细则，并报建设单位审批。监造计划和监造实施细则应结合生产制造工艺，明确对生产制造过程各阶段的监督检验内容、方法、标准和质量控制指标等。

(3) 建设单位应要求监造单位认真履行监造职责，确保被监造的产品或设备的质量符合标准和采购合同要求，并对监造工作质量进行监督检查。

(4) 监造单位发现质量问题时，应责令被监造单位采取措施进行整改，直至符合质量要求，重大质量问题应及时报告建设单位。

表 2-27 产品驻厂监造目录

序号	内 容
1	催化装置的三(四)机组、增压机组、富气压缩机组、反应器、再生器、外取热器
2	加氢装置的加氢反应器、高压换热器、高压容器、新氢/循环氢压缩机组、加氢进料泵、高压空冷器
3	重整装置的重整反应器、再生器、立式换热器、新氢/循环氢压缩机组；制氢转化炉炉管
4	焦化装置的富气压缩机组、焦炭塔、高压水泵、辐射进料泵
5	乙烯装置的三大压缩机组、裂解炉炉管、冷箱、废热锅炉及重要低温设备；聚丙烯装置的反应器
6	PTA 装置的干燥机、过滤机、主要换热设备、空气压缩机组；聚酯装置的反应器；丙烯腈装置反应器、主要换热设备
7	化肥装置的压缩机组、大型高压设备；气化炉、变换炉
8	空分装置的大型压缩机组、冷箱
9	氯碱装置的聚合釜、压缩机
10	电站锅炉、汽轮发电机组
11	钻机、修井机、大型压裂设备、井控设备、海洋平台
12	油气输送管、油气输送管防腐、油套管(高压气井用、特殊用途的非 API 管材)

(七) 质量监督注册

建设单位在领取开工报告前，应到监督机构办理工程质量监督手续，提交有关资料，质量监督注册办理程序执行《石油天然气建设工程质量监督工作程序》相关规定，未办理监督注册手续的工程建设项目，建设单位不得组织施工。

（八）开工条件检查

（1）工程开工前，承包商应按照投标文件成立项目管理机构，建立质量责任制，按照合同约定配备满足工程需要的管理人员、标准规范、施工机具、设施、检测仪器、设备等。未经建设单位同意，承包商不得随意更换合同中约定的关键岗位，不可替换人员，不得随意减少承诺的其他资源投入。

（2）开工前，建设单位应对承包商资源投入和现场工程质量保证体系建立情况进行监督检查。

（九）其他质量工作

施工准备阶段，建设单位还应完成以下工作：

（1）优选施工、监理、检测队伍。

（2）优选物资供应商，明确物资质量、验收标准。

（3）勘察、设计的质量控制。

（4）加强交桩、控制测量等方面的质量控制，确保工程总体质量受控。

三、实施阶段质量控制

实施阶段质量控制是质量控制的重点和关键环节，建设单位的工作重点是抓好施工过程质量控制，监督检查施工单位和监理单位的履职情况，配合质量监督机构做好停监点和必监点的检查，组织进行工程验收和质量考核。

（一）检查施工单位质量保证体系运行情况

工程施工阶段，建设单位应定期或不定期检查施工单位质量保证体系运行情况，主要检查内容及要求见表2-28。

表2-28　施工单位质量保证体系建立及运行情况检查

序号	检查项目		主要检查内容
1	质量保证体系的建立情况		质量管理组织机构建立及职责分工、项目质量技术管理相关制度及办法（包括施工各阶段质量控制内容）、质量计划等
2	质量保证体系的运行	质量管理人员的履职	施工过程质量检查相关记录
		施工人员和设备的配备	岗前培训记录、特殊工种（电焊工、电工等）岗位资格证书、管理人员（项目经理、质检员、技术人员）岗位资格证书、设备进场验收记录等
		施工交底的执行	技术交底记录、检验批检查验收记录
		现场实体质量	对工程实体进行实测实量、检验批和分项工程检查验收记录
		原材料进场检验	材料进场验收记录、见证取样记录、材料试化验报告
		“三检制”实施	自检记录、互检记录、专检记录
		工序交接的实施	工序交接记录
		成品及半成品保护	成品及半成品保护措施、监督检查记录
		施工技术方案执行	施工技术方案的编制与审批、监督检查记录

1. 检查质量保证体系的运行

项目部是否建立质量管理体系，质量体系各程序和要素是否按照程序文件要求得到有效运行。

2. 检查质量管理人员的履职

项目部质量管理组织机构是否健全，质量管理岗位职责是否清晰、明确，质量管理流程是否合理；在施工过程中，通过检查工程实体质量和项目质量管理资料，验证质量管理人员是否真正履职到位。

3. 检查施工人员和机具的配备

项目施工人员是否进行岗前培训，特殊工种是否持证上岗，施工过程中设备性能是否满足使用要求。

4. 检查施工交底的执行

每道工序施工前，施工单位应组织进行施工交底，由交底人向被交底人说明工作要求和注意事项。施工交底包括安全技术交底和质量技术交底，一般应同时进行。交底人由项目技术人员和安全员担任，被交底人应包括拟参与交底项目施工的全体管理和操作人员，交底人和被交底人应签认交底记录。

5. 检查现场实体质量

通过现场对工程实体质量进行实测实量，检查施工单位是否按照施工图设计文件、标准规范、工艺操作规程进行施工，各分项工程、检验批允许偏差是否在规范允许范围内；施工单位是否存在偷工减料、以次充好，以及擅自修改工程设计的情况。

6. 检查原材料进场验收

施工单位是否严格按照标准规范和质量计划，对原材料、构配件和设备质量进行验收，现场抽样检验的原材料、构配件及有关试块、试件等，是否在建设单位或监理单位的见证下现场取样，原材料抽检结果是否符合要求。

7. 检查“三检制”的实施

施工单位是否严格按照质量管理要求，认真组织“三检制”质量管理，施工班组每道工序都进行自检，在自检合格的基础上再进行互检和专检，形成检查记录。

8. 检查工序交接制度的实施

当上、下两道工序由不同的班组进行施工时，施工单位技术负责人要组织两个班组、质检员和监理工程师进行工序交接，主要检查内容为上道工序的各项技术质量指标，工序的验收应做好记录，交接双方及其他相关方签字确认。

9. 检查成品及半成品的保护

开工前，项目部应识别出易受到损害的工程部位，制定成品及半成品保护措施；操作人员应按照技术交底的要求，执行成品及半成品保护措施。项目管理人员按照岗位职责巡视成品及半成品保护措施执行情况，发现问题并及时处理。

10. 检查施工技术方案的执行

检查施工单位编制的各类技术方案和措施是否齐全，例如，特殊过程控制措施、关键工序控制措施、季节性施工技术措施、危险性较大分项工程技术措施等；各类技术措施是否按照规定报监理单位(建设单位)审批。在分项工程实施过程中，技术方案中的各类保障措施是否得到落实和执行，措施实施效果是否达到预期目标。

(二) 检查监理单位履职情况

监理单位履职情况检查内容见表 2-29。

表 2-29　监理单位履职情况检查内容

序号	检查项目	检查内容
1	材料、设备进场报验	工程材料、构配件、设备报审表、原材料见证取样单
2	人员进场报验	项目管理人员报审表、特殊工种报审表
3	施工机具、计量器具进场报验	施工设备报审表、施工机具报审表、计量器具报审表
4	分包单位管理	分包单位资格报审表
5	检验批、分项、分部工程验收	检验批报验表、分项工程报验表、分部工程报验表
6	隐蔽工程验收	隐蔽工程报验表、隐蔽工程验收记录
7	监理单位旁站监理、平行检验	旁站监理记录、平行检验记录、监理日志、监理通知单
8	质量问题检查及整改	监理通知单、工程暂停令、监理通知回复单、监理日志、监理报告

1. 材料、设备进场报验

(1) 监理单位应对材料进场的报验资料进行审核，并参加重要材料设备的进场验收，保证进场的原材料、设备名称、型号、规格、质量、数量等参数符合设计要求和规范要求。

(2) 监理单位应及时组织对需要见证取样试(化)验的材料进行见证。

2. 人员进场报验

施工合同、施工标准规范等有关规定中对施工人员有业务水平测试要求的，施工单位应及时组织进行，建设单位(监理单位)对施工人员有执业资格要求的，施工单位应及时组织验证，验证合格后，应及时向建设单位(监理单位)报审，获得批准后，方可进行施工作业。

3. 施工机具、计量器具进场报验

(1) 施工单位应对进场的施工机具、计量器具进行报验，报验内容包括种类、型号、规格、数量、性能等，做到保险、限位等安全设施和装置完整，生产(制造)许可证、产品合格证齐全，状况良好。

(2) 需要建设单位、监理单位验收合格后方可使用的施工机具、计量器具，应及时报验；需要到地方政府部门或上级业务主管部门办理使用许可手续的，应及时办理。

4. 分包单位管理

1) 分包单位资质报验

施工单位应将分包工程范围、内容等情况以及分包商的以下资料报监理单位审核：

(1) 营业执照、企业资质等级证书。

(2) 安全生产许可文件、质量体系认证证书。

(3) 类似工程业绩。

(4) 专职管理人员和特种作业人员的资格。

2）分包单位完工审核

分包单位所完成的工作，当需要提请监理单位、建设单位或其他单位审核时，应在分包单位自检合格的基础上进行预审，预审合格后，由总包单位提交。监理单位、建设单位或其他单位对分包单位所完成的工作进行审核时，分包单位和总包单位均应派相关人员配合。

5. 检验批、分项、分部工程验收

(1) 检验批的验收首先经施工单位专业质量(技术)负责人验收合格后，向建设单位、监理单位提出报验申请，需要其他单位参加的应及时通知，检验批的验收由专业(监理)工程师组织。

(2) 分项工程包含的所有检验批验收合格后，由总监理工程师组织施工单位专业质量(技术)负责人进行分项工程验收。

(3) 分部(子分部)工程验收由总监理工程师组织，施工单位项目技术负责人和有关部门技术、质量负责人参加。

6. 隐蔽工程验收

隐蔽工程在隐蔽前先由项目专业质量(技术)负责人组织内部验收，合格后，及时向建设单位、监理单位提出报验申请，由监理单位专业监理工程师组织验收。隐蔽工程是施工过程重点控制的内容和工序，监理工程师要按照设计文件和标准规定严格进行验收，并将验收内容和验收结果记录在隐蔽工程验收记录中。

7. 监理单位旁站监理、平行检验

对于重要工序和关键工序，根据监理大纲、监理规划的要求，在施工过程中监理工程师要进行旁站监理和平行检验，对施工过程的操作工艺、技术参数、施工质量进行严格控制，并详细记载，形成相关记录。

8. 质量问题检查及整改

施工过程中，监理单位发现质量问题后，以通知单的形式，要求施工单位立即进行整改，并对整改过程和整改结果进行检验，形成记录；对于比较严重的质量问题，根据有关规定还要向建设单位和上级有关质量监督部门报告。

(三) 停(必)监点报监

(1) 质量监督部门将涉及结构安全和重要使用功能的工序确定为停监点、必监点后，监理单位和建设单位应予配合检验。

(2) 施工单位按照质量监督部门规定的时限，将停(必)监点报监理单位(建设单位)检查，检验合格后通知质量监督部门进场验证，验证合格后，方可进行后续工作。

(3) 施工单位、监理单位(建设单位)应对质量监督部门提出的质量行为和实体质量问题进行整改，直至符合设计文件和标准规范的要求。

(四) 单位工程验收

施工单位经单位工程检查评定合格后应向建设单位提交验收申请报告，建设单位组织设计单位、监理单位、施工单位(含分包单位)和质量监督部门等进行验收，形成单位工程质量验收记录。

（五）质量评价

建设单位应对参建单位的质量目标完成情况进行评价，内容主要包括质量管理体系、质量管理制度、质量管理机构、施工过程质量控制、质量目标、质量问题处理、质量资料等。

发现有违反工程质量管理规定的行为和工程实体质量问题，应当采取责令改正、暂停施工等措施进行处理，对情节严重造成重大损失的，记录不良质量行为，纳入诚信档案；对违反基本建设管理程序，造成损失的责任方追究违约责任。

（六）质量事故处理

发生质量事故时，现场暂停施工，并采取防止事故扩大的措施；建设单位应按照集团公司规定及时上报，不得迟报、瞒报；质量事故处理应符合集团公司相关规定。

四、试运投产及保修阶段质量控制

（一）试运投产质量控制

（1）项目按照工程合同和设计文件要求内容全部完工，并按照规定程序完成中间交接和联动试车后，建设单位应进行质量验收，确认工程质量是否满足合同要求。

（2）生产运营单位应编制和报批试运投产方案，明确试运程序、工艺技术指标、关键质量控制点、开停车操作要点等。

（3）施工单位负责投产保镖工作，派驻相关的管理人员和操作人员，配置所需的材料、设备、机具等资源。在项目投产开始至72h期间，协助生产单位对工程实体进行监控、维护和维修等。

（二）保修阶段质量控制

工程竣工验收后，建设单位应根据工程建设合同对相关责任方保修履约情况进行检查。

（1）建设工程质量保修期应在承包合同中予以明确，建设工程的保修期自竣工验收合格之日起计算。

（2）建设单位应要求施工单位出具质量保修书，质量保修书应当明确工程项目保修范围、保修期限和保修责任等内容。

（3）工程建设项目在保修范围和保修期间发生的质量问题，建设单位应责令施工单位履行保修义务，分析质量责任，并由责任方承担造成的损失。

（4）施工单位拒绝履行保修义务的，建设单位有权根据施工合同选定其他单位承担保修工作，并扣除相应的保修金。

第十节　工期管理

储气库地面建设工程项目的工期管理任务主要是在确保工程安全和质量的前提下，对整个项目实施阶段的进度计划进行科学管理和控制。项目进度计划应按照总体部署的工期目标、质量目标，统筹考虑设计、物资采购、工程施工、外部环境、资源、资金及风险等各项因素后进行编制，确保实现工期目标。

一、概述

工期管理目标是使工程项目按进度计划达到交接、投产的条件，主要工作内容有编制进度计划、审查进度计划、控制进度等。进度计划包括一级、二级、三级进度计划。多个相互关联的进度计划组成进度计划系统，是项目进度控制的依据。

建设单位不得对勘察、设计、施工、工程监理等单位提出不符合建设工程安全法律、法规和强制性标准的要求，不得任意压缩合同约定的工期。

项目进度计划应实行分级管理。建设工程进度计划可参考图 2-10 进行分级分类。

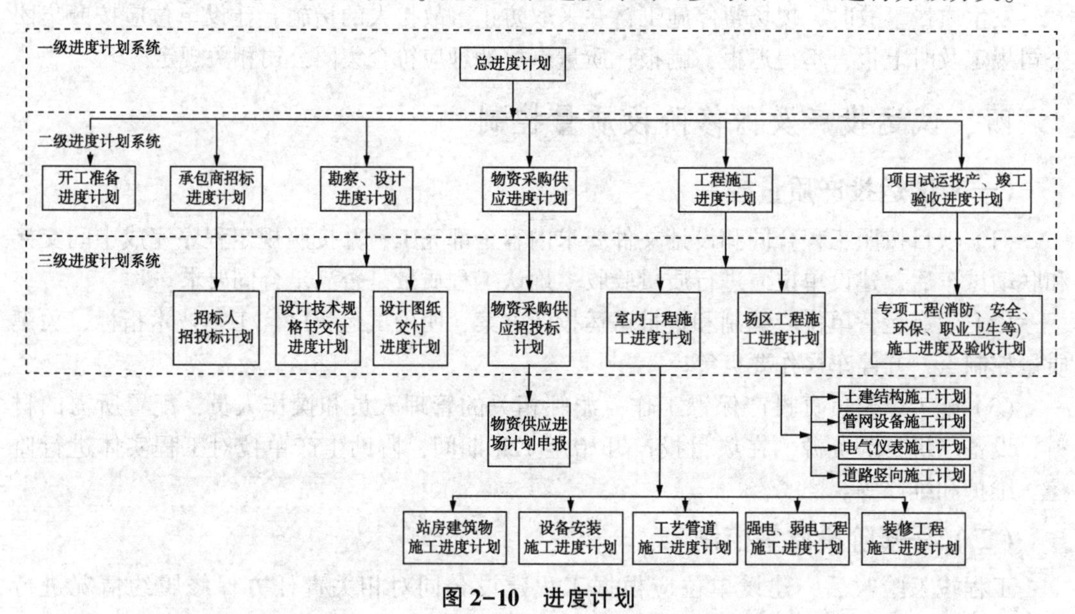

图 2-10 进度计划

(一) 一级进度计划

一级进度计划根据项目总体策划和总体部署确定的建设工期，统筹考虑设计、施工、物资供应等因素，统一安排项目实施阶段的全过程进度计划，保证项目总进度目标的实现。一级进度计划是项目总进度计划，是项目总体(设计、制造、供货、承包商间)协调控制的依据。

建设单位项目经理部根据项目的总体部署与建设单位签订的管理目标工期，结合进度影响因素，进行科学认真分析，确定项目总体进度目标及任务，由建设单位项目经理部经理组织编制，项目经理审核后报建设单位审批后执行。

(二) 二级进度计划

二级进度计划是项目控制进度计划，建设单位项目经理部根据一级进度计划分类编制各阶段进度计划，报建设单位审批后执行。

二级进度计划是三级进度计划编制的依据。

(三) 三级进度计划

三级进度计划是项目具体实施计划，由各承包商和供应商编制，报监理审核后上报建设单位项目经理部审批后执行。

三级进度计划由设计承包商、施工承包商、物资供应商等不同参建方编制的进度计划组成。各承包商必须根据一级、二级进度计划的目标工期进度计划编制三级进度计划。

二、进度计划编制

一级进度计划和二级进度计划由建设单位项目经理部编制，三级进度计划由各承包商编制。进度计划编制方法：一级进度计划和二级进度计划一般采用横道图方法编制，三级进度计划采用横道图、网络图等方法编制。

（一）进度计划编制程序、基本要求

1. 进度计划编制程序

进度计划编制程序如图 2-11 所示。

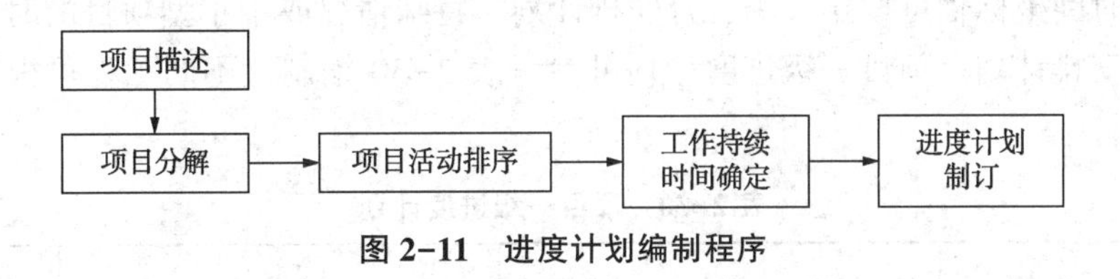

图 2-11　进度计划编制程序

（1）项目描述。

根据批准的建设项目可行性研究报告、初步设计，一级进度计划、二级进度计划等文件用表格形式列出拟编制的各级计划的目标、范围、实施、完成等内容。

（2）项目分解。

储气库地面建设工程按项目实施阶段、里程碑节点等内容进行工作分解，并利用工作分解结构图将建设项目逐步分解为一层一层的要素，直至明确各项工作的范围。

（3）项目启动排序。

分析确定各项活动之间的逻辑关系，安排所有活动的次序。

（4）工作持续时间确定。

应根据进度目标各个分项工程的工程量、投入人员和机械来确定所需要的持续施工时间，主要方法包括经验法、历史数据法、高度不确定工期三点确定法，对可能时间、悲观时间、乐观时间求取工作持续时间的期望值。

（5）进度计划制订。

根据项目活动排序及确定的工作持续时间，明确每项工作的起始时间及结束时间，制订项目的进度计划。

2. 计划编制的基本要求

各单位计划编制人员在编制工程进度计划时重点考虑以下内容：

（1）所动用的人力和施工设备是否能满足完成计划工程量的需要。

（2）基本工作程序是否合理、实用。

（3）施工机具设备是否配套，规模和技术状态是否良好。

(4) 如何规划施工平面布置图。

(5) 工人的工作能力如何。

(6) 工作空间分析。

(7) 预留足够的清理现场时间，材料、劳动力的供应计划是否符合进度计划的要求。

(8) 分包工程计划。

(9) 临时工程计划。

(10) 竣工、验收计划。

(11) 可能影响进度的施工环境和技术问题。

(二) 进度计划的编制方法

1. 一级进度计划

建设工程项目一级进度计划是对工期目标的宏观控制计划。在工程项目初设完成后，由建设单位或建设单位项目经理部制订一级进度计划，可以采用甘特图(横道图)编制。大型跨年项目时间坐标轴可按年、季、月安排计划，特殊情况或中小型项目的时间坐标可按旬、周、日安排计划。项目一级进度计划可参考表 2-30 编制，不同工程可根据实际情况自行调整。

表 2-30　项目一级进度计划

序号	工作内容	最迟开始时间	最迟完成时间	计划完成金额	××××年					××××年		…
					1月	2月	3月	…	12月	1月	…	…
1	开工准备											
2	招标与合同											
3	勘察											
4	设计											
5	物资采购											
6	工程施工											
7	试运行投产											
8	竣工验收											
9	其他(技术引进等)											

2. 二级进度计划

建设单位项目经理部依据一级进度计划，制订里程碑目标计划。建设工程项目的二级进度计划包括开工准备、承包商招标、勘察设计、物资采购供应、工程施工、试运行投产、竣工验收等进度计划，可以采用甘特图(横道图)编制，时间坐标轴可按年、月、周安排。

建设单位项目经理部首先应根据具体工程项目的工期管理关注重点，确定进度里程碑(里程碑事件是指该项工作完成是否会影响到后续工作的进展及其总工期)。不同的项目有不同的关注重点，里程碑节点计划可参考表 2-31 编制，重要的里程碑节点包括但不限于以下内容。

表 2-31 项目里程碑进度计划

序号	里程碑节点		开始时间	完成时间	备 注
1	招标与合同	工程建设承包商招投标			
		合同签订			
2	勘察、设计	施工图设计交付			满足现场物资采购和开工需求
		主要设备技术方案(规格书)交付			
3	物资采购	物资供应商招投标			
		采购合同签订			
4	开工准备	土地征用			在“三通一平”队伍进场前办理完毕土地征用手续
		施工许可			
		三通一平			
		设计交底、图纸会审			
		现场交桩			
		队伍进场			
5	工程施工	施工准备			
		设备基础交安装			
		地下管线施工完			
		大型设备安装完(加热炉、压缩机等)			
		泵房、厂房等主体建筑封顶			
		生产工艺系统管道安装完			
		采暖、给排水、消防系统安装完			
		变配电系统施工完			
		污水处理系统施工完			
		仪表自控系统施工完			
		单机试运行结束			
		场平、环境施工完			
		道路竖向施工完			
6	试运行投产	联动试车			
		投产			
7	竣工验收	专项工程验收			
		竣工验收			
		竣工结算完			

3. 三级进度计划

设计承包商、施工承包商、物资供应商等不同参与工程建设方编制各自承担的工程量进度计划，这些计划统称为三级进度计划，三级进度计划必须符合二级进度计划确定的里程碑计划或分期分批投产顺序。编制三级进度计划时将每个交工系统的各项工程分别列出，在控制的期限内进行各项工程的具体安排，可以采用甘特图(横道图)或网络图编制，并经本单位相关负责人审核后上报监理、建设单位项目经理部审批后执行。

三、进度计划审查

储气库地面建设项目进度计划审查主要是审查三级进度计划的符合性、科学性和合理性，由建设单位项目经理部或监理工程师根据一级、二级进度计划审查项目各参建方上报的进度计划。

(一) 施工图设计进度计划审查

设计承包商三级进度计划组成包括基础设计进度计划和详细设计进度计划。根据项目总进度计划对设计进度计划进行符合性审查。详细设计进度计划审查重点有：

(1) 重要物资设备技术规格书确定时间是否符合物资采购进度计划需要。

(2) 审查建筑专业图纸交付时间是否符合开工需要。

(3) 其他各专业设计文件的存档、交付时间是否满足后续工程施工的要求。

(二) 施工进度计划的审查

施工承包商进度计划组成包括单项工程施工进度计划、单位工程施工进度计划、分部分项工程施工进度计划。

建设单位应审查单位工程中各分部分项工程的施工顺序安排、开完工时间及相互衔接关系等。工程施工进度计划重点审查以下内容：

(1) 是否符合施工合同约定工期，施工进度计划与合同工期和阶段性目标的响应性与符合性，以及计划工期完成的可靠性，是否留有余地。

(2) 主要工程项目内容是否全面，有无遗漏或重复的情况，是否满足分批试运和动用需要，阶段性施工进度计划是否满足项目施工总进度目标要求。

(3) 施工进度计划中各个项目之间逻辑关系的正确性与施工组织的可行性，关键路线安排和施工进度计划实施过程的合理性，施工进度计划的详细程度和表达形式的适宜性，以及施工顺序的安排是否符合施工工艺要求。

(4) 施工人员、机械、材料等资源供应计划满足施工进度计划需要和施工强度的合理性及均衡性。

(5) 本施工项目与其他各标段施工项目之间的协调性，交叉作业的施工项目安排是否合理。

(6) 是否符合建设单位提供的资金、设计文件、施工场地、物资等施工条件。

(7) 编写、审核、批准程序是否符合要求。

(8) 其他应审查的内容。

(三) 物资供应进度计划审查

施工承包商向建设单位项目经理部报物资供应进场计划，审核完成后报企业的物资采购部门。企业的物资采购部门编制物资采购供应计划并组织供货。储气库地面建设物资采购供应计划如图 2-12 所示。

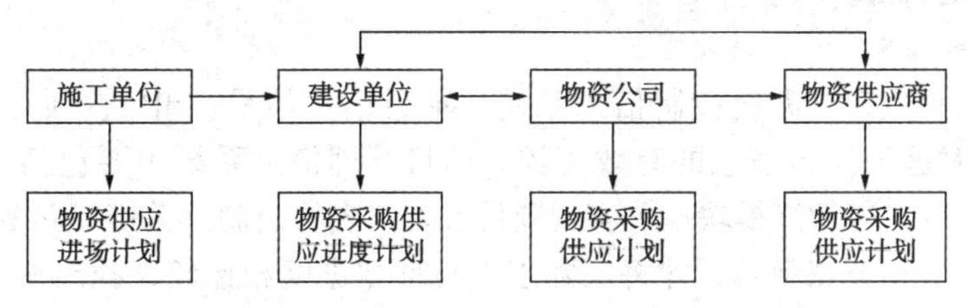

图 2-12　物资采购供应计划示意图

物资采购供应计划主要安排工程物资的采购、加工、储备、供货及使用。物资采购供应计划重点审查下述内容：

(1) 是否能按施工进度计划需要及时供应设备、材料。

(2) 因物资供应紧张或不足导致施工进度拖后的可能性。

(3) 物资采购量及库存量安排是否经济、合理。

四、进度控制

储气库地面建设项目的进度控制是采用科学的方法、有效的措施，对建设项目的先后次序、相互关系和各种资源等进行最优化的进度计划检查、调整，实现进度目标的控制，保证建设项目按预定的目标竣工投产。

(一) 进度控制程序

建设单位项目经理部应监督参建各方执行已批准的项目进度计划，分析项目进度风险，落实进度控制措施；建立项目进度报告制度，定期召开现场进度协调会议，分析进度偏差原因，采取相应措施，确保项目按计划进度实施。

1. 进度检查和落实

建设单位项目经理部应定时定期组织检查进度计划实施情况，收集反映实际进度的有关数据，对检查中发现的进度快慢问题提出整改意见，并跟踪落实。比较实际进度与计划进度，以判定实际工程进度是否出现偏差。如进度出现偏差，进一步分析偏差产生的原因及对进度控制目标的影响。

2. 进度情况比较

项目经理部定时定期跟踪项目实际进度情况，在进度计划图上直接用文字、数字、适当的符号或列表的方法比较项目实际进度与计划进度，明确进度偏差及原因。

3. 进度计划纠偏

(1) 在项目实施全过程中，定期召开监理例会和项目协调会，及时解决影响进度的问题，对比实际进度与计划进度，了解是否存在其他问题，共同讨论并决议项目进度安排情况。特殊情况可召开专项会议，如设计、施工质量、安全、物资供应等专项会议，以保障建设项目进度计划的实施。

(2) 建设单位和施工承包商的项目部实时掌握进度偏差情况，具体分析进度偏差产生原因，采取组织措施、技术措施、经济措施及合同措施等纠正进度偏差。建设单位项目经理部根据进度偏差对总工期的影响情况，确定是否需要调整某个工序的进度计划和作业时间，确保总工期目标的实现。

4. 进度控制信息

重大工程项目应建立进度控制信息系统。项目信息门户(PIP)、项目管理信息系统(PMIS)可实现对进度控制信息的有效管控。项目管理信息系统主要包括项目进度控制、合同管理及系统维护等功能模块，可实现项目计划图表的绘制、关键线路的计算、项目计划的制订、调整及动态控制等，并将实际进度与计划进度相比较，找出偏差，分析原因，采取措施，从而达到控制效果。

5. 进度控制报告

重大工程项目应形成进度控制报告。进度控制报告通过对项目进度监测、检查及比较分析，反映项目实际进展情况，进行进度控制以及进度安排。进度控制报告主要包括进度计划实施情况、进度问题及原因分析、拟采取的措施、改进建议等内容。进度控制报告一般按规定日期编制上报，重点环节编制例外报告。报告的格式可参考下述目录：

1）编制依据

(1) 审批合格的进度计划。

(2) 进度计划实施记录。

(3) 进度比较分析情况。

(4) 进度计划调整资料。

2）报告内容

(1) 进度目标完成情况。

(2) 进度控制中存在问题及原因分析。

(3) 进度控制方法应用情况。

(4) 进度控制经验及改进意见。

(二) 进度偏差原因分析

1. 建设单位对项目进度的影响

(1) 未按期提供工程建设所需的技术资料，如勘察、设计文件提交不及时等。

(2) 提供的施工现场、物资等准备工作完成不足。如土地征(占)用、提供物资等未在开工计划日期前完成。

(3) 未按合同规定及时支付工程款。

(4) 设计交底不清，承包方对设计意图理解不够，造成对技术处理方面的分歧而影响建设进度。

(5) 设计变更频繁，工程量变化大或返工。

(6) 建设单位和设计单位对施工中出现的问题处理不及时。

2. 施工承包商自身对项目进度的影响

(1) 施工组织设计要求落实不到位。

(2) 施工技术方案、人员、机械变动频繁。

(3) 现金流状况差，自购材料、设备等供不应求，人员投入和效率低。

(4) 施工质量及施工安全事故的发生。

（5）现场管理力度差、施工调度失灵。

（6）与建设、设计单位等配合不协调等。

3. 监理单位对项目进度的影响

（1）人员不足、进度控制不力，履行职责不到位。

（2）与业主、设计及施工承包商配合不协调等。

4. 不可抗力因素引发的进度影响

（1）自然原因：火灾、旱灾、地震、风灾、大雪、山崩等。

（2）社会原因：战争、动乱、政府干预、罢工、禁运、市场行情等。

5. 工期提前所引起的进度影响

（1）由原来的流水施工改变成平行施工。

（2）关键工序上的作业时间缩短。

（3）工程量的变更、减少引起的工期缩短。

（三）进度控制措施

1. 对设计单位的进度控制措施

（1）督促设计承包商及时组建设计团队。

（2）及时协调设计承包商解决相关问题。

（3）制定相应的经济考核措施。

（4）通过设计合同明确设计任务进度，保证出图时间及质量。

2. 对施工承包商的进度控制措施

（1）督促健全项目管理的组织体系。

（2）督促施工承包商进度计划的执行。

（3）按合同要求及时支付预付款、工程进度款，对工期延误损失进行索赔。

（4）鼓励使用先进施工技术，提高工效。

（5）施工承包商因自身原因导致工期延误，采取改进措施仍不能避免工期延误事件发生，或工期延误事件持续发展的，建设单位有权拒绝施工承包商的工程款支付申请，同时施工承包商应向建设单位支付工期延误损失赔偿金。

（6）施工承包商因自身原因导致工期延误，经书面通知仍不采取有效措施的，建设单位有权按施工合同约定取消其承包商资格。

3. 对物资供应的进度控制措施

（1）及时掌握物资供应动态，确保物资按计划到场。

（2）对不合格的物资及时调换。

（四）工期计划调整

在工期计划执行过程中，一般会出现按期完成、提前完成、延期完成三种情况，建设单位希望每一个建设工程项目按进度计划执行，按期完成设计文件施工内容，达到投产要求并产生效益。

在项目施工全过程中，建设单位项目经理部采取各种工期管理措施，控制、调整进度计划执行，杜绝工期延误发生，避免专门强调工期，忽视质量、安全管理。

工程延期的处理应符合相关规定要求，工程项目不能按规定开工的，应及时办理开工延期手续。工程项目不能按合同工期竣工的，应及时办理竣工延期手续。

建设工程各参建方根据已办理的延期手续，及时调整各级进度计划，并按进度计划审批权限履行审批手续。

第十一节　投资及费用管理

储气库地面建设项目投资管理主要包括：项目的估算、概算、预算管理，实施阶段的工程变更、预付款和进度款管理，竣工验收阶段的竣工结算管理和竣工决算管理。

一、原则及计价依据

（一）管理原则

（1）投资应遵守国家的法律法规，符合国家的发展政策。

（2）投资必须注重风险，保证资金运行安全，确保投资效益。

（3）投资符合企业的发展战略，投资项目应统一纳入公司投资计划，坚持以市场为导向，以效益为中心，以集约化经营为手段。

（4）须与资产结构相适应，规模适度，总量控制。

（5）全过程控制，严格执行项目审批程序，确保初设概算不超可研估算，施工图预算不超初设概算，竣工结算不超施工图预算。

（二）计价依据

根据集团公司《石油化工工程建设设计概算编制办法》和《石油化工工程建设费用定额》相关要求，并参考执行行业及工程所在地的省市级政府发布的计价依据，制定各油气田区域内储气库地面建设安装工程及建筑、装饰、电力、道路、市政、仿古、园林、通信、广播电视等工程以及材料等计价依据。

二、概算及估算管理

（一）初步设计概算的编制原则及要求

（1）设计概算原则上应控制在批准的可行性研究报告投资估算之内。超过批准可行性研究报告投资估算在10%及以上的，必须重新编制可行性研究报告并按程序报审。超过批准可行性研究报告投资估算在10%以内的，按照审批权限分级复审。

（2）严格执行国家的建设方针和经济政策的原则。

（3）完整、准确地反映设计内容的原则。

（4）坚持结合拟建工程的实际，反映工程所在地当时价格水平的原则。

（二）初步设计概算编制与审批

初步设计概算与初步设计文件同步编制与审批。

初步设计概算必须由具有资质单位的持有相应造价资格证书的造价专业人员编制，审核及从事储气库地面建设工程造价相关工作人员也应持有造价资格证书。

1. 初步设计概算编制依据

(1) 批准的可行性研究报告、批复文件和其他立项文件。

(2) 设计工程量(初步设计文件或扩大初步设计的图纸及说明)。

(3) 项目涉及的国家、石油及其他行业或地区颁发的概算指标、概算定额或综合指标、预算定额、设备材料预算价格等资料。

(4) 国家、行业和地方政府有关法律法规或规定。

(5) 资金筹措方式。

(6) 正常的施工组织设计。

(7) 项目涉及的设备、材料供应及价格。

(8) 项目的管理(含监理)、施工条件。

(9) 项目所在地区有关的气候、水文、地质地貌等自然条件。

(10) 项目所在地区有关的经济、人文等社会条件。

(11) 项目的技术复杂程度，以及新技术、专利使用情况等。

(12) 其他相关文件、合同、协议，以及审查意见等。

2. 初步设计概算的主要内容

1) 初步设计概算文件组成

(1) 封面、签署页、目录。

(2) 编制说明。

(3) 总概算表。

(4) 其他费用计算表。

(5) 进口设备、材料货价及从属费用计算表。

(6) 单项工程综合概算表。

(7) 单位工程概算表。

(8) 附件(包括补充单位估价表、相关资料)。

2) 初步设计概算投资构成

建设工程项目初步设计概算投资构成见表 2-32。

3. 初步设计概算编制单位的审查与签署

概算文件须经编审人员签署方可有效，封面应加盖编制单位公章或单位资质证章，签署页应加盖执业或从业资格证章。

概算文件签署页原则上按概算负责人、概算审核人、概算审定人、项目负责人、总经济师(总工程师)、编制单位负责人顺序签署。

总概算表、单项工程综合概算表原则上签署编制人、校对人、审核人、审定人，其他各表签署编制人、校对人、审核人，且均在首页签署。

表 2-32 建设工程项目初步设计概算投资构成

<table>
<tr><td rowspan="19">建设工程项目
初步设计概算
投资构成</td><td rowspan="18">建设投资</td><td rowspan="2">第一部分：
工程费用</td><td>建筑安装工程费</td></tr>
<tr><td>设备、工器具购置费</td></tr>
<tr><td rowspan="13">第二部分：
工程建设其他费用</td><td>土地使用费</td></tr>
<tr><td>建设管理费</td></tr>
<tr><td>可行性研究费</td></tr>
<tr><td>研究试验费</td></tr>
<tr><td>勘察设计费</td></tr>
<tr><td>专项评价费</td></tr>
<tr><td>场地准备及临时设施费</td></tr>
<tr><td>引进技术和进口设备其他费</td></tr>
<tr><td>工程保险费</td></tr>
<tr><td>特殊设备安全监督检验费</td></tr>
<tr><td>补偿费</td></tr>
<tr><td>联合试运转费</td></tr>
<tr><td>生产准备费</td></tr>
<tr><td rowspan="2">第三部分：
预备费</td><td>基本预备费</td></tr>
<tr><td>涨价预备费</td></tr>
<tr><td>第四部分</td><td>建设期利息</td></tr>
<tr><td>流动资产投资</td><td colspan="2">铺底流动资金</td></tr>
</table>

4. 初步设计概算调整

初步设计概算投资获得批准后，原则上不得调整。确需调整概算时，由建设单位分析调整原因报主管部门同意后，由原编制单位调整概算，按审批程序报批。凡因建设单位自行扩大建设规模、增加工程内容、提高建设标准等增加的投资，不予调整。

调整概算的因素主要包括以下几项：

(1) 原设计范围的重大变更，包括建设规模、工艺技术方案、总平面布置、主要设备型号规格、建筑面积等工程内容。

(2) 预备费规定范围，因不可抗拒的原因引起的工程变更或费用增加。

(3) 重大政策性调整，超出价差预备费范畴的内容。

需要调整概算的建设项目，在确定影响工程投资的主要因素并且工程量已经完成大部分后(一般应在 70%以上)方可进行调整，一个建设项目只允许调整一次概算。

调整概算编制要求与深度、文件组成及表格形式同原设计概算，调整概算还应对设计概算调整的原因做详尽分析、说明，并编制调整前后概算对比表，包括总概算对比表、综合概算对比表。

在上报调整概算时，应同时提供调整概算的相关依据。

(三) 估算管理

项目投资估算是可行性研究报告的重要组成部分，一般由建设单位委托具有相应资质的勘察设计单位编制，按照分级管理原则由负责审批可行性研究报告的部门或领导批准执行。原则上可行性研究报告一经批准，批准的投资估算额即成为建设项目投资的最高限额。

三、费用分解及管理

（一）费用控制工作分解

费用分解结构（CBS）：按照 WBS 体系层层分解费用，建议分解到分部或子分部层面，实施分层控制，建立有效的费用控制机制。

CBS 分解的原则：依据 WBS 体系、业主（或监理）的分部分项工程划分、便于施工和计量计价的原则，便于动态管理、变更费用、签证费用的调整和结算工作的开展。

计划控制部负责针对 EPC 合同签署范围内总费用进行分解。

费用分解层次为三层：

第一层分解：是对总投资的分解。“工程费用”以项目类别为基础；“其他费用”以费用类别为基础，依据 EPC 项目总承包合同，对总费用进行分解。其分解结果作为整个项目的费用控制总目标。

第二层分解：是对标段（或单位工程）费用分解。

第三层分解：分部分项工程、专项工程费用控制目标。以第二层费用控制分解为基础，以“分部分项投资构成比”为编制依据进行分解。

（二）费用管理的主要措施

1. 费用分解

费用分解以能分能合为原则。总目标能够自上而下逐级分解，也能够根据需要自下而上逐层综合。

2. 限额制度

项目工程实施费用控制执行限额制度，对设计、采购、施工实行限额管理。为了建立限额体系，首先对投资管理采用三层分解限额制，分解投资与费用控制目标和考核点一一对应。

3. 限额管理的实施

采购限额措施为设置拦标价。

施工限额的落实贯穿于施工招标过程和施工承包全过程。

四、施工图预算管理

（一）施工图预算编制依据

（1）国家、行业、地方政府发布的计价依据、预算定额、有关法律法规及相关规定。

（2）建设项目有关文件、合同、协议等。

（3）批准的设计概算。

（4）批准的施工图设计图纸及相关标准图集和规范。

（5）合理的施工组织设计和施工方案等文件。

(6) 项目所在地定期发布的材料价格及与项目有关的设备、材料供应合同、价格及相关说明书。

(7) 项目的技术复杂程度，以及新技术、新工艺、专利使用情况等。

(8) 项目所在地区有关的气候、水文、地质地貌等自然条件。

(9) 项目所在地区有关经济、人文等社会条件。

(二) 施工图预算编制与报批

1. 施工图预算

施工图预算必须由具有相应专业资质的单位和造价专业人员编制，与施工图设计文件同时交付；审核及从事储气库地面建设工程造价相关工作的人员也应持有造价资格证书。对于公司业务发展计划安排的小区块工程和小型简单工程预算(包括油气田维护工程)，由建设单位自行或委托编制。

1) 施工图预算文件的主要内容

(1) 施工图预算文件的组成：

封面、签署页及目录；

编制说明；

总预算表；

综合预算表；

单位工程预算表；

附件。

(2) 施工图预算的构成。

施工图预算由建设项目总预算、单项工程综合预算和单位工程预算组成。建设项目总预算包括建筑安装工程费、设备及工器具购置费、工程建设其他费用、预备费、建设期利息及铺底流动资金。

单项工程综合预算编制的费用项目是各单项工程的建筑安装工程费、设备及工器具购置费和工程建设其他费用的总和。

单位工程预算是依据单位工程施工图设计文件、现行预算定额以及人工、材料和施工机械台班价格等，按照规定的计价方法编制的工程造价文件。

建设项目总预算由单项工程综合预算汇总而成，单项工程综合预算由组成本单项工程的各单位工程预算汇总而成，单位工程预算包括建筑工程预算和设备及安装工程预算。

2) 施工图预算编制要求

(1) 施工图预算必须控制在批准的工程概算之内，若超出概算，应修改施工图设计或报批调整概算。

(2) 人工、材料用量按工程用量加合理操作损耗确定。

(3) 预算编制应根据实际工程具体情况，符合便于使用、便于管理的原则。

(4) 每个预算编制的项目应齐全，甩项部分应在编制说明中注明。

(5) 预算编制一律利用指定造价软件编制。

(6) 批准后的施工图预算除遇重大设计变更、地质部署调整、政策性调整及不可抗力等因素可以调整，一般不得调整。调整的施工图预算要对工程预算调整的原因做详尽分析、说明，调整内容在调整预算总说明中要逐项与原批准预算对比，并编制调整前后施工图预算对比表。

2. 施工图预算审批

储气库地面建设项目施工图预算由建设单位相关部门组织初审、复审，必要时应组织会审。

操作成本及其他资金渠道列支的小型项目工程，建设单位概预算管理部门编制或委托编制施工图预算，建设单位相关部门组织会审。

五、设计变更管理及工程结算

（一）设计变更管理

设计变更应由各油气田公司根据本油气田建设实际，制定有可操作性的变更办法发布执行。为了提高设计部门施工图纸的设计质量及施工阶段的设计服务、减少不必要的设计变更，有效控制因设计变更引起的工程费用增加、工期延误等风险，保证项目建设的顺利进行，对设计变更进行规范化管理，特制定本程序。

1. 设计变更的分类

设计变更的划分按引起变更的原因与责任主体分为设计原因变更和非设计原因变更两种。设计原因变更是指由于设计自身原因造成需要对设计文件的修改；非设计原因变更是指由于设计原因之外的其他因素引起的设计修改。

设计原因变更主要包括：

（1）因设计失误造成采购或者施工出现质量偏差，致使设计内容必须修改而造成的设计变更。

（2）因设计漏项造成的设计变更。

（3）设计不合理，采购或施工过程中需要改正，致使设计内容必须修改造成的设计变更。

以上原因的变更，由设计部出具设计变更。

非设计原因变更是指非设计原因发生的变更，如业主、监理单位、施工单位、工农关系或设计条件发生变化等因素，统称为施工变更，包括：

（1）因业主或监理单位新增要求造成的设计变更。

（2）施工人员提出合理化建议，有利于提高工效、节约投资、促进工程进度等造成的设计变更。

（3）供应商设备、材料的原因造成的设计变更。

（4）工农关系或设计条件发生变化造成的设计变更等。

以上内容的变更设计部原则上不出具设计变更单，只需要：

因业主或监理单位新增要求造成的设计变更，由相关方出具会议纪要或业主重新委托，设计单位进行新增内容的设计；施工单位引起的变更，由施工单位出具技术核定单（联络单）进行施工变更，在竣工图阶段修改图纸内容；供应商设备、材料的原因造成的设计变更，谁负责采购，谁承担这部分内容变更的责任，由施工单位出具技术核定单（联络单）进行施工变更，在竣工图阶段修改图纸内容；工农关系或设计条件发生变化造成的设计变更，责任由业主承担，由施工单位出具技术核定单（联络单）进行施工变更，在竣工图阶段修改图纸内容。

2. 设计变更申报规定

所有设计变更(包括设计原因和非设计原因)造成工程费用改变或工期变化，均须经项目部审批。只有变更申请得到项目部审批通过后，设计部门才可进行设计变更，设计部门不得擅自进行变更。

对于造成费用改变及工期增加的设计变更申请，项目相关部门及领导审批权限规定如下：

(1) 变更费用变化小于或等于1万元且不影响工期的，设计管理部审核，由计划控制部审批。

(2) 变更费用变化大于1万元，小于或等于10万元且影响工期的，由项目部主管领导审批，监理单位审核、业主部门审批。

(3) 变更费用变化大于10万元，小于或等于50万元且影响工期的，由项目部项目经理审批，监理单位审核、业主部门审批。

(4) 变更费用变化大于50万元且影响工期的，提交公司总经理审批(为该审批单另做表单)。

3. 设计变更申请审批程序

第一步：变更申请。

设计变更申请人向项目部设计管理部提交3份设计变更申请单(原件)，格式见表2-33。变更申请的申请人可以是设计部门，也可以是业主、项目采办部或工程质量部。

设计原因造成的设计变更，原因项为设计单位(团队)。非设计原因造成的设计变更，原因项可为业主、项目采办部和工程质量部。

第二步：变更正确性审查。

设计管理部接到变更申请单后，在2天内组织设计管理部、工程质量部(必要时可邀请业主、监理单位、施工单位、采购部门、供应商等)对变更申请的正确性进行审查。如果会审方一致认为无须变更，则变更终止。如果会审方认为需要变更，则在变更申请单上签署意见，费用增加小于1万元且不影响工期的设计变更，当天完成设计变更单的出具，费用增加超过1万元且影响工期的，变更申请审批后2~3天内完成设计变更单的出具。

第三步：变更审批。

根据设计变更造成费用变化的不同，审批部门应在1天内根据审批权限的不同将变更申请分别提交给项目计划控制部、项目主管领导、项目经理。审批不通过，则变更终止。审批通过，则在变更申请单上签署意见。

第四步：告知设计部门。

设计变更申请得到审批通过后，报送设计管理部、计划控制部各一份存档和党政办公室备案；根据需要报送业主主管部门一份。同时由设计管理部根据变更申请的审批内容及时要求设计部(团队)进行本次变更设计工作收尾，并关闭。

第五步：编制设计变更。

对设计文件的任何修改(包括材料代用、工程量等的变更)，都必须编制设计变更单或出具设计修改通知单(费用增加小于1万元且不影响工期的设计变更)，格式见表2-34。

设计变更文件编制包括设计变更申请单(格式见表2-33)及设计变更单(含必要的说明

书、图纸、工程量清单等设计附件)。设计变更原则上只能由原设计单位(文23设计部)编制，且要求统一格式、统一编号，其他非原设计部门一律无权出具设计变更单。

表2-33　设计变更申请单

<table>
<tr><td>文件编号</td><td colspan="3"></td><td colspan="2">申请日期：　　年　月　日</td></tr>
<tr><td>设计变更原因</td><td colspan="5">设计原因：[　]　非设计原因：业主[　]、采购[　]、施工[　]、其他[　]</td></tr>
<tr><td>申请人(签章)</td><td colspan="2"></td><td colspan="2">项目名称</td><td></td></tr>
<tr><td>原图纸名称</td><td colspan="2"></td><td colspan="2">原图纸编号</td><td></td></tr>
<tr><td colspan="6">申请变更理由或原因：</td></tr>
<tr><td colspan="6">建议变更的方案(附设计变更单，工程量对比表及变更单预算)：</td></tr>
<tr><td rowspan="3">影响造价、工期估算</td><td colspan="2">影响造价估算(包括返工、重做、加固补强等的费用)</td><td colspan="3"></td></tr>
<tr><td colspan="2" rowspan="2">影响工期估算</td><td colspan="3">提前　　天</td></tr>
<tr><td colspan="3">延误　　天</td></tr>
<tr><td colspan="2">设计管理部审核意见(签章)</td><td colspan="4"></td></tr>
<tr><td colspan="2">计划控制部审核/审批意见(签章)</td><td colspan="4"></td></tr>
<tr><td colspan="2">项目分管领导批复(签章)</td><td colspan="4"></td></tr>
<tr><td colspan="2">项目经理批复(签章)</td><td colspan="4"></td></tr>
<tr><td colspan="2">监理部门审核意见(签章)</td><td colspan="4"></td></tr>
<tr><td colspan="2">业主批复(签章)</td><td colspan="4"></td></tr>
</table>

注：会审人员名单见会议签到表。

表2-34　工程项目设计修改通知单

修改专业　　　　　　　　　　　　　　　　　　　　　　　　　　　年　月　日

<table>
<tr><td colspan="2">项目名称</td><td colspan="2"></td><td colspan="2">项目号</td><td colspan="2"></td></tr>
<tr><td colspan="2">单体名称</td><td colspan="2"></td><td colspan="2">文件号</td><td colspan="2"></td></tr>
<tr><td colspan="2">修改原因

修改内容</td><td colspan="2"></td><td colspan="2"></td><td colspan="2"></td></tr>
<tr><td>设计人</td><td></td><td>校对人</td><td></td><td>审核人</td><td></td><td></td><td></td></tr>
<tr><td>设计管理部</td><td colspan="3"></td><td>签存日期</td><td colspan="3"></td></tr>
</table>

设计变更单的内容包括项目名称和项目编号、原图纸名称、图纸编号、专业编号、变更依据、变更原因、变更内容及必要的附件。设计变更单应详细阐述设计变更的理由，如工艺流程改变，产品质量要求、设备选型更改，提高或降低设计规范或标准，设计漏项，设计错误，设计改进及设计条件变化等，在说明原因的同时，须列出设计变更引起的费用变化、工期变化估算情况。其中，内容和必要的附图必须具备可以指导施工的深度。

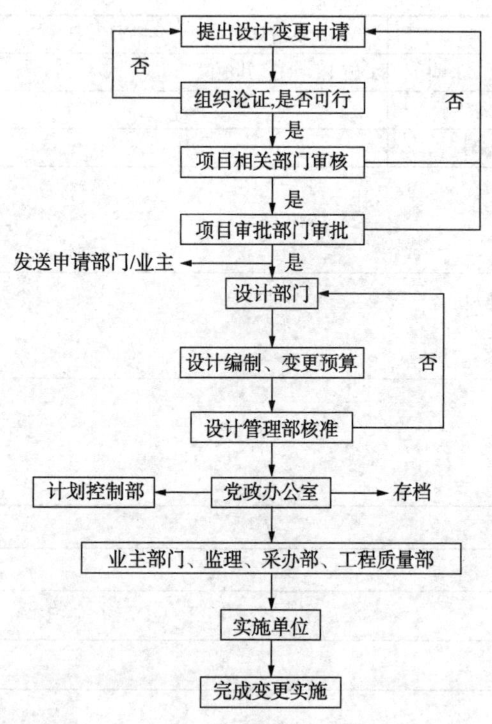

图 2-13 设计变更申请及变更实施流程

设计变更单文件说明中应注明设计变更原因，且附变更单预算及工程量建议删除：因为本次项目为 EPC 项目，没有专门的设计代表且已有严格的审批流程（已经过各级审查）且设计变更单没有相关的签署地方。所有设计变更单均应加盖公司设计变更单专用章（EPC 项目部设计管理部用章）。设计变更单的份数根据设计合同的要求确定，一般为 8 份（设计管理部 1 份，党政办公室 1 份，施工单位 2 份，监理 1 份，业主 3 份）。

1 万元以下（包括 1 万元）设计变更编制以 1 个日历日为原则，超过 1 万元的设计变更编制一般应在 2~3 个日历日内完成。

第六步：送达设计变更。

设计部门完成设计变更，应立即将设计变更单送达项目设计管理部。由设计管理部核准后发送党政办公室，再由党政办公室发送业主、相关部门及实施单位。

设计变更申请及变更实施流程如图 2-13 所示。

（二）工程结算

1. 工程款的拨付制度

1）工程进度款签认及支付

项目进度款支付遵循背靠背原则，即 EPC 项目部获得业主项目进度款后，根据业主进度款的支付阶段和 EPC 项目部对施工进度计量结果支付参建单位相关进度款。

参建单位根据工程进度情况，将进度款支付申请表、已完工程进度预算书和发票等有关附件报送监理公司审核后，报项目部相关部门审核签字，经计划控制部审核无误后由 EPC 项目经理批准，财务依据支付计划向承包方及供货商支付工程进度款。

2）工程结算款签认及支付

各参建单位在工程完工后，持工程验收单、项目监理签署的合格意见、工程审计结算单、工程结算书、发票及工程进度款拨付申请表办理工程款的结算业务。由相关部门审核签字并经 EPC 项目经理批准，按合同规定扣除甲供材料费、已拨款项、质保金等费用，审核无误后，向承包方及供货方支付结算款。

2. 总承包工程结算

按合同约定、业主交工技术资料编制规定、工程结算办法和程序，备好交工技术资料和结算表，上报至业主处。具体流程如下：

（1）EPC项目部收集齐全所有结算资料，并按照业主文件要求在规定时间内编制完成结算书，并提交监理部审核。

（2）EPC项目部向业主项目部提交竣工资料，并取得竣工资料移交凭据。

（3）EPC项目部办理扣款联签手续，由相关部门签署扣款联签表。

（4）EPC项目部的结算资料经监理分部审核完成后，凭竣工资料移交凭据到业主相关部门提交结算资料，包括：

结算汇总表、扣款联签表；

结算书及应附的所有表格；

工程变更申请单、设计变更单、技术核定单、现场签证及预算原件；

有关的施工方案、会议纪要等材料。

3. 分包工程结算

分包工程结算在竣工验收工作完成后进行，分包商在EPC项目部指定的时间段，上报相应验收后竣工资料的复印件、预算书、工程量计算书及计算依据。

工程计算的依据包括招标书、投标书、合同、设计变更、委托单、联系单、施工方案及措施、价格确认单（指根据合同规定或业主另行委托由乙方采购设备或材料时，必须经业主确认价格和数量的单据）、工程量签证单。

4. 工程竣工结算

单项工程（单位工程）完工交接合格后即可办理竣工结算手续。

建设单位在检查过程中发现的不合格的乙供料部分，以及由于施工单位原因造成的甲供料或其他损失应从其合同结算价款中扣除。

竣工结算工程价款=预算或合同价款+施工过程中预算或合同价款调整数额-预付及已结算工程价款。

六、项目竣工决算与竣工决算审计

1. 竣工决算条件及原则

依据工程建设项目竣工验收管理规定，结合国家有关规定，储气库地面工程项目竣工决算编制工作应在项目竣工验收前完成。

在竣工决算获得批复之前，建设单位项目管理机构不得撤销，项目负责人及财务主管人员不得调离。竣工决算文件应由建设单位财务部门编制。

2. 竣工决算编制

1）竣工决算编制依据

主要包括以下内容：

（1）经批准的可行性研究报告及其投资估算书。

（2）经批准的初步设计及其概算书。

(3) 经批准的施工图设计及其施工图预算书。

(4) 设计交底和图纸会审会议纪要。

(5) 招投标、合同、工程结算资料。

(6) 工程变更资料及其他施工发生的费用记录。

(7) 竣工图及各种竣工验收资料。

(8) 工程质量鉴定、检验等有关文件，工程监理等有关资料。

(9) 上级主管部门对工程的指示、文件及其他有关的重要文件。

(10) 有关财务核算制度、办法和其他有关资料、文件等。

2)竣工决算编制内容

主要包括以下内容：

(1) 竣工财务决算说明书。

(2) 竣工财务决算报表。

(3) 工程竣工图。

(4) 工程造价对比分析。

第十二节　档案管理

建设项目资料是指建设项目在立项、审批、招投标、勘察、设计、采购、施工、监理及竣工验收等全过程中形成的信息记录，包括文字、图表、声像等各种载体形式的全部文件。具有保存价值的，应当归档保存，归档保存的项目资料叫建设项目档案，不归档但需要短期保存的资料，其保管期限还应满足报批、备案、转资、审计、后评价、优质工程评选等工作的需要，具有共享价值或需要送到其他单位审签流转的，还应做好及时传递等信息管理工作。

根据中国石化建设工程项目档案管理规定及相关要求开展中国石化各单位、合资合作企业新建、扩建、改建和技术改造等相关工程建设项目文件编制、整理、归档及档案验收。

一、项目文件和档案管理

(一) 项目文件管理

1. 工作要求

(1) 项目建设单位应明确项目文档管理模式和管理责任，建立相应的文件管理程序，纳入项目管理程序文件，构建项目文档信息系统。

(2) 项目文件应统一归口收发和管理，建立并保存收发记录，避免文件和资料散落遗失。

(3) 项目文件应按照文件编码规定进行统一编号管理，便于查阅、整理、归类。

(4) 项目建设单位负责组织、协调和指导勘察设计单位、施工单位、采购单位和监理单位等编制项目竣工文件和整理项目文件。

(5) 在签订项目设计、施工、采购及监理等合同、协议时，应设立档案专门条款或专篇，明确有关方面提交相应项目文件以及所提交文件的整理、归档责任。

(6) 项目文件的收集、整理、归档和项目档案的移交应与项目的立项准备、建设和竣工验收同步进行。

2. 管理程序

(1) 发文管理程序包括草拟、审核、签发、复核、编号登记、缮印、用印、登记分发等程序。

(2) 收文管理程序包括签收、登记、审核、拟办、批办、承办、催办等程序。

(3) 过程控制：在项目建设期间，建设单位、参建单位应做好项目管理性文件、设计文件、交工技术文件、生产准备及试生产文件等各类文件控制。

(二) 项目档案管理

1. 工作要求

项目档案工作应建立以项目管理为核心、以合同为依据、以监理控制为手段的管理机制，实施事前介入、事中控制、事后核查、验收把关的全过程控制管理模式。工作要求如下：

(1) 实行"谁形成、谁归档"的管理原则。

(2) 项目文件的收集、整理、移交应与项目的立项准备、施工安装、中交、竣工验收同步。

(3) 确保档案完整、准确、系统。

(4) 纸质文件与对应的电子文件一并移交归档。

2. 档案工作职责

1) 项目建设单位档案工作职责

(1) 贯彻执行上级建设项目档案工作要求，建立健全项目文件、档案管理制度，明确管理部门。

(2) 建立项目文件、档案管理体制，明确项目文件、档案管理程序，明确管理岗位，落实档案管理设施设备。

(3) 落实项目档案管理费用，纳入项目概算管理。

(4) 落实项目档案管理"三纳入""四参加"要求，确保项目文件的形成、编制、移交同步。

(5) 负责组织、协调和指导各参建单位完成项目文件的编制、整理、移交归档工作。

(6) 负责组织专业人员对项目归档文件的齐全、准确情况进行审查。

(7) 负责项目文件归档移交工作。

2) 档案部门职责

(1) 负责统筹规划项目档案工作，制定项目档案管理规章制度，指导项目管理部门建立和完善项目文件管控制度。

(2) 负责检查、指导、监督项目各阶段文件的整理、归档和利用工作。

(3) 负责项目档案信息化建设管理工作。

(4) 负责项目档案的宣传与培训工作。

(5) 负责项目档案专业验收工作。

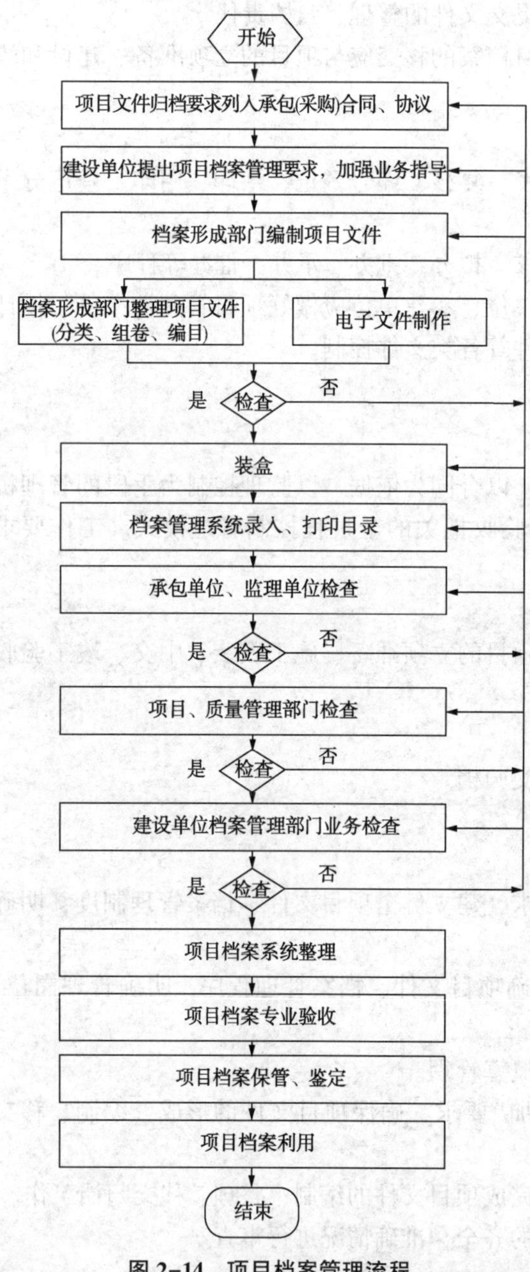

图 2-14 项目档案管理流程

(6) 负责项目档案接收保管及利用工作。

3) 工程建设项目部各部门档案工作职责

(1) 设立文档管理人员，负责项目文件收集、整理和移交归档工作。

(2) 对本部门归档文件的完整性、真实性负责。

4) 勘察单位、设计单位、施工单位、检测单位、监理单位和物资供应单位档案工作职责

(1) 按照国家、行业和中国石化项目档案管理要求，完善相应的项目文档管理制度，负责项目文件的编制、整理和移交归档工作。

(2) 勘察、设计、施工、检测、监理、物资供应等单位对归档文件的完整性、真实性负责，并向总承包单位或项目管理部门移交。

(3) 设立专人负责项目交工技术文件的收集、整理和移交归档。

(4) 接受项目建设单位档案业务指导、检查、监督和培训。

(5) 监理单位负责对项目交工技术文件完整、准确情况进行审查。

3. 项目档案管理程序

项目档案管理流程如图 2-14 所示。

4. 项目建设单位档案管理制度

项目建设单位应建立健全项目档案管理机构、体系和相应的规章制度，并纳入项目管理程序文件。项目档案管理制度包括项目文件收集、积累、整理、归档制度、档案利用制度、电子文件移交归档制度、档案管理系统操作手册等。

5. 项目档案管理网络

项目建设单位应建立以档案管理部门为核心，以项目部、各职能部门和参建单位为基础的管理网络。

6. 档案管理系统

建立统一规范的档案管理平台，有效使用中国石化档案管理系统管理工程项目档案，

实现档案信息资源的采集自动化、存储数字化、管理网络化、服务人性化。

(三) 合同(协议)要求

(1) 各类合同订立时，应设立档案专门条款，明确规定合约双方的项目档案管理职责及项目文件形成、归档范围、质量要求、整理标准、提交档案(文件)套数与种类、提交时间及违约责任。

① 施工合同应明确施工单位对交工技术文件的编制、整理、组卷、提交时间、份数、载体形式、质量要求等责任。

② 监理合同除明确监理单位对监理文件的编制、整理、组卷、提交时间、份数、载体形式、质量要求，还应明确对参建单位项目文件编制、整理、组卷质量的监督和检查责任。

③ 订立设计合同时，除其他设计文件的责任，应特别明确竣工图编制要求、电子档案格式、组卷责任、提交竣工图的时间、份数、载体形式、质量要求等。

④ 订立采购合同时，条款中应明确质量证明文件、技术文件等资料及其电子版的要求。

(2) 合同款最终支付审批时应审查项目文件的归档情况。

(3) 工程质保金的支付应经档案部门签字确认方可支付。

二、项目文件的收集

(一) 项目文件的形成要求

(1) 项目文件产生于项目建设全过程，其形成、积累和管理应列入项目建设计划和有关部门及人员的职责范围、工作标准或岗位责任制中，并有相应的检查、控制及考核措施。

(2) 形成项目文件时，应完善文件审核签署手续。

(3) 项目文件必须与工程实际相符，并做到完整、准确、系统。

(4) 文件形成者将办理完毕、有保存价值的文件及时交本部门、项目或专项工作档案人员保管，并整理、组卷、移交归档。

(5) 归档的项目文件应为原件。

(二) 项目文件收集职责与分工

1. 建设单位

1) 建设单位项目文件收集职责

(1) 建设单位项目管理部门负责组织、协调和指导勘察设计单位、施工单位、采购单位和监理单位等编制和收集、整理、归档项目文件。

(2) 建设单位档案管理部门负责对本单位有关部门和参建单位项目文件的形成、整理和归档工作进行监督、指导和考核，负责接收项目档案归档保管与项目档案利用。

(3) 建设单位有关部门负责本部门职责范围内的项目文件(项目前期文件、项目管理文件、试生产、专项验收、项目竣工验收文件以及设备、工艺、涉外文件等)的收集、整理、归档。

2）建设单位项目文件收集分工

(1) 建设单位办公室或计划、开发部门负责项目前期文件的收集、整理、归档。

(2) 建设单位设计管理部门负责项目设计文件的收集、整理、归档。

(3) 建设单位工程管理部门负责项目管理文件、竣工验收文件(不含专项验收)的收集、整理、归档。

(4) 建设单位物资供应部门负责项目原材料采购与设备随机文件和监造文件的收集、整理、归档。

(5) 建设单位外事管理部门负责项目涉外文件的收集、整理、归档。

(6) 建设单位生产部门负责项目生产技术准备和试生产文件的收集、整理、归档。

(7) 建设单位安全、环保等管理部门负责项目环境、安全、职业卫生、消防、防雷等专项报审和竣工验收"三同时"文件的收集、整理、归档。

(8) 建设单位审计管理部门负责项目竣工审计文件的收集、整理、归档。

(9) 建设单位宣传部门负责建设单位项目声像文件的收集、整理、归档。

(10) 建设单位财务管理部门负责项目财务文件(包括决算、资产交付清单等)的收集、整理、归档。

2. 勘察、设计单位

勘察、设计单位负责形成、积累、整理设计基础文件、设计文件、竣工图，进行组卷，经审核合格后向建设单位移交。

3. 施工单位

(1) 施工单位负责形成、积累、整理施工文件，提交项目监理单位、建设单位工程管理部门审核后归档。

(2) 实行工程总承包的项目，工程总承包单位负责指导、审查、汇总各分包单位施工文件、设备随机文件及竣工图，经项目监理单位、建设单位工程管理部门审核后归档。

4. 监理单位

(1) 负责监理文件的形成、积累、整理，经项目建设单位工程管理部门审核后归档。

(2) 负责督促、检查施工单位或总承包单位编制、整理施工文件及竣工图，审核、签署施工文件及竣工图的完整、准确情况。

5. 工程质量监督机构

工程质量监督机构负责编制、收集、整理建设项目工程质量监督工作中形成的质量监督文件，经项目建设单位审核组卷后归档。

(三) 项目各阶段文件收集要求

中国石化投资项目分为一类项目(一般投资额≥1 亿元)、二类项目(一般投资额<1 亿元且≥1000 万元)、三类项目(一般投资额<1000 万元)。

工程项目一般分为立项阶段(可行性研究报告批复之前的工作)、设计阶段(包括总体设计、基础设计、详细设计)、施工阶段(从桩基工程开工到项目中间交接)和试车及竣工验收阶段(从项目中交到通过竣工验收)。

1. 立项文件

可行性研究报告的编制应执行《中国石化集团公司石油化工项目可行性研究报告编制

规定》。特大型项目(投资额在50亿元以上)在编制可行性研究报告前，还需要编制预可行性研究报告。一类项目的可行性研究报告由总部发展计划部组织审批或报批；二类项目由各事业部组织审批；三类项目由各企业负责论证和审批。其中，港口、铁路等工程基础设计须报交通等行政主管部门审查，并获得其审批文件。

形成和收集的主要文件：(预)可行性研究报告、审查会议文件(含审查意见)、批复和请示等报批文件。

2. 设计基础文件

设计基础文件是提供给设计单位开展设计工作而搜集或准备的基础资料，主要包括立项阶段的各类审批文件、工程地质勘察文件以及气象、地震统计资料。

勘察工作划分为选址勘察(可行性研究勘察)、初步勘察、详细勘察三个阶段。对于地质条件简单、建筑物占地面积不大的场地，或有建设经验的地区，可适当简化勘察阶段。

收集的主要文件：工程地质勘察报告(包括选址勘察、初勘、详勘)。其中，新址建厂的项目需要收集、保存气象、地震统计资料。

3. 设计文件

设计文件包括总体设计、基础设计(初步设计)、方案设计、详细设计(施工图设计)。

依据项目管理规定，在可行性研究报告批准后，重大项目必须依据《中国石化集团公司石油化工大型建设项目总体设计内容规定》编制总体设计；一类和二类项目原则上都应依据《中国石化集团公司石油化工装置基础设计(初步设计)内容规定》编制基础设计；三类项目可简化编制方案设计。

收集的主要文件：总体设计、基础设计(初步设计)、方案设计及审查会议文件(含审查意见)、批复和请示等报批文件。

详细设计编制应执行《中国石化集团公司石油化工装置详细设计内容规定》。建设单位在收到详细设计后，组织相关人员进行审查。其中，港口、铁路等工程施工图由交通等行政主管部门审查，并须获得审批文件；涉及城乡规划的施工图，应由规划行政管理部门审查，并获得审批文件。

收集的主要文件：详细设计及设计变更单、审查会议文件(含审查意见)、批复和请示等报批文件。

4. 项目管理文件

在项目管理过程中，建设单位与其他业务单位的职能部门、项目部与承包单位之间、各类会议、专项工作等产生的文件，项目文件管理人员应梳理出部门内部、部门之间、单位之间产生文件的种类，确定每类文件处理流程、分发流程、归档流程。

收集的主要文件：项目征地、移民、合同及招投标、质量管理、计划、进度管理、资金管理、涉外管理中的往来文件、行政许可文件、周月报、会议纪要、专项报告、管理制度、大事记等。

5. 物资采购文件

项目采购部门依据设计文件编制采购计划，确定供应商，签署技术文件和商务文件，签订采购合同。

收集的主要文件：采购计划、询价报价文件、合同及招投标文件、设备随机文件、物资质量证明文件等。

6. 竣工文件

(1) 交工技术文件。

根据《石油化工工程建设交工技术文件规定》(SH/T 3503—2001)，施工单位负责施工部分的交工技术文件，设计单位负责竣工图，采购部门负责质量证明文件和设备随机资料(含监造文件)，监理单位负责监理文件的收集。

(2) 质量评定文件。

工程质量验收依据单项工程按单位工程(子单位工程)、分部工程、分项工程、检验批的划分进行。工程质量评定文件按检验批、分项、分部、子单位/单位质量验收与评定记录形成、收集。

(3) 监理文件。

监理单位依据监理规范、监理合同编制监理规划、监理实施细则等管理文件，建立完善监理文件管理制度并有效运作，设专人管理监理文件，并及时、准确、完善地收集、整理监理文件资料。

收集的主要文件：管理性文件；专业会议纪要；报审文件；监理月报、监理日志、旁站记录；见证取样和平行检验文件资料；处理工程质量和生产安全事故处理文件资料；工程质量评估报告及竣工验收监理文件资料；监理工作总结；设备监造文件。

7. 生产准备与试生产文件

(1) 生产准备工作纲要(方案)及总体试车方案。

炼油化工装置和油气储运设施项目的总体试车方案依据《中国石化建设项目生产准备与试车管理规定》，由建设单位负责编制，集团公司工程部组织审批。依据《建设项目安全设施“三同时”监督管理暂行办法》(国家安全生产监督管理总局令第36号)，生产、储存危险化学品的建设项目，在建设项目试运行前将试运行方案报负责建设项目安全许可的安全生产监督管理部门备案。

收集的主要文件：生产准备方案、试车方案、审查会议文件(含审查意见)、批复和请示等报批文件、备案文件。

(2) 生产技术资料。

主要包括操作手册、工艺流程图、岗位操作法、工艺卡片、安全技术及职业卫生规程、工艺技术规程、环保监测规程、分析规程、检修规程、主要设备运行规程、电气运行规程、仪表及计算机运行规程、控制逻辑程序、连锁逻辑程序及整定值、事故处置预案、相关管理制度等，由建设单位负责编制并组织审批。

收集的主要文件：上述资料、审查会议文件(含审查意见)、批复和请示等报批文件。

(3) 技术培训材料：主要包括培训方案及考核等，由建设单位负责编制。

(4) 综合性技术资料：主要包括装置介绍、三剂手册、设备图册、装置物料平衡图集、装置仪表安全系统(SIS)逻辑图册等，由建设单位负责收集。

(5) 各种试车方案(包括大机组试车方案)、调试报告：由建设单位负责编制，除总体试车方案另有规定，联动试车和投料运行方案等由建设单位逐级组织审批。

(6) 试生产总结：建设单位应在投料试车结束6个月内编制试生产总结(包括总体试

车总结和分装置试车总结)，并报集团公司工程部备案。

(7) 生产考核资料：主要包括生产考核方案、考核评价报告、生产考核总结、72h 运行记录，由建设单位负责编制。

8. 竣工验收文件

依据《石油化工建设工程项目竣工验收规范》(SH/T 3904—2014)及《中国石化建设工程项目竣工验收管理规定》，建设单位应做好石油化工建设工程项目竣工验收程序、竣工验收实施的组织及形成文件的收集，包括项目交工验收、专项验收、竣工决算审计、档案验收、竣工验收等各阶段形成的文件。其中，专项验收阶段包括消防、防雷、职业卫生、安全、环境保护等形成的验收报告、证书、会议纪要、结论性文件等。

(1) 交工验收文件。

交工验收应在建设工程项目投料试车产出合格产品或试车标定后完成，由建设单位组织实施，签署“工程交工证书”。交工验收前，建设单位应编制项目建设总结、大事记，设计单位应出具工程设计总结，质量监督部门出具质量监督报告。

收集的主要文件：工程交工证书、项目建设总结、工程设计总结、质量监督报告及工程声像文件。

(2) 专项验收文件。

在试生产阶段组织生产考核或生产标定的同时，消防、防雷、职业卫生、劳动安全卫生及环境保护等设施必须与主体工程同步验收。

收集的主要文件：消防验收文件、职业卫生验收文件、安全验收文件、环境保护验收文件、防雷设施验收文件、水土保持设施验收文件等。

(3) 工程审计文件、决算报告。

收集的主要文件：工程审计报告、审计决定和审计意见书、决算报告。

(4) 档案验收文件。

依据《中国石化建设项目档案验收细则》要求，项目交工验收后，竣工验收前组织档案验收。

收集的主要文件：档案专业验收意见、签字表、登记表、验收会议材料。

(5) 竣工验收文件。

依据《中国石化建设工程项目竣工验收管理规定》，具备竣工验收条件后，建设单位按照权限办理项目竣工验收工作。

收集的主要文件：竣工验收申请、竣工验收报告、竣工验收证书等。

(四) 质量要求

(1) 归档的项目文件应为原件。

(2) 项目文件的内容及质量必须符合国家有关工程勘察、设计、施工、监理等方面的技术规范、标准和规程。

(3) 项目文件的内容必须真实、准确，与工程实际相符合。

(4) 项目文件应采用耐久性强的书写材料，如碳素墨水、蓝黑墨水。不得使用易褪色的书写材料，如红色墨水、纯蓝墨水、圆珠笔、复写纸、铅笔等。

(5) 项目文件应字迹清楚、图样清晰、图表整洁，签字盖章手续完备。

(6) 项目文件中文字材料幅面尺寸规格宜为 A4 幅面(297mm×210mm)，图纸宜采用国家标准图幅。

(7)项目文件的纸张应采用能够长期保存的韧力大、耐久性强的纸张。计算机出图必须清晰，不得使用计算机出图的复印件。

(8) 长期存储的电子文件应使用不可擦除型光盘。电子文件质量应符合相关规范。

(9) 录音录像文件应保证载体的有效性。

三、项目各阶段文档的整理要求

(一) 原则要求

(1) 建设项目所形成的全部项目文件在归档前应根据国家有关规定，并按档案管理的要求，将文件按单位进行整理。

(2) 建设单位各机构形成或收到的有关建设项目的前期文件、采购文件、试运行文件及验收文件，应根据文件的性质、内容分别按年度、项目的单项或单位工程、设备单台(套)进行整理。

(3) 项目建设施工前，建设单位、施工单位、监理单位、设计单位应编制完成统一规范的归档范围、整编要求等档案业务管理文件。

(4) 各参建单位应根据国家有关规定整理项目文件：

勘察、设计单位形成的设计基础文件和设计文件，应按项目、专业整理；

施工文件应按单项工程的专业、阶段整理，检查验收记录、质量评定按单位工程整理；

监理文件按单项工程或单位工程整理。

(5) 项目文件整理要遵循项目文件的形成规律和成套性特点，保持卷内文件的有机联系，分类科学，组卷合理。

(6) 项目文件由形成单位对项目文件的归档价值进行鉴定，确定项目文件的保管期限。

(7) 涉密档案整理应遵循保密管理要求。

1. 组卷方法

(1) 针对具体项目的管理性文件应放在对应的项目文件中，按阶段或分年度组卷。

(2) 立项审批、勘察、设计及设计基础文件按内容组卷。

(3) 项目管理文件按内容组卷，其中合同、招投标文件按招标项目、标段、合同组卷。

(4) 项目施工文件按单项工程、单位工程或装置、阶段、结构、专业组卷；原材料试验按单项工程、单位工程组卷。

(5) 监理综合性文件按内容、时间组卷，质量、进度、投资等控制文件按单位工程组卷。

(6) 设备工艺文件按设备台套组卷。

(7) 科研文件按项目、课题组卷。

(8) 竣工图根据设计文件规定的单元工程或按建设工程项目划分的单位工程组卷，也可按设计文件编号顺序组卷。

（9）建设项目后评估、改（扩）建或重建所形成的项目文件应单独组卷。

2. 案卷构成要求

一个案卷一般由案卷封面、卷内目录、卷内文件、卷内备考表四部分组成。

分类：按照《中国石化档案分类规则》要求，结合本单位项目分类方案，对项目文件进行分类整理。

组卷：按照项目文件的组卷方法，将项目文件组成一个个案卷。

卷内文件排列：按照卷内文件排列要求，将一个案卷内的文件进行有序排列。

修整：破损的文件应修复；大于A4的页面要折叠成A4幅面，小于A4的页面要有规律地托裱在A4复印纸上。

卷内文件页号编写：以件为单位装订的，应对每件文件单独进行页号编制，以有效页面为一页。以卷为单位装订的，应逐页编写页号，已有页号的文件可不再重新编写页号。案卷封面、卷内目录、卷内备考表不编写页号。

装订：根据卷内文件情况，可对卷内文件整卷装订或以件为单位装订。装订应去除金属物，采用线装等装订方式。线装也常称"三孔一线"装订法，即采用棉线左侧三孔装订，棉线装订结打在背面，装订线距左侧20mm，上下两孔分别距中孔80mm。

（1）正文与附件。正文在前，附件在后，合为一件装订。

（2）正本与定稿。正本在前，定稿在后。重要性文件的历次文稿依次排在定稿之后。合为一件装订。

（3）原件与复制件。原件在前，复制件在后，合为一件装订。

（4）转发文与被转发文。转发文在前，被转发文在后，合为一件装订。

（5）合同协议及其附件材料。合同协议及其附件材料，合为一件装订。

（6）会议文件材料。按会议议程整理排列，各为一件装订。

加盖档号章：一个案卷中有2件文件以上的（含2件），应在其每件文件首页上方空白处加盖档号章。档号章式样执行《科学技术档案案卷构成的一般要求》（GB/T 11822—2008）。

装盒：将整理好的文件装入档案盒中。

编目：编制案卷封面、卷内目录、卷内备考表和案卷脊背。其内容、格式及编写要求执行《科学技术档案案卷构成的一般要求》（GB/T 11822—2008）。

案卷封面可印制在卷盒正表面，也可采用内封面形式。

3. 卷内文件排列要求

项目文件宜按系统、成套性特点进行卷内文件排列。一般应文件材料在前，图样在后；译文在前，原文在后。

项目管理性文件按问题结合时间（阶段）或重要程度排列。一般应印件在前，定稿在后；正件在前，附件在后；复文在前，来文在后。

施工文件按管理、依据、建筑、安装、检测实验、评定、验收等施工工序排列。

设备文件按依据性、开箱验收、随机图样、安装调试和运行维修等顺序排列。

详细设计图、竣工图按专业、图号排列。

4. 案卷排列要求

按系统、成套性特点进行排列。

按项目前期、设计、施工、监理、试生产、竣工验收及项目后评估等阶段排列。

(二) 项目立项、审批等文件

组卷：按问题结合时间组卷，文件较少时按阶段组卷。

装订：一般以件为单位装订。

卷内文件排列：按问题结合时间排列。

编目：以件为单位进行编目。

(三) 设计基础与设计准备等文件

组卷：按问题结合时间组卷，文件较少时按阶段组卷。

装订：以件为单位装订。

卷内文件排列：按问题结合时间排列。

编目：以件为单位进行编目。

(四) 设计阶段文件

1. 总体设计、基础设计、方案设计等文件

组卷：按设计单位编制的卷册分别组卷，一般以每一册为一案卷；若每卷下的每册内容较少，也可多册组成一案卷。

装订：一般保持其原有的装订不变。

卷内文件排列：按设计单位编制的卷册顺序排列。

编目：以件为单位进行编目。

2. 详细设计(施工图)文件

组卷：一般按设计主项分单元、专业进行组卷，每一单元每一专业为一卷或多卷。

装订：施工图一般不装订，单张图纸折叠成 A4 幅面装盒。

卷内文件排列：按图纸目录排列。

编目：每盒图纸当作一件编写页号，卷内目录以每张图纸填写一条目录(图纸目录、材料表、规格表、清单等一个图号填写一条目录)。

(五) 项目管理阶段文件

1. 征地、移民等文件

参照项目立项、审批等文件的整理方法。

2. 合同与招投标文件

组卷：一般将一个招标项目的招投标文件组成一卷或多卷。

(1) 应将合同文本、审批表及其他相关附件装订在一起，作为一件归档。

(2) 招标书、投标文件按每册为一件。

(3) 其他招标文件：已装订成册的文件可为一件，其他文件可按招标、评标、定标文件组成若干件。

装订：一般以件为单位进行装订。

卷内文件排列：一般按招标工作流程的顺序进行排列。

编目：以件为单位进行编目。

3. 项目计划与进度管理文件

一般以件为单位装订，分单项工程按阶段进行整理组卷。

4. 项目质量管理文件

项目质量管理涉及物资采购、进场、施工、中交等过程的质量控制，其所形成的文件多为项目施工文件的组成部分。一般按施工文件整理规定进行整理组卷。

5. 项目 HSE 管理文件

建设单位形成的 HSE 管理文件可按项目管理文件，以件为单位装订整理组卷；监理单位形成的 HSE 管理文件按监理文件整理组卷；总承包或施工单位形成的 HSE 管理文件可按施工文件整理组卷。

6. 项目资金管理文件

项目概算、预算、结算、决算文件按单项工程分阶段以件为单位装订整理组卷；施工期间的工程支付款申请及审批表，由监理单位负责纳入监理文件整理归档；工程结算、决算文件，随竣工验收阶段其他文件一起整理组卷。

7. 项目涉外管理文件

项目涉外管理中形成的文件包括国外技术引进、国外设备和材料采购、人员出国考察、外国人员现场服务及国外各设计阶段文件，建设单位可按阶段、问题以件为单位进行装订整理组卷。

（六）设备制造、材料质量证明文件

1. 设备制造文件

组卷：设备档案宜分单项工程，以设备位号为单位，按“一台一档”要求进行组卷；设备开箱检验记录由施工单位编入施工文件的设备质量证明卷整理归档。

装订：已装订成册的可保持原样；未装订的可整卷装订，也可以按件装订。

卷内文件材料排列：①当主辅设备文件放在同一案卷时，一般先排主设备文件，后排辅助设备文件。②文件一般按设备装箱单、设备合格证明书、设备数据手册、设备使用说明书、备品备件清单、备品备件合格证及使用说明书、辅助设备合格证及使用说明书等排列。③当有散装图纸时，图纸放在文字材料的后面。

编目：以件为单位进行编目。

2. 材料质量证明文件

材料质量证明文件是施工文件的重要组成部分，由采购单位负责整理归档。

按施工文件(交工技术文件)整理要求进行整理。其中，压力管道以管道号为单位，按“一管一档”要求进行组卷；电气、仪表按类组卷；控制系统如 DCS、ESD、PLC 以系统为单位组卷。

（七）项目交工技术文件

1. 施工文件

施工文件按照单项工程或单位工程分专业组卷。

1）综合卷

(1) 按单项工程(装置)编制，根据内容的多少，可组成一册或多册，包含：

交工技术文件封面；

交工技术文件目录；

交工技术文件总目录；

交工技术文件说明；

施工组织设计及批复文件；

开工报告；

重大质量事故处理报告；

工程中间交接证书；

工程交工证书；

交工技术文件移交证书；

特殊资质审查文件；

主要施工机具/设备进场审查文件。

(2) 质量评定册。

按单位(单元)工程、子单位工程、分部、分项、检验批顺序整理成册包含：

交工技术文件封面；

交工技术文件目录；

交工技术文件说明；

交工技术文件移交证书；

施工质量管理检查记录；

单位工程质量验收记录；

子单位工程质量验收记录；

分部工程质量验收记录；

分项工程质量验收记录；

工程观感质量验收记录；

质量控制记录与技术资料核查记录。

2）各专业施工卷

(1) 专业施工卷的第一册宜为综合册。包含：

交工技术文件封面；

交工技术文件目录；

交工技术文件总目录；

交工技术文件说明；

开工报告；

重大质量事故处理报告；

工程中间交接证书；

交工技术文件移交证书；

专业施工方案及报审文件；

工程变更一览表及设计变更单与工程联络单；

专业特殊资质及报审文件。

(2) 土建施工卷。

① 施工记录、质检验收册：宜按单位(单元)工程、分部、分项顺序整理，按报审表、施工记录、试验记录、工程质量验收记录等反映施工工序顺序的文件汇集成册。

交工技术文件封面；

交工技术文件目录；

交工技术文件说明；

施工记录及报审表；

施工质量验收记录及报审表。

② 材料进场报验册：宜按材料进场和检测、试验的时间顺序整理，按报审表、自检、质量证明、检测、试验等文件汇集成册。

交工技术文件封面；

交工技术文件目录；

交工技术文件说明；

原材料质量证明文件及报审表；

原材料自检清单；

检测、试验报告。

(3) 设备安装工程卷。

① 安装记录、质检验收册：宜按单位(单元)工程、分部、分项顺序整理，按单台(组)设备安装的报审表、安装记录、检测记录、工程质量验收记录等反映安装工序顺序的文件汇集成册。同一设备的附属设备、附属设施及无损检测、保温、保冷、脱脂、防腐及隔热耐磨衬里等文件宜一并编入册。单独委托进行无损检测、保温、保冷、脱脂、防腐及隔热耐磨衬等施工的，也可单独按单位(单元)工程、分部、分项顺序整理成册，汇总到设备安装工程卷中。

交工技术文件封面；

交工技术文件目录；

交工技术文件说明；

安装记录及报审表；

安装质量验收记录及报审表；

检测、试验报告及报审表。

② 设备进场报验册：宜按设备进场和开箱检验的时间顺序整理，按报审表、质量证明、开箱检验等文件汇集成册。

交工技术文件封面；

交工技术文件目录；

交工技术文件说明；

设备质量证明文件及报审表；

开箱检验记录。

(4) 管道安装工程卷。

① 安装记录、质检验收册：按单位(单元)工程、分部、分项顺序整理，按管道编号顺序的报审表、安装记录、试验记录、工程质量验收记录等反映安装工序顺序的文件汇集成册；管道无损检测、阀门检验、保温、保冷、脱脂、防腐等文件宜一并编入册；单独委托进行无损检测、阀门检验、保温、保冷、脱脂、防腐等施工的，可单独按单位(单元)工程、分部、分项顺序整理成册，汇总到管道安装工程卷中。

交工技术文件封面；

交工技术文件目录；

交工技术文件说明；

安装记录及报审表；

安装质量验收记录及报审表。

② 材料进场报验册：宜按材料进场的时间顺序整理，按报审表、自检、质量证明、检测、试验等文件汇集成册。

交工技术文件封面；

交工技术文件目录；

交工技术文件说明；

原材料质量证明文件及报审表；

原材料自检清单；

检测、试验报告。

(5) 电气安装工程卷。

① 安装记录、质检验收册：宜按单位(单元)工程、分部、分项顺序整理，按供配电系统设备和系统位号顺序的报审表、安装记录、测试、试验记录、工程质量验收记录等反映安装工序顺序的文件汇集成册；电信安装文件宜单独整理成册，汇总到电气安装工程卷中。

交工技术文件封面；

交工技术文件目录；

交工技术文件说明；

安装记录及报审表；

安装质量验收记录及报审表。

② 材料进场报验册：宜按材料进场的时间顺序整理，按报审表、自检、质量证明、检测、试验等文件汇集成册。

交工技术文件封面；

交工技术文件目录；

交工技术文件说明；

原材料质量证明文件及报审表；

原材料自检清单；

检测、试验报告。

(6) 仪表安装工程卷。

① 安装记录、质检验收册：宜按单位(单元)工程、分部、分项顺序整理，按控制、检

测系统位号顺序的报审表、安装记录、测试、试验记录、工程质量验收记录等反映安装工序顺序的文件汇集成册；仪表DCS系统安装文件宜单独整理成册，汇总到仪表安装工程卷中。

交工技术文件封面；

交工技术文件目录；

交工技术文件说明；

安装记录及报审表；

安装质量验收记录及报审表。

② 材料进场报验册：宜按材料进场的时间顺序整理，按报审表、自检、质量证明、检测、试验等文件汇集成册。

交工技术文件封面；

交工技术文件目录；

交工技术文件说明；

原材料质量证明文件及报审表；

原材料自检清单；

检测、试验报告。

3）材料、设备质量证明文件卷

卷内文件可按设计文件规定的单元工程或按建设工程项目划分的单位工程组册；材料质量证明文件也可按品种、规格、材质类别顺序组册；设备质量证明文件与产品技术文件也可按设备位号顺序组册。

交工技术文件封面；

交工技术文件目录；

交工技术文件说明；

重大质量事故处理报告；

交工技术文件移交证书；

开箱检验记录；

材料、设备质量证明文件；

材料检测、复验报告；

工程变更一览表及材料变更单与工程联络单；

管道材料发放一览表。

2. 项目竣工图

项目竣工后应按照工程实际情况绘制终版图纸。

1）工作责任

实施行政许可法后，施工单位在施工图上的任何修改都是不允许的，也是无效的。目前设计单位已全面使用计算机绘图，由设计单位编制竣工图是可行和必要的，也只有这样才能够保证竣工图质量。

2）业务流程

(1) 工程项目试生产出合格产品后，设计单位开始编制项目竣工图。

(2) 汇总设计变更及未转化设计变更的工程联络单、材料代用单，分单项工程、分专业对图纸进行修订。

(3) 建立竣工图新图标，编制设计阶段为竣工图阶段，图号采用竣工图编号，题名更改为竣工图。

(4) 按照工程项目各级目录进行图纸出版，交监理单位审核。

(5) 经监理公司工作人员审核确认无误后，设计单位编制竣工图。

(6) 设计单位编制竣工图并组卷，监理单位审核签章，经建设单位验收合格后交付档案管理部门。

3) 竣工图编制要求

各项新建、扩建、改建、技术改造、技术引进项目，在项目竣工时要编制竣工图。项目竣工图由设计单位负责编制，应有监理单位的审核和签字认可，项目实行总承包的竣工图也由设计单位编制。

竣工图应完整、准确、清晰、规范、修改到位，真实地反映项目竣工验收时的实际情况。

建设单位应负责或委托有资质的单位编制项目总目录、总料表、总说明、总平面图、综合管线竣工图、地下管线图。

设计单位须编制竣工图总说明及各专业的编制说明，叙述竣工图编制原则、各专业目录及编制情况。

4) 竣工图编制方法

设计单位依据设计变更、工程联络单、材料代用单对施工图进行修改，形成与工程施工实体相符的图样。施工单位负责提供一套完整的并经监理确认的工程联络单、材料代用单供设计单位使用。

竣工图须修改到位，新图标符合设计规范，设计阶段为竣工阶段，图号为竣工图编号，图纸设计、校对、审核、审定人员签字真实完整，加盖并签署竣工图章。

竣工图的建筑图纸必须盖有注册结构师、建筑师的注册章，压力管道、压力容器等必须加盖设计单位的专项资质章。

委托厂家设计的各专业竣工图，须由设计单位纳入竣工图编制范围。

新增加的文字说明，应在其涉及的竣工图上作相应添加和变更。

图纸变更主体修改部位应采用云图标识示意。

5) 竣工图卷

竣工图卷宜根据设计文件规定的单元工程或按建设工程项目划分的单位工程组册，可设计文件编号顺序组册，也可设立分册。

图纸按目录在前、图样在后排列，图样按目录顺序依次排列。

设计单位编制所有竣工图，经监理单位与工程实际情况核对后，按图号逐张加盖竣工图章，竣工图章签署应齐全、清楚，不得代签。

竣工图放入符合国家标准统一规定样式的档案盒内，可不进行装订，每册厚度宜在40mm以内，且标题栏必须露在最外面。

竣工图的页码应打在标题栏的右下角。

竣工图图幅应按《技术制图复制图的折叠方法》(GB/T 10609.3—2009)要求统一折叠，

叠制的图纸为标准的A4幅面。

竣工图的编制日期为监理审核日期。

6）竣工图章的使用

石油化工项目竣工图章执行《石油化工工程建设交工技术文件规定》(SH/T 3503—2001)，其他行业项目竣工图章执行国家、行业标准。

7）竣工图的审核

竣工图编制完成后，监理单位应督促和协助竣工图编制单位检查其竣工图编制情况，发现不准确或短缺时要及时修改和补齐。

竣工图内容应与施工图设计、设计变更、洽商、材料变更、施工及质检记录相符合。

竣工图按单位工程、装置或专业编制，并配有详细编制说明和目录。

竣工图应使用新的图样，并按要求签署加盖竣工图章。

国外引进项目、引进技术或由外方承包的建设项目，外方提供的竣工图应由外方签字确认。

8）竣工图套数

项目竣工图一般为两套，由建设单位向业主和生产(使用)单位移交；建设项目主管单位或上级主管机关需要接收的，按主管机关的要求办理。

如设计合同条约中约定了套数，竣工图套数按合同条件的规定提交。

在大中型城市规划区范围内的重点建设项目，应根据《城市建设档案归属与流向暂行办法》第五条的规定，另编制一份与城市建设、规划及其管理有关的主要建筑物及综合管线竣工图。

9）编制竣工图的费用

编制竣工图所需的费用应在项目建设投资中解决，由建设单位或有关部门在与承包单位签订合同时确定。

建设单位主管部门要求增加套数或行业主管部门要求由设计单位负责编制竣工图的，费用由建设单位负责。

因修改需重新绘图的，除合同另有规定，应由设计单位承担绘制新图的费用。

3. 监理文件

1）监理文件

(1) 组卷：监理文件宜按单项工程、管理阶段组卷，分为管理卷、技术卷。

(2) 装订：可采用整卷装订或以件为单位装订。

(3) 卷内文件材料排列：一般按文件形成时间排列。

(4) 编目：以件为单位进行编目。

2）设备监造文件

(1) 组卷：设备监造文件分单项工程、按单台(套、组)设备组卷。综合性文件(大纲、细则、会议文件等)按问题组卷。

(2) 装订：可采用整卷装订或以件为单位装订。

(3) 卷内文件材料排列：一般按文件形成时间排列。

(4) 编目：以件为单位进行编目。

(八) 生产准备与试生产文件

生产准备与试生产阶段可分为技术准备阶段，工程扫尾与单机试车阶段，系统清洗、吹扫、气密阶段，联动试车阶段，投料试车阶段，生产考核阶段。

应根据文件的性质、内容分别按项目、时间整理组卷。

(九) 项目竣工验收文件

建设工程项目竣工验收工作包括从工程实体验收到竣工验收资料归档等，包括交工验收、专项专业验收(消防、防雷、环境保护、安全设施和职业病防护设施等专项竣工验收)、生产考核、竣工决算与审计、投资核定、档案验收、竣工验收等工作。

1. 交工验收文件

交工验收指建设工程项目投料试车产出合格产品或试运行标定后，建设单位组织设计、施工、工程监理及相关单位按工程合同规定对交付工程的验收。

各参建单位的工程交工证书，汇入项目交工技术文件综合卷。

2. 专项、专业验收文件

专项验收包括项目消防、职业卫生、劳动安全卫生、环境保护等设施和实施效果验收。专业验收包括竣工决算与审计、档案专业验收。

形成的验收文件分别按专项或专业，以件为单位进行整理组卷。

3. 生产考核文件

生产考核指石油化工生产装置在投料试车产出合格产品后，通过规定期限的连续运行，对设计的生产能力、工艺指标、产品质量、设备性能、自控水平、消耗定额及环保指标等进行的考核与评价。

生产考核文件按项目、时间，以件为单位进行整理组卷。

4. 竣工验收文件

竣工验收文件按项目、时间，以件为单位进行整理组卷。

四、项目电子文件与电子档案

(一) 工作要求与业务流程

1. 工作要求

(1) 项目电子文件形成部门及单位应对电子文件的收集、积累、归档实行集中、规范与全程管理，确保电子文件真实、可靠、完整和可用，内容保持与纸版文件一致。

(2) 电子文件应以通用格式收集、积累；收集、积累的电子文件及其元数据应齐全、完整，能够满足使用要求。

(3) 对电子文件进行分类、鉴定、关联，并赋予相应标识的功能。

(4) 电子档案存储介质的保管应符合规范要求。

2. 业务流程

(1) 项目电子文件形成部门及单位对形成的电子文件进行检查，检查内容为版本、背景信息、元数据与纸质档案一致性。

(2) 项目电子文件形成部门及单位依据合同范围或工作范围，根据项目档案管理规定，将各类电子文件分类、整理，编制电子档案。

(3) 建立电子档案案卷级、文件级各类档案系统数据，并上传挂接于中国石化档案管理系统等，录制光盘两套，申请办理移交手续。

(4) 经项目档案管理部门联合相关部门进行检查，验收合格办理移交，档案部门办理档案移交清单。

(二) 电子文件归档范围

电子文件的归档范围参照纸质文件材料归档的有关规定执行，应包括相应的背景信息和元数据。

(三) 电子档案保管期限

电子档案保管期限参照纸质文件材料保管期限的有关规定执行。电子档案的背景信息和元数据的保管期限应当与内容信息的保管期限一致。应在电子档案的机读目录上逐件标注保管期限的标识。

(四) 电子档案格式

电子档案(包括文件和图纸)一般以 PDF 等为通用格式。有条件的，可以提供包括 3D 模型在内的工厂模型等。

(五) 电子文件整理要求

1. 电子施工文件资料卷说明

(1) 电子施工文件一般为原件的扫描件。

(2) 若施工文件是原格式的电子文件，签署栏可以没有签名和盖章，但为了便于利用，在电子施工文件建设单位、监理单位、施工单位名称及相关负责人栏采用计算机打印，代替签名和盖章，并按照电子档案规范格式进行转换。计算机打印的单位名称和负责人姓名必须与纸质版名称一致，或采用先进技术实现电子签章。

(3) 电子施工文件资料部分以卷内目录中每个序号为编制单位，一个序号的文件为一个电子文件，一册编一个文件夹。

(4) 电子施工文件资料卷名称必须与纸质版一致，电子施工文件资料卷名称由纸质交工技术文件的“工程名称”“单元名称”“卷名”“册名”组成。

(5) 对于部分施工文件(例如质量证明文件)施工单位没有电子版的，采用扫描纸制文件的方式获取图像，并将图像转换成 PDF 格式。

(6) 电子施工文件编号排列顺序与纸制交工技术文件一致。

(7) 电子施工文件没有签署与盖章的，应由电子施工文件责任单位出具电子施工文件与纸质交工技术文件完全一致的承诺文件，并由责任单位相关责任人签字并加盖责任单位公章。

2. 电子竣工图说明

(1) 归档电子文件必须经相关部门鉴定合格后，才能正式归档。

(2) 竣工图的电子文件形成由设计单位负责，由监理单位、建设单位管理部门审核。

3. 电子监理文件说明

电子监理文件由监理单位提供，与纸质监理文件一起归档。

（六）电子档案存储载体

（1）电子档案采用只读光盘存储，存储电子文件的光盘装具上应贴有标签，标签上应注明载体序号、名称、保管期限、存入日期等，归档后的电子文件的载体应设置成禁止写操作的状态。

（2）禁止在光盘表面粘贴标签，建议采用光盘打印刻录机绘制光盘标签。

（3）光盘录制及标签的制作：施工文件由施工单位负责，竣工图由设计单位负责，采购文件由采购单位负责，监理文件由监理单位负责，项目前期文件、生产准备及试生产、专项验收、竣工验收等由建设单位各部门负责。

（4）标签的样式由项目档案管理部门统一规定。

（七）电子档案的鉴定

（1）归档电子文件必须经相关部门鉴定合格后，才能正式归档。

（2）施工文件和竣工图由施工承包单位、监理单位和建设单位三方审核。

（3）监理文件的电子文件形成由监理单位负责，由建设单位审核。

（4）建设单位各职能部门形成的电子文件由各部门负责审核。

（八）电子档案的归档

1. 电子文件的归档

电子文件归档时，移交部门应将相应的电子文件机读目录、相关软件、其他说明等一同归档，并办理电子文件归档手续。电子档案（包括文件和图纸）移交份数为一式两份（A、B套），一套封存保管，另一套供查阅使用。

2. 电子数据的归档

项目管理工作形成的各种电子数据需收集、整理、归档。收集以最终电子数据文件为对象，为将来电子数据恢复、数据利用、生成其他数据模型提供依据。

五、项目档案审查

项目档案的审查一般实行“三级审查”，即：形成单位自审—监理单位核审—建设单位会审，对项目文件（纸质、电子）的完整性、准确性、系统性及案卷质量进行审查。

（一）形成单位自审

包括在项目文件形成后对文件形成质量的审查，项目文件整理组卷后对项目案卷质量的审查和项目档案归档移交前的项目案卷整体质量审查。

1. 施工单位

（1）项目施工过程中，按照“施工班组长—质量检验员—专业工程师—总工程师”的流程，对现场施工记录进行审签。

（2）在分部工程、单位工程质量验收时，审查单位工程、分部、分项、检验批形成的施工文件的完整、齐全、准确情况。

（3）项目中交后，对施工文件进行整理组卷，审查各专业施工文件的系统、完整和编制质量。

(4) 档案移交前，组织相关人员对案卷整体质量进行全面审查。

(5) 项目实行工程总承包的，总承包单位应对各承包单位的全部施工档案进行审查，并形成审查意见。

2. 设计单位

(1) 在设计过程中，按照设计—校对—审核的流程，对单张图纸进行审签。

(2) 向建设单位移交各阶段设计图纸或案卷前，除对图纸质量进行审查，还应加强对各阶段设计图纸的图标栏内容、出图章、设计资质章等是否齐全完备和设计文件案卷质量进行审查。

(3) 项目中交后，根据施工、监理、建设等单位对项目施工内容的确认情况，对设计变更文件进行汇总、审查。

(4) 在竣工图组卷成册前，对照变更文件对竣工图修改进行审查。

(5) 在竣工图移交前，对竣工图(纸质、电子)案卷进行总体审查，并形成审查意见。

3. 监理单位

(1) 在工程监理过程中，按照专业监理工程师—总监的流程，对监理文件进行审签。

(2) 工程中交后，对监理文件进行整理组卷，审查监理文件的系统、完整和编制质量。

(3) 档案移交前，组织相关人员对案卷整体质量进行全面审查。

4. 建设单位

(1) 项目建设过程中，建设单位各职能部门负责对形成的前期、管理、试生产、专项验收及竣工验收等文件的编制质量进行审查。

(2) 阶段工作结束后，按照项目档案管理要求进行分阶段整理组卷，审查项目文件的系统性、完整性。

(3) 档案移交前，组织相关人员对案卷整体质量进行全面审查。

(二) 监理单位审核

(1) 在项目文件形成的过程中，监理单位专业工程师负责对核审的项目文件进行逐一审查，确认无误后才能签署放行进入下一工作环节。

(2) 需要监理单位核审的项目文件整理组卷后，整理责任单位应向监理单位提出项目案卷核审请求，监理单位对项目文件的完整性、准确性、系统性及案卷质量进行核审，并签署核审意见。

(三) 建设单位会审

(1) 建设单位应组织下属职能部门、工程质量监督机构、专业工程师对参建单位项目档案进行会审。

(2) 项目建设过程中，建设单位依据国家法律法规及相关标准和制度，对参建单位项目文件编制、整理的程序与质量进行定期或不定期检查。

(3) 参建单位项目文件整理组卷完成后，移交归档前，提交建设单位组织会审，建设单位对项目文件的完整性、准确性、系统性及案卷质量进行会审，并签署会审意见。

六、项目档案专业验收

中国石化(含合资、合作企业)固定资产投资建设项目，均须按《中国石化建设项目档案验收细则》组织项目档案专业验收。

未经档案专业验收或档案专业验收不合格的项目，不得进行或通过项目竣工验收。

(一) 验收组织

(1) 项目档案专业验收根据建设项目的审批情况，一般由行业主管部门档案机构或建设单位档案机构组织。重点工程、大型建设项目可组织档案专业预验收。

(2) 国家重点建设项目：由集团公司办公厅向国家档案局申请验收，国家档案局组织验收或委托集团公司办公厅组织验收。

(3) 中国石化一类、二类建设项目：由集团公司办公厅组织验收或委托建设单位档案部门组织验收。

(4) 中国石化三类建设项目：由建设单位档案部门组织验收。

(5) 列入城市规划区内需办理备案的建设项目(与城市建设、规划及其管理有关的部分)：由所在地城建档案馆组织验收，执行所在地城市建设工程档案验收规定。

(6) 档案验收组人数一般为3~9人(单数)，组长由组织单位人员担任。成员由档案管理、工程技术、质量监督等专家组成，视情况邀请地方档案行政管理部门专家领导参加。

(二) 验收申请

建设单位以公文(工作表单)形式向集团公司办公厅申报，附《中国石化建设项目档案专业验收申请表》，并以电子邮件形式报送项目档案专业自检报告。

(三) 验收时间

项目档案专业验收须在项目交工验收后、竣工验收前 2 个月内完成。

(四) 验收形式

(1) 项目档案专业验收以验收组织单位主持召开验收会议的形式进行。

(2) 参会人员包括：项目档案验收组成员，建设单位及总承包、设计、施工、监理等参建单位的领导、技术人员、档案人员。

(3) 验收会议有汇报、现场检查、宣布结果 3 个议程，时间视项目规模大小确定。

(4) 建设单位就项目建设概况和项目档案工作情况向验收组现场汇报。

(5) 验收组采取现场查验(档案库房、设备设施)、案卷抽查、质询等方式，对项目档案管理工作、项目文件形成的质量、档案的规范化整理及安全保管情况，对照验收评价标准逐项评议打分，形成档案专业验收意见。

(6) 验收组会上通报检查情况并讲评，宣布验收意见，对建设单位今后项目档案工作提出建议。

(五) 评定结果及审批

(1) 项目档案专业验收分值：≥75 分为合格(≥90 分为优秀)、<75 分为不合格。

(2) 国家档案局组织验收的项目由国家档案局出具验收合格批文。

(3) 中国石化及建设单位组织验收的项目分别由集团公司办公厅档案处、建设单位档案部门在《中国石化建设项目档案验收登记表》签署审批意见，加盖公章，同时给出验收登记文号。

(4) 验收不合格的项目：验收组现场宣布项目档案专业验收不合格意见，并提出书面限期整改意见。建设单位经整改达到验收条件后，重新申请验收。复验仍不合格的，由档案专业验收组织单位向同级工程管理部门报告项目档案专业验收情况。

(5) 列入城市规划区内需办理备案的建设项目(与城市建设、规划及其管理有关部分的工程)，由所在地市城建档案馆组织档案验收，验收合格的项目，由所在地市城建档案馆出具《建设工程竣工验收档案认可书》。

七、项目档案的归档

项目档案归档是指项目建设单位各职能部门将项目各阶段形成并经整理成案卷的项目文件及建设项目的设计、施工、采购、监理等单位在项目交工后向建设单位移交经整理成案卷的全部项目文件，经审查后移交档案部门的过程。

(一) 项目档案的归档

(1) 前期文件、试生产、竣工验收文件：应在工作完成后及时归档。请示、批复、纪要等文书类档案，可随文书档案于次年一季度或档案专业验收前完成归档。

(2) 竣工文件(交工技术文件、监理文件)：参建单位应在建设项目交工后3个月内向建设单位归档；规模大、周期长的工程项目，可分阶段按单项或单位工程分期移交归档；有尾项的应在尾项完成后及时归档。

(3) 科研项目文件：在课题研究结束、成果鉴定后及时归档。

(4) 会计档案：可根据企业实际按照会计档案管理办法规定完成归档。

(5) 涉外文件：应在工作完成后及时归档。

(二) 归档份数

(1) 除合同规定，项目文件归档纸质版正副本各1套，正本为原件；电子版2套，有条件的还可多收1套用于异地保存。

(2) 列入城市规划区内需办理备案的建设项目，应按所在地城建档案馆的要求增加向城建档案馆移交归档的份数。

(三) 移交手续

项目档案归档应履行交接手续，由移交单位填写项目档案移交说明和移交清册(交接登记表)一式二份，随归档的项目档案一起移交档案部门，经审核确认无误，并移交实物后，交接双方签字、盖章，各存一份。

第十三节　生产准备及试车管理

一、总体要求

生产准备工作贯穿于工程建设项目始终。生产准备与试车工作纳入工程建设项目的总体统筹控制计划管理。

试车工作遵循“单机试车要早，吹扫气密要严，联动试车要全，投料试车要稳，试车方案要优，试车费用要低”的原则，做到安全稳妥，一次成功。

二、工程完工

(一) 完工交接的概念

完工交接是指单项(单位)工程按设计文件内容施工安装完成，经过设备和管道内部处理、电气仪表调试及单机试车合格后，施工单位和建设单位所做的交接工作。

完工交接标志着单项(单位)工程施工安装结束，由单机试车转入联动试车。

(二) 完工交接的条件

完工交接的主要条件包括：

(1) 单项(单位)工程已按设计内容施工安装完成，所有单位工程施工质量已向监理报审并验收合格。

(2) 单机试车合格，设备内部、管道系统经过合格内部处理，电气、仪表调试合格。

(3) 施工文件资料真实、准确、齐全，交工技术文件和竣工图已按单位工程收集、汇编完成，并已报送监理单位审核。

(4) 相关标准规范要求达到的其他条件。

(三) 完工交接的组织

完工交接由业主项目部组织勘察设计、施工、监理、工程质量监督机构等单位进行，采取查验资料、工程现场检查的方式，发现问题限期整改。合格后填写并签署工程完工证书。

工程完工证书的内容和格式见表 2-35。

表 2-35 工程完工证书

工程名称		工程编号	
单项(单位)工程		施工日期	
开工日期			

主要工程内容：

检查意见：

工程质量监督部门意见：

施工单位	设计单位	监理单位	业主项目部	质量监督机构
(公章) 项目负责人： 年 月 日	(公章) 设计负责人： 年 月 日	(公章) 总监： 年 月 日	(公章) 项目负责人： 年 月 日	(公章) 负责人： 年 月 日

说明：工程内容要尽量填仔细。各方同意完工交接以后，单项(单位)工程的保管使用责任便由施工单位转移给业主项目部，但不影响施工单位的质量和工程竣工验收责任。此证书是办理工程结算的依据。

(1) 单项(单位)工程工程完工证书填写、签署生效以后，施工单位应向业主项目部办理单项(单位)工程交工技术文件和竣工图移交手续。交工技术文件按单位组卷，竣工图按专业编排组卷。

(2) 完工交接以后，单项(单位)工程的保管和使用责任由施工单位转移到业主项目部，不影响施工单位配合试运投产及对工程质量、竣工验收的责任。

(3) 工程完工证书是工程结算的依据。

(四) 完工交接的流程

单项(单位)工程完工交接程序如图 2-15 所示。

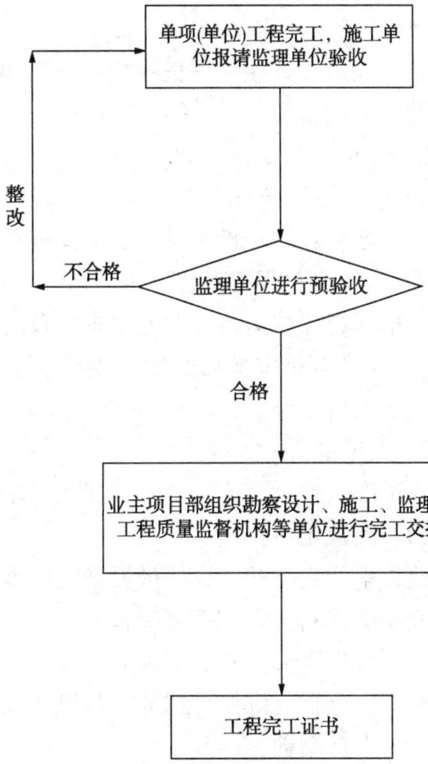

单项(单位)工程完工，施工单位报请监理单位验收
监理单位进行预验收
不合格
整改
合格
业主项目部组织勘察设计、施工、监理、工程质量监督机构等单位进行完工交接
工程完工证书

图 2-15　单项(单位)工程完工交接程序

三、试运投产

(一) 试运投产的条件

试运投产的主要条件包括：

(1) 完工交接工作已经完成。

(2) 试运投产方案编审完成，并按照规定完成有关安全备案工作。

(3) 按照规定完成生产组织、人员培训、技术准备等生产准备工作。

(4) 有关标准规范要求达到的其他条件。

(二) 试运投产的目的

检验项目主要经济技术指标和生产能力是否达到了设计要求，为项目投产后安全、持续、稳定运营做好准备。

(三) 试运投产的准备

1. *方案准备*

试运投产方案包括联动试运方案、投料试运方案以及工程总体试运方案(项目试运行方案)等。

1) 编制

试运投产方案由建设单位组织业主项目部、生产单位、勘察设计、施工、监理等单位编制、审查、审核，其中工程投产试运技术要求由设计单位负责编制，施工措施由施工单位负责编制。

投料试运方案的内容主要包括编制依据、试运目标、试运程序、试运进度、控制节点及安全应急预案等。

联动试运方案的内容主要包括编制依据、联动试运目标(工艺指标)、试运程序、试运进度及安全应急预案等。

工程总体试运方案的内容主要包括编制依据、项目概况、投产组织机构、试运准备情况、详细的投产程序及安全应急预案等。

2）审批

联动试运方案和投料试运方案原则上由生产单位组织审查、审核、批准，并报建设单位主管部门备案。

建设单位负责组织权限范围内项目的试运行投产方案的编制与审批，并负责项目试运行投产的组织和指挥。

勘探与生产公司负责组织（或委托）审查和审批权限范围内或指定项目的试运行投产方案，负责协调落实试运行投产所需资源。

3）备案

投产试运方案在工程正式投产前，如有要求，应报负责建设项目安全许可的安全生产监督管理部门备案。

2. 试运条件准备

1）生产组织准备

建设项目在初步设计批复后，建设单位要实时组建投产准备组织机构，编制《投产准备工作纲要》，根据工程建设进展情况，按照精简、统一、高效原则，负责投产准备工作。同时应根据总体试运行方案的要求，及时成立以建设单位领导为主，总承包（设计、采购、施工）、监理等单位参加的投产领导准备机构，统一组织和指挥有关单位做好联动试运、投料试运准备工作。

2）人员准备

人员准备包括完成岗位定员和人员培训工作。

（1）岗位定员：

建设单位应在初步设计批复确定的项目定员基础上编制具体定员方案、人员配置总体计划和年度计划，适时按需配备人员；

主要管理人员、专业技术人员应在工程项目开工建设后及时到位；

操作、分析、维修等技能人员以及其他人员应在投料试运半年至1年前到位。

（2）人员培训：

建设单位应根据油气田场站的特点和投产试运的要求，紧密结合项目实际，制定培训管理办法。培训管理办法应包括以下主要内容：

人员培训目标（管理人员、专业技术人员、技能操作人员）；

培训主要内容；

培训计划时间表；

考核计划。

3）技术准备

技术准备包括生产技术文件准备、综合性技术文件准备、管理文件准备、试运方案准备，其目的是使生产人员掌握各装置的生产和维护技术，准备的资料可根据场站规模和投产范围进行调整。建设单位应根据设计文件、《投产准备工作纲要》《总体试运行方案》和现场工作进展情况，于投料试运前经相关部门审定编制出各系统试运方案。

（1）生产技术文件。

生产技术文件包括工艺及仪控流程图、操作规程、工艺卡片、工艺技术说明、安全技术及职业健康规程、分析规程、检维修规程(检维修作业指导书)、设备运行规程、电气运行规程、仪表及计算机运行规程、应急预案、生产运行记录表等，同时应设计、编制、印刷好岗位记录和技术资料台账。

(2) 综合性技术资料。

综合性技术资料包括企业和装置介绍、全厂原材料/三剂(催化剂、助剂、溶剂)手册、产品质量手册、润滑油(脂)手册、设备手册及备品备件表、专用工具表等。

(3) 管理文件。

管理文件包括各职能管理部门制订以岗位责任制为中心的计划、财会、技术、质量、调度、自动化、计量、科技开发、机动车辆、安全、消防、环保、档案、物资供应、产品销售等管理制度。

(4) 培训资料。

培训资料包括工艺、设备、仪表控制等方面基础知识教材，专业知识教材，实习教材，主要设备结构图，工艺流程简图，安全、环保、职业健康及消防、气防知识教材，国内外同类装置事故案例及处理方法汇编，计算机仿真培训机资料及软件等。

(5) 引进装置技术准备。

引进装置技术准备除需翻译、编制上述生产技术文件、综合性技术资料、管理文件、培训资料，还应编制物资材料的国内外规格对照表。

4) 物资准备

由建设单位按照物资准备检查表进行物资准备，要求如下：

(1) 建设单位按试运方案的要求，组织编制试运所需的原料、三剂、化学药品、润滑油(脂)、标准样品、备品备件等的种类数量(包括一次装填量、试运投用量、储备量)的计划。

(2) 需从国外订货的部分，应在投料试运前提出品种、规格、数量清单，按集团公司有关规定开展对外采购工作。

(3) 需在国内订货的部分，应在投料试运前提出计划，按审批权限上报，并经批准后组织订货；需国内研制或配套生产的部分，应尽早落实科研或生产单位。

(4) 化工原材料[三剂、化学药品、润滑油(脂)、标准样品等]应严格进行质量检验，妥善储存、保管，防止损坏、丢失、变质，并做好分类、建账、建卡、上架工作，做到账、物、卡相符，严格执行保管和发放制度。

(5) 应积极组织开展进口备品配件的测绘和试制工作，并做好试用和鉴定工作。

(6) 各种随机专用工具和测量仪器在开箱检验时，应认真清点、登记、造册。

(7) 安全、职业健康、消防、气防、救护、通信等器材，应按设计和试运的需要配备到岗位。

(8) 劳动保护用品应按有关标准和规定配发。

(9) 其他物资，包括产品的包装材料、容器、运输设备等，应在联动试运前到位。

物资准备检查样表详见表2-36。

表 2-36 物资准备检查样表

序号	类 别	检查内容	数属及单位	检查结果		检查人员	备 注
				已配备	预计配备时间		
1	化工原材料						
2	备品配件						
3	工(器)具						
4	消防、气防通信器材						
5	安全防护器材						
6	劳动保护用品						
7	其他物资						

5）资金准备

建设单位应根据初步设计概算中各项投产准备费用标准，编制年度投产准备资金计划，并纳入建设项目的投资计划之中，确保投产准备资金来源。

6）外部条件准备

（1）试运行许可条件。

建设单位应落实劳动安全、消防等各项措施，主动向地方政府呈报、办理包括压力容器、安全阀等必要的报用审批手续。

（2）厂外公共设施。

建设单位应根据厂外公路、铁路、码头、中转站、防排洪、工业污水、废渣等工程项目进度与有关管理部门衔接。

（3）供水、供电、供气、通信。

建设单位应根据与外部签订的供水、供电、供气、通信等协议，并按照总体试运方案要求，落实供水、供电、供气、通信的开通时间、使用数量、技术参数等。

（4）应急演练。

HSE 应急预案编制完成并经过演练，企地联动预案已演练。

（5）三修维护条件。

建设单位需依托社会的三修(即机修、电修、仪修)维护力量及社会公共服务设施，及时与依托单位签订协议或合同。

(四) 试生产的实施

1. 联动试运

1）联动试运的条件

联动试运必须具备下列条件，并经全面检查确认合格后开始。

（1）联动试运方案审批完成。

（2）单项(单位)工程自检合格，单机试运合格。

（3）“三查四定检查表”问题已整改完毕，遗留尾项已处理完毕。

（4）工艺流程已按设计图纸要求检查完毕，流程畅通。

（5）其余配套项目已按联动试运方案的要求准备到位。

三查四定检查表见表 2-37。

表 2-37 三查四定检查表

序号	检查时间	问题内容	所属单元	责任单位	整改措施	整改情况		完成时间	检查人	问题类别(A、B、C)
						已完成	预计完成			
一	设计漏项									
1										
2										
二	未完工程									
1										
2										
三	工程质量隐患									
1										
2										

注：1. 投产试运前须整改完成。
2. 投料试运间隙整改完成。
3. 择机整改完成。

2）联动试运相关规定

（1）必须按照试运方案及操作规程指挥和操作。

（2）试运人员必须按建制上岗，服从统一指挥。

（3）不受工艺条件影响的仪表、保护性联锁、报警皆应参与试运，并逐步投用自动控制系统。

（4）联动试运前应划定试运区，无关人员不得进入。

（5）联动试运应按试运方案的规定认真做好相关记录。

（6）联动试运前，必须有针对性地组织参加试运人员认真学习方案。

（7）试运合格后，参加试运的有关部门应在联动试运合格证书上签字确认。

3）联动试运实施

联动试运包括系统吹扫和清洗、气密性试验、干燥、置换、三剂装填及烘炉。最终于建设单位组织，设计、施工、监理单位共同参与，形成联动试运合格证。

（1）系统吹扫和清洗。

在油、气、水管网与设备连接前应做好管道的吹扫和清洗工作。根据设备与管道的工艺使用条件和材料、结构等不同，常用的工艺管网吹扫和清洗方案主要有水冲洗、空气吹扫、蒸汽吹扫、化学清洗(酸洗钝化)、油清洗等。

（2）气密性试验。

油、气管道由于输送介质为高危、可燃性介质，在投产前必须完成气密性试验。

（3）干燥。

在试运前需要对如下系统进行干燥处理：

对某些输送经过的介质与水产生腐蚀影响的装置及管道进行干燥除水；

在低温操作时残留在设备、阀门及管道系统间的水发生冻结后或与其他工艺介质生产物，堵塞设备和管道，危及试运和生产安全，需要对此类低温系统进行除水。

（4）置换。

对于可燃气体通过的管道或设备必须进行氮气置换；

对所有的封闭系统进行氮气置换，置换气排入火炬，当各取样点化验分析气氧气体积分数不大于2%时置换合格。

（5）三剂装填。

三剂装填即催化剂、溶剂、助剂的装填。通常在系统气密性试验、系统干燥结束后进行。

（6）烘炉。

烘炉前应按照设计文件提供的烘炉曲线编制操作规程和烘炉措施，其内容应包括烘炉时间、最高温度、升温速度、恒温时间和降温速度等。烘炉过程中应随时仔细检查炉衬的变化和膨胀情况。烘炉结束后，应对隔热耐火层外观质量进行检查。

2. 投料试运

联动试运完成并经消除缺陷后，由建设单位负责向上级主管部门申请装置投料试运，并编制投料试运方案。具体由建设单位组织相关检查。

1）投料试运的条件

投料试运前必须具备下列条件：

（1）联动试运已完成。

（2）投料试运方案审批完成。

（3）按照投料试运必要条件检查表逐项检查并整改完毕。

（4）坚持高标准、严要求、精心组织，做到条件不具备不开车，程序不清楚不开车，指挥不在场不开车，出现问题不解决不开车。

（5）投料试运若在严寒季节，应制定冬季投料试运方案，落实防冻措施。

2）投料试运队伍

（1）基本原则。

投料试运队伍是以建设单位为主，同时由设计单位、施工单位、监理单位、检测单位共同组成的试运队伍。

（2）组织保运体系。

本着“谁安装、谁保运”的原则，施工单位应实行安装、试运、保运一贯负责制。

（3）组织领导机构。

投料试运技术要求高，各种参数波动大，异常情况多。为充分吸取相同或类似装置的经验，确保投料试运一次成功，在试运期间可根据不同情况，聘请集团公司内部的技术专家担任技术顾问或试运指导队协助开车。

3. 72h 试生产考核

自储气库地面建设项目按照批准的试运投产方案试运行之日起，一类、二类、三类和四类项目应分别在3个月内和1个月内进行连续72h试生产考核。

1）考核指标的确定

考核指标主要包括以下几个方面：

(1) 各项生产能力能否达到设计规模。

(2) 产品质量能否达到设计指标。

(3) 物耗指标、能耗指标能否达到设计预定指标。

(4) 安全、环境保护、三废治理是否符合要求。

2) 考核组织

考核组织工作具体如下:

(1) 试投产工作基本就绪,各种设备的运行状况达到稳定,生产操作人员已经适应生产环境。

(2) 成立生产考核领导小组。一般应以建设单位为主,必要时可吸收设计单位、有关业务部门和施工单位参加。

(3) 先进行单台设备考核,然后进行单元考核,最后进行总体考核。

(4) 当一个系统做完生产考核后,要及时通知有关岗位人员,并将流程或设备及时恢复正常生产状态。

3) 试生产考核总结

(1) 生产单位要做好试运各阶段(投产准备、单机试运,系统清洗、吹扫、气密,系统置换、干燥,联动试运,投料试运等)各种原始数据的记录和收集。

(2) 生产单位在投料试运结束后,在对原始记录进行整理、归纳、分析的基础上,写出试运总结(包括总体试运总结和装置试运总结)。试运总结应重点包括以下内容:

各项投产准备工作;

试运实际步骤与进度;

试运实际网络与原计划网络的对比图;

开停车事故统计分析;

试运过程中遇到的难点与对策;

试运成本分析;

试运的经验与教训。

第十四节　竣工验收管理

一、竣工验收的分类管理

储气库地面工程建设项目竣工验收实行分类管理。

一类项目的储气库地面建设项目:由所属油气田公司组织初步验收,并向勘探与生产公司申请竣工验收。

二类、三类、四类项目的储气库地面工程建设项目:由所属油气田公司组织竣工验收。

核准、备案项目的储气库地面建设项目:由集团公司规划计划部负责按照国家有关规定向原国家核准、备案部门申请项目竣工验收核查或报送竣工验收结果。

二、竣工验收的依据

储气库地面工程建设项目竣工验收的主要依据：

(1) 国家有关法律法规。

(2) 适用的工程建设标准和规范。

(3) 集团公司有关规定。

(4) 国家或地方政府项目核准、备案文件，项目(预)可行性研究报告、初步设计、施工图设计、专项评价和项目变更等批复文件。

(5) 消防、竣工环境保护、职业病防护设施、水土保持设施和土地利用等专项验收行政许可，档案验收、竣工决算审计和安全设施验收等批复文件。

(6) 项目招标、技术经济合同、设计变更、经济签证等其他相关文件。

三、竣工验收的条件和尾项处理

1. 竣工验收的条件

项目竣工验收必须具备以下条件：

(1) 生产性装置和辅助性公用设施按批准的设计文件配套建成，能满足生产和生活需要。

(2) 生产准备工作、生产操作人员培训、检维修设施和规章制度能满足生产需要。

(3) 项目生产出合格产品，生产能力和主要经济技术指标达到设计要求，且连续 72h 生产考核合格。

(4) 消防、竣工环境保护、安全设施、职业病防护设施、水土保持设施、土地利用、档案和竣工决算审计等专项验收工作已完成并取得批复文件。

(5) 项目工程质量符合国家有关法律法规和工程建设强制性标准，符合设计文件的合同要求，工程质量合格。

项目已经建成，因资源、市场等发生重大变化，导致项目不能达到竣工验收条件，应按职能权限报原审批部门或单位取得相应的变更审批手续后，按规定程序组织竣工验收。

2. 尾项处理

储气库地面工程建设项目基本达到竣工验收标准，只是零星建设项目未按规定的内容全部建成，但不影响正常生产，先行办理竣工验收和移交固定资产手续，未完工程办理《工程尾项协议书》限期完成(这种情况的竣工决算应包括预留的尾项投资)。

尾项工程限期完成后，应填写并签署《尾项工程验收单》，正式办理尾项工程验收手续；验收结束后，尾项工程资料需要单独进行组卷存档。

四、竣工验收工作内容

(一) 基本要求

(1) 自项目按照批准的投产方案试运行之日起，一类、二类项目和三类、四类项目的储气库地面工程建设项目应分别在 3 个月内和 1 个月内进行连续 72h 生产考核。

(2) 一类项目的储气库地面建设项目，分为初步验收和竣工验收两个阶段，在完成初步验收后，3 个月内完成竣工验收。其他储气库地面工程建设项目竣工验收由各油气田公司组织进行。

对分期建设项目，应根据可行性研究报告批复的分期建设内容，分期组织竣工验收。

（3）一类、二类项目应在试运行之日起，27 个月内完成竣工验收。如不能按期验收，建设单位应分析原因，处理存在失职、渎职行为的相关单位和责任人，制定纠正措施，在到期前提出延期申请，报送勘探与生产公司审批，但延长期不得超过 6 个月。

三类、四类项目应在试运行之日起，13 个月内完成竣工验收。如不能按期验收，建设单位应分析原因，处理存在失职、渎职行为的相关单位和责任人，制定纠正措施，在到期前提出延期申请，报送勘探与生产公司审批，但延长期不得超过 3 个月。

（4）项目竣工验收文件的提供和信息披露应按照国家保密法律法规和集团公司有关保密管理规定执行。

（二）专项验收

建设单位应结合项目实际，按照有关规定，在规定时限内获取所需专项验收合格批准文件。分期建设的项目，建设单位应按项目批复文件和规定程序分期获得所需专项验收合格批准文件。

专项验收主要包括但不限于消防验收、竣工环境保护验收、安全设施验收、职业病防护设施验收、水土保持设施验收、土地利用验收、档案验收和竣工决算审计。

1. 消防验收

消防验收包括消防验收和竣工验收消防备案。

1）消防验收依据

《建设工程消防监督管理规定》(公安部令第 106 号)。

2）消防验收范围

需要并通过消防设计审核的项目要求申请消防验收，按照《建设工程消防监督管理规定》第十四条(六)规定，这些储气库地面建设项目包括油气田范围内生产、储存、装卸易燃易爆危险物品的联合站、集中处理站(厂)、集输油(气)站、轻烃站(厂)、计量站，以及长输油(气)管道的首、末站、中间站等新建、改建、扩建项目。

其他储气库地面建设项目是需要消防设计备案的项目，需要进行竣工验收消防备案。

3）消防验收资料

（1）消防验收资料。

项目竣工后，建设单位向出具消防设计审核意见的公安机关消防机构提交建设工程消防验收申报表，并提供以下资料：

建设工程消防验收申报表；

工程竣工验收报告和有关消防设施的工程竣工图纸；

消防产品质量合格证明文件；

具有防火性能要求的建筑构件、建筑材料、装修材料符合国家标准或者行业标准的证明文件、出厂合格证；

消防设施检测合格证明文件；

施工、工程监理、检测单位的合法身份证明和资质等级证明文件；

建设单位的工商营业执照等合法身份证明文件；

法律、行政法规规定的其他材料。

(2) 消防备案资料。

不需要消防设计审核的储气库地面工程建设项目，在工程竣工验收合格之日起 7 日内，应当向公安机关消防机构提供消防备案申请，并提供以下资料：

建设工程消防验收申报表；

工程竣工验收报告和有关消防设施的工程竣工图纸；

消防产品质量合格证明文件；

具有防火性能要求的建筑构件、建筑材料、装修材料符合国家标准或者行业标准的证明文件、出厂合格证；

消防设施检测合格证明文件；

施工、工程监理、检测单位的合法身份证明和资质等级证明文件；

建设单位的工商营业执照等合法身份证明文件；

法律、行政法规规定的其他材料。

按照住房和城乡建设行政主管部门的有关规定进行施工图审查，还应当提供施工图审查机构出具的审查合格文件复印件。

4) 消防验收程序

(1) 消防验收一般程序。

建设单位填写建设工程消防验收申请表，向出具消防设计审核意见的公安机关消防机构申请消防验收。消防验收一般程序如图 2-16 所示。

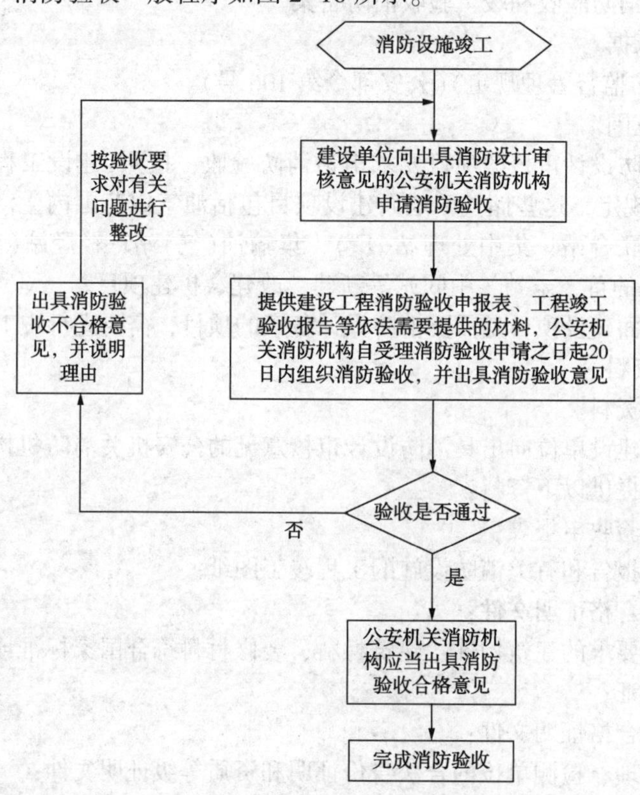

图 2-16 消防验收一般程序

公安机关消防机构应自受理消防验收申请之日起20日内组织消防验收，并出具消防验收意见。

公安机关消防机构对申报消防验收的建设工程，应当依照建设工程消防验收评定标准对已经消防设计审核合格的内容组织消防验收。

对综合评定结论为合格的建设工程，公安机关消防机构应当出具消防验收合格意见；对综合评定结论为不合格的，应出具消防验收不合格意见，并说明理由。

（2）竣工验收消防备案程序。

公安机关消防机构收到消防竣工验收消防备案申报后，对备案材料齐全的，应出具备案凭证；备案材料不齐全或者不符合法定形式的，应当场或者在5日内一次告知需要补正的全部内容。

公安机关消防机构应在已经备案的消防设计、竣工验收工程中，随机确定检查对象并向社会公告。

对确定为检查对象的，公安机关消防机构应在20日内按照消防法规和国家工程建设消防技术标准完成图纸检查，或者按照建设工程消防验收评定标准完成工程检查，制作检查记录。检查结果应向社会公告，检查不合格的，还应书面通知建设单位。建设单位收到通知后，应停止施工或者停止使用，并组织整改后向公安机关消防机构申请复查。公安机关消防机构应在收到书面申请之日起20日内进行复查并出具书面复查意见。

2. 竣工环境保护验收

1）验收依据

《建设项目环境保护管理条例》(国务院令第253号)、《建设项目竣工环境保护验收管理办法》(国家环境保护总局令第13号)、《国务院关于第一批清理规范89项国务院部门行政审批中介服务事项的决定》(国发〔2015〕58号)、《建设项目“三同时”监督检查和竣工环保验收管办理规程(试行)》(环发〔2009〕150号)和《建设项目竣工环境保护验收技术规范石油天然气开采》(HJ 612—2011)及《中国石化建设项目环境保护管理办法》等集团公司有关规定。

2）验收范围

（1）与建设项目有关的各项环境保护设施，包括为防治污染和保护环境所建成或配备的工程、设备、装置和监测手段，各项生态保护设施。

（2）环境影响报告书(表)和有关项目设计文件规定应采取的其他各项环境保护措施。

3）验收条件

（1）建设前期环境保护审查、审批手续完备，技术资料与环境保护档案资料齐全。

（2）环境保护设施及其他措施等已按批准的环境影响报告书(表)或者环境影响登记表和设计文件的要求建成或者落实，环境保护设施经负荷试车检测合格，其防治污染能力适应主体工程的需要。

（3）环境保护设施安装质量符合国家和有关部门颁发的专业工程验收规范、规程和检验评定标准。

（4）具备环境保护设施正常运转的条件，包括：经培训合格的操作人员、健全的岗位操作规程及相应的规章制度，原料、动力供应落实，符合交付使用的其他要求。

（5）污染物排放符合环境影响报告书(表)或者环境影响登记表和设计文件中提出的标准及核定的污染物排放总量控制指标的要求。

(6) 各项生态保护措施按环境影响报告书(表)规定的要求落实，建设项目建设过程中受到破坏并可恢复的环境已按规定采取了恢复措施。

(7) 环境监测项目、点位、机构设置及人员配备，符合环境影响报告书(表)和有关规定的要求。

(8) 环境影响报告书(表)提出需对环境保护敏感点进行环境影响验证，对清洁生产进行指标考核，对施工期环境保护措施落实情况进行工程环境监理的，已按规定要求完成。

(9) 环境影响报告书(表)要求建设单位采取措施削减其他设施污染物排放，或要求建设项目所在地地方政府或者有关部门采取“区域削减”措施满足污染物排放总量控制要求的，其相应措施得到落实。

4) 验收程序

竣工环境保护验收程序如图 2-17 所示。

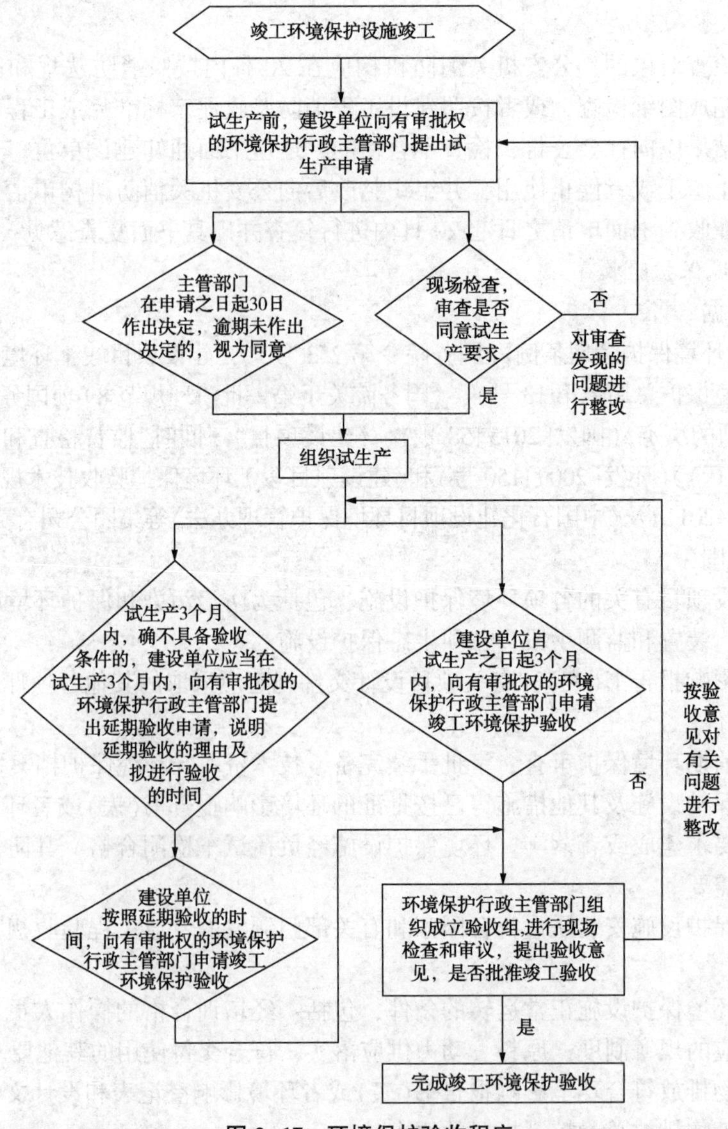

图 2-17 环境保护验收程序

（1）试生产申请。

2015 年 10 月 11 日，国务院发布了《关于第一批取消 62 项中央指定地方实施行政审批事项的决定》（国发〔2015〕57 号），其中第 25 项取消了省、市、县级环境保护行政主管部门实施的建设项目试生产审批。2016 年 4 月 8 日，原环境保护部发布《关于环境保护主管部门不再进行建设项目试生产审批的公告》（环境保护部公告 2016 年第 29 号），要求自公告发布之日起，省、市、县级环境保护主管部门不再受理建设项目试生产申请，也不再进行建设项目试生产审批。

（2）验收调查（监测）申请。

按照《国务院关于第一批清理规范 89 项国务院部门行政审批中介服务事项的决定》（国发〔2015〕58 号）的要求，自 2016 年 3 月 1 日起，不再要求建设单位提交建设项目竣工环境保护验收调查报告或验收监测报告，改由原环境保护部委托相关专业机构进行验收调查或验收监测，所需经费列入财政预算。

建设项目竣工后，建设单位向原环境保护部提出验收调查或验收监测申请，同时提交建设项目环境保护“三同时”执行情况报告以及相关信息公开证明。

建设项目环评编制单位不得承担同一建设项目验收调查。

在验收调查或验收监测期间，建设单位应当主动配合验收调查或验收监测单位开展工作，如实提供建设项目环境保护“三同时”执行情况等相关资料。因建设单位不配合，致使验收调查或验收监测工作无法正常开展，或者提供信息资料不实的，原环境保护部将中止委托验收调查或验收监测，产生的法律后果由建设单位承担。

验收调查单位或验收监测单位应按照验收调查或验收监测技术规范开展工作，除特别重大敏感复杂项目外，验收调查报告或验收监测报告一般应自接受委托之日起 3 个月内完成。

农林水利、交通运输、采掘、社会区域等以生态影响为主的建设项目（以下简称“生态类项目”）申请验收调查。以排放污染物为主的建设项目（以下简称“污染类项目”）申请验收监测。

（3）验收申请。

储气库地面建设项目试运行 3 个月内，建设单位须填写建设项目竣工环境保护验收申请表，向项目环境影响评价批复的国家或地方政府环境保护行政主管部门申请竣工环境保护验收。对试生产 3 个月确不具备竣工环境保护验收条件的项目，建设单位应在试运行之日起 3 个月内，向有审批权的环境保护行政主管部门申请延期验收，说明延期验收原因及拟进行验收的时间。经批准后建设单位方可继续进行试生产，并在批准的验收时间内提交验收申请。一类、二类、三类和四类项目在试运行之日起 12 个月内应获取竣工环境保护验收合格文件。

国家相关主管部门负责竣工环境保护验收的项目，其竣工环境保护验收报告由建设单位报送集团公司审核后上报；省级及以下相关主管部门负责竣工环境保护验收的项目，其竣工环境保护验收报告由建设单位即各油气田公司直接上报。

储气库地面建设单位申请建设项目竣工环境保护验收，应当向有审批权的环境保护行政主管部门提交以下验收材料：

对编制环境影响报告书的建设项目，为建设项目竣工环境保护验收申请报告，并附环境保护验收监测报告或调查报告。

对编制环境影响报告表的建设项目，为建设项目竣工环境保护验收申请表，并附环境保护验收监测(调查)报告或监测表(调查表)。

针对主要因排放污染物对环境产生污染和危害的建设项目，建设单位应提交环境保护验收监测报告(表)。

针对主要对生态环境产生影响的建设项目，建设单位应提交环境保护验收调查报告(表)。

(4) 验收组织。

环境保护行政主管部门应自收到建设项目竣工环境保护验收申请之日起 30 日内，完成验收。

环境保护行政主管部门在进行建设项目竣工环境保护验收时，应组织建设项目所在地的环境保护行政主管部门和行业主管部门等成立验收组(或验收委员会)。

验收组(或验收委员会)应对建设项目的环境保护设施及其他环境保护措施进行现场检查和审议，提出验收意见。

建设项目的建设单位、设计单位、施工单位、环境影响报告书(表)编制单位、环境保护验收监测(调查)报告(表)的编制单位应参与验收。

国家对建设项目竣工环境保护验收实行公告制度。环境保护行政主管部门应定期向社会公告建设项目竣工环境保护验收结果。

3. 安全设施验收

1) 验收分类管理

有关单位和部门应当在储气库地面建设项目投入生产或者使用前，组织对安全设施进行验收，并形成书面报告备查。安全设施竣工验收合格后方可投入生产和使用。

勘探与生产公司负责组织一类、二类项目安全设施竣工验收。

油气田公司负责组织三类、四类项目安全设施竣工验收，并负责向专业分公司申请一类、二类项目安全设施竣工验收。

2) 适用的标准和规范

(1) 国家有关法律法规，例如《中华人民共和国安全生产法》和《建设项目安全设施“三同时”监督管理办法》(国家安全生产监督管理总局令第 77 号)等。

(2) 集团公司有关规定，如《中国石化建设工程项目竣工验收管理规定》(中国石化建〔2011〕619 号)等。

(3) 国家或地方政府建设项目核准、备案文件。

(4) 建设项目安全设施设计专篇及批复文件，以及变更批复文件。

(5) 其他相关文件。

3) 验收条件

(1) 建设项目安全设施按批复的安全设施设计专篇建成，施工符合国家有关施工技术标准，达到建设项目安全设施设计文件要求。

(2) 建设项目经过生产考核，生产出合格产品，生产能力达到设计要求。

（3）选择具有相应资质的安全评价机构进行安全验收评价，报告内容及格式符合国家有关安全验收评价的规定和标准，验收评价中发现的问题已进行整改确认。

（4）试运行期间发现的事故隐患已全部整改。

（5）设置了安全生产管理机构或者配备安全生产管理人员，从业人员经过安全教育培训、应急训练并具备相应资格和岗位应急处置、紧急避险能力。

（6）其他相关要求。

4）验收程序

安全设施验收程序如图2-18所示。

（1）安全验收评价。

一类和二类项目所在油气田公司、三类和四类项目所在单位应在建设项目安全设施竣工或者试运行完成后，委托具有相应资质的安全评价机构对建设项目进行安全验收评价，并依据相关法律法规以及《石油行业建设项目安全验收评价报告编写规则》（SY/T 6710—2008）等技术标准，编制安全验收评价报告。

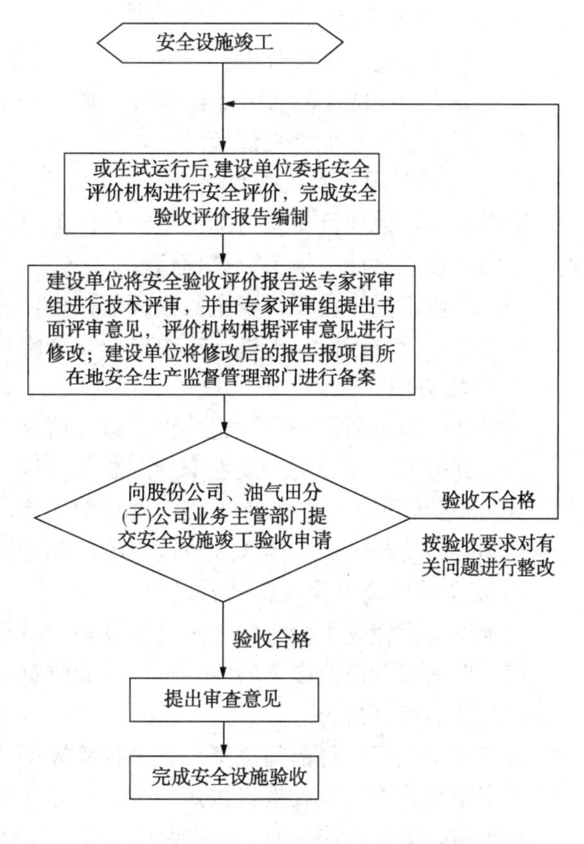

图2-18　安全设施验收程序

安全验收评价报告的主要内容包括：

危险、有害因素的辨识与分析；

符合性评价和危险危害程度的评价；

安全对策措施建议；

安全验收评价结论等。

建设单位须按规定将安全验收评价报告送专家评审组进行技术评审，并由专家评审组提出书面评审意见；评价机构根据评审意见，对安全验收评价报告进行修改。

（2）安全设施竣工验收申请。

在具备安全设施竣工验收条件、试生产（使用）截止日期前分别向勘探与生产公司或油气田公司申请验收，并提交以下文件、资料：

安全设施竣工验收申请；

安全设施设计审查意见书（复印件）；

施工单位的资质证明文件（复印件）；

建设项目安全验收评价报告及其存在问题的整改确认材料；

安全生产管理机构设置或者安全生产管理人员配备情况；

从业人员安全培训教育与应急训练及资格、岗位应急处置、紧急避险能力情况；

法律法规规定的其他文件资料。

(3) 安全设施竣工验收组织。

原则通过验收的建设项目，油气田公司或项目所在单位按照验收意见组织整改，经验收组复核后，由验收组织单位出具建设项目安全设施竣工验收意见书。

不同意通过验收的建设项目，油气田公司或项目所在单位按照验收意见组织整改后，重新履行验收程序。

建设项目安全设施竣工验收程序可分为以下步骤：

① 召开预备会议。

成立安全设施竣工验收组；

确定安全设施竣工验收专家组组长及成员分工；

确定安全设施竣工验收议程。

② 召开建设项目安全验收评价报告审查会：

建设单位汇报项目建设情况，运行单位汇报试生产情况，设计、施工、监理等单位分别汇报安全设施设计、施工、监理情况；

评价单位汇报建设项目安全验收评价报告；

专家组对验收评价报告进行审查形成安全验收评价报告审查意见。

③ 现场查验：

现场查验建设项目安全设施建设、运行情况；

现场查验安全管理机构及安全管理制度及执行情况；

现场查验管理人员、操作人员安全培训和持证上岗情况以及安全管理台账等；

现场查验管理人员、操作人员应急响应和处置救援以及应急演练情况。

④ 安全设施竣工验收总结会议：

明确安全设施竣工验收中发现问题及整改时间要求；

讨论形成安全设施竣工验收意见，以验收意见为原则通过验收或不同意通过验收。

(4) 政府监督核查。

政府安全生产监督部门负责对安全设施竣工验收活动和验收结果进行监督核查：

对安全设施竣工验收报告按照不少于总数 10% 的比例进行随机抽查；

在实施有关安全许可时，对建设项目安全设施竣工验收报告进行审查。

应急管理部对全国建设项目安全设施“三同时”实施综合监督管理，并在国务院规定的职责范围内承担建设项目安全设施“三同时”的监督管理。

县级以上地方各级安全生产监督管理部门对本行政区域内的建设项目安全设施“三同时”实施综合监督管理，并在本级人民政府规定的职责范围内承担本级人民政府及其有关主管部门审批、核准或者备案的建设项目安全设施“三同时”的监督管理。

跨两个及两个以上行政区域的建设项目安全设施“三同时”由其共同的上一级人民政府安全生产监督管理部门实施监督管理。

上一级人民政府安全生产监督管理部门根据工作需要，可以将其负责监督管理的建设项目安全设施“三同时”工作委托下一级人民政府安全生产监督管理部门实施监督管理。

4. 职业病防护设施验收

按照《建设项目职业病危害风险分类管理目录》，石油开采、高含硫化氢气田开采属于职业病危害严重的建设项目，其他天然气开采属于职业病危害较重的建设项目。储气库地面建设职业病防护设施均由项目所在地安全生产监督管理部门组织验收。

1）验收依据

《建设项目职业卫生“三同时”监督管理暂行办法》(国家安全生产监督管理总局令第51号)和《中国石化建设项目安全、职业卫生“三同时”管理办法》等集团公司有关规定。

2）验收程序

职业病防护设施验收一般程序如图2-19所示。

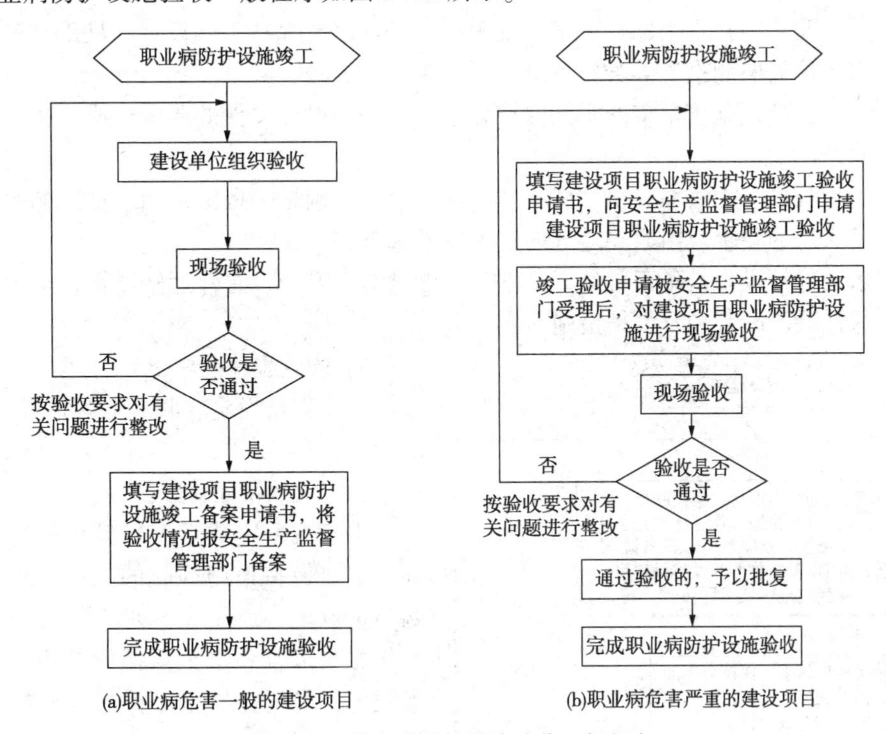

图2-19 职业病防护设施验收一般程序

(1) 职业病危害控制效果评价。

与储气库地面建设项目配套建设的职业病防护设施必须与主体工程同时投入试运行。试运行期间，建设单位应对职业病防护设施运行的情况和工作场所的职业病危害因素进行监测和职业病危害控制效果评价。

(2) 验收申请。

一类、二类、三类和四类项目在试运行之日起12个月内完成职业病防护设施验收。

5. 水土保持设施验收

油气田开发建设项目土建工程完成后，须及时开展水土保持设施的验收工作，一类、二类、三类和四类项目在试运行之日起12个月内应获取水土保持设施验收合格文件。

1）验收依据

《中华人民共和国水土保持法》、《开发建设项目水土保持设施验收管理办法》(水利部令第16号)、《开发建设项目水土保持方案编报审批管理规定》和《水利部关于修改部分水利行政许可规章的决定》(水利部令第24号)等。

2）验收范围

水土保持设施验收的范围应当与批准的水土保持方案及批复文件一致。

3）验收内容

水土保持设施是否符合设计要求、施工质量、投资使用和管理维护责任落实情况，评价防治水土流失效果，对存在问题提出处理意见等。

4）验收条件

(1) 开发建设项目水土保持方案审批手续完备，水土保持工程设计、施工、监理、财务支出、水土流失监测报告等资料齐全。

(2) 水土保持设施按批准的水土保持方案报告书和设计文件的要求建成，符合主体工程和水土保持的要求。

(3) 治理程度、拦渣率、植被恢复率、水土流失控制量等指标达到了批准的水土保持方案和批复文件的要求及国家和地方的有关技术标准。

(4) 水土保持设施具备正常运行条件，且能持续、安全、有效运转，符合交付使用要求。水土保持设施的管理、维护措施落实。

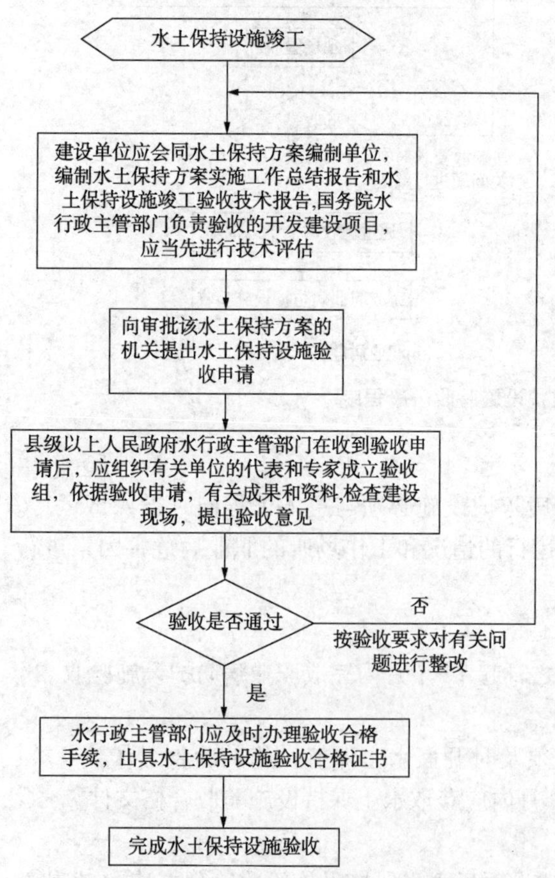

图 2-20 水土保持设施验收一般程序

5）验收程序

水土保持设施验收一般程序如图 2-20 所示。

(1) 验收准备。

土建工程完成后，建设单位应当及时开展水土保持设施验收的准备工作，其中两项重点工作就是完成水土保持方案实施工作总结报告和水土保持设施竣工验收技术报告，委托完成水土保持设施技术评估报告的编写。

① 水土保持方案实施工作总结报告和水土保持设施竣工验收技术报告。

建设单位在申请水土保持设施验收前，应会同水土保持方案编制单位，依据批复的水土保持方案报告书、设计文件的内容和工程量，对水土保持设施完成情况进行检查，编制水土保持方案实施工作总结报告和水土保持设施竣工验收技术报告。

② 水土保持设施技术评估报告。

国务院水行政主管部门负责验收的项目，应先编制水土保持设施技术评估报告。

省级水行政主管部门负责验收的项目，按照有关规定执行。

地、县级水行政主管部门负责验收的开发建设项目，可以直接进行竣工验收。

技术评估由建设单位委托具有水土保持生态建设咨询评估资质的机构编写。承担技术评估的机构，应当组织水土保持、水工、植物、财务经济等方面的专家，依据批准的水土保持方案、批复文件和水土保持验收规程规范对水土保持设施进行评估。

技术评估成果应包括以下内容：

建设项目水土保持设施技术评估报告及其附件；

建设项目水土保持设施验收前需解决的主要问题及其处理情况说明；

重要单位工程影像资料；

建设项目水土保持设施竣工验收图。

(2) 验收申请。

建设单位应按照国家有关水土保持设施验收规定，在试运行之日起 6 个月内填写建设项目水土保持设施验收申请表，并向审批项目水土保持方案的政府相关行政主管部门申请水土保持设施验收：

中央立项，征占地面积在 50 公顷以上或者挖填土石总量在 $50\times10^4m^3$ 以上的开发建设项目或者限额以上的技术改造项目，水土保持设施由国务院水行政主管部门审批。

征占地面积不足 50 公顷且挖填土石总量不足 $50\times10^4m^3$ 的开发建设项目，水土保持设施由省级水行政主管部门审批。

地方立项的开发建设项目和限额以下技术改造项目，水土保持设施由相应批准水土保持方案的水行政主管部门组织验收。

建设项目水土保持设施验收应提供的资料主要包括：

工程建设大事记；

水土保持设施建设大事记；

拟验收清单、未完工程清单、未完工程的建设安排及完成工期存在的问题及解决建议；

分部工程验收签证或单位工程验收鉴定书(或自查初验报告)；

水土保持方案及有关批文；

水土保持工程设计和设计工作报告；

各级水行政主管部门历次监督、检查及整改等的书面意见；

水土保持工作施工总结报告；

水土保持设施工程质量评定报告；

水土保持监理总结报告；

水土保持监测工作总结；

水土保持方案实施工作总结报告；

水土保持设施竣工验收技术报告；

水土保持设施验收技术评估报告等。

(3) 验收组织。

政府水行政主管部门在受理验收申请后，应当组织有关单位的代表和专家成立验收组，依据验收申请、有关成果和资料，检查建设现场，提出验收意见。

验收组设组长 1 名，副组长 1~3 名。验收组宜由方案审批部门、有关行政主管部门、相关工程质量监督单位、建设单位的上级主管部门、建设项目的规划计划部门、技术评估等单位组成。验收应由验收组长主持。

建设单位、水土保持方案编制单位、设计单位、施工单位、监理单位、监测报告编制单位应当参加现场验收。

验收合格意见必须经三分之二以上验收组成员同意，由验收组成员及被验收单位的代表在验收成果文件上签字。

政府水行政主管部门应当自受理验收申请之日起 20 日内作出验收结论。对验收合格的项目，水行政主管部门应当自作出验收结论之日起 10 日内办理验收合格手续，作为开发建设项目竣工验收的重要依据之一。

对验收不合格的项目，负责验收的水行政主管部门应当责令建设单位限期整改，直至验收合格。

分期建设、分期投入生产或者使用的开发建设项目，其相应的水土保持设施应按照有关规定分期验收。

6. 土地利用验收

在项目竣工验收前，使用划拨国有土地的项目，建设单位应取得县级以上地方政府的批准用地文件和国有土地划拨决定书，以及其他项目应取得土地使用证。

建设单位应按照国家有关城乡规划、土地、森林、草原等法律法规规定，以及地方政府具体规定，向地方政府城市规划行政主管部门、土地行政主管部门等申请土地利用验收，并获取建设工程规划验收合格证和建设用地验收合格证等相关文件。

7. 档案验收

1）分类管理

依据《中国石化建设工程项目档案管理规定》要求，储气库地面建设项目档案验收须在项目竣工验收前完成，实行分类管理：

(1) 受国家发展和改革委员会委托验收的项目，由集团公司组织验收，验收结果报国家档案局备案。

(2) 由集团公司审批的储气库地面建设项目档案由集团公司总裁办负责组织验收，或由集团公司出具委托函委托各单位档案机构组织验收，验收结果报集团公司总裁办公室文档处备案。

(3) 勘探与生产公司和各油气田公司审批管理的其他储气库地面建设项目档案由建设单位档案主管部门负责组织验收，验收结果由档案部门归档保存。

2）验收条件

申请项目档案验收应具备下列条件：

(1) 项目主体工程和辅助设施已按照设计建成，能满足生产或使用的需要。

(2) 项目试运行指标考核合格或者达到设计能力。

(3) 完成了项目建设全过程文件材料的收集、整理与归档工作。

(4) 基本完成了项目档案的分类、组卷 、编目等整理工作。

3）验收程序

档案验收一般程序如图 2-21 所示。

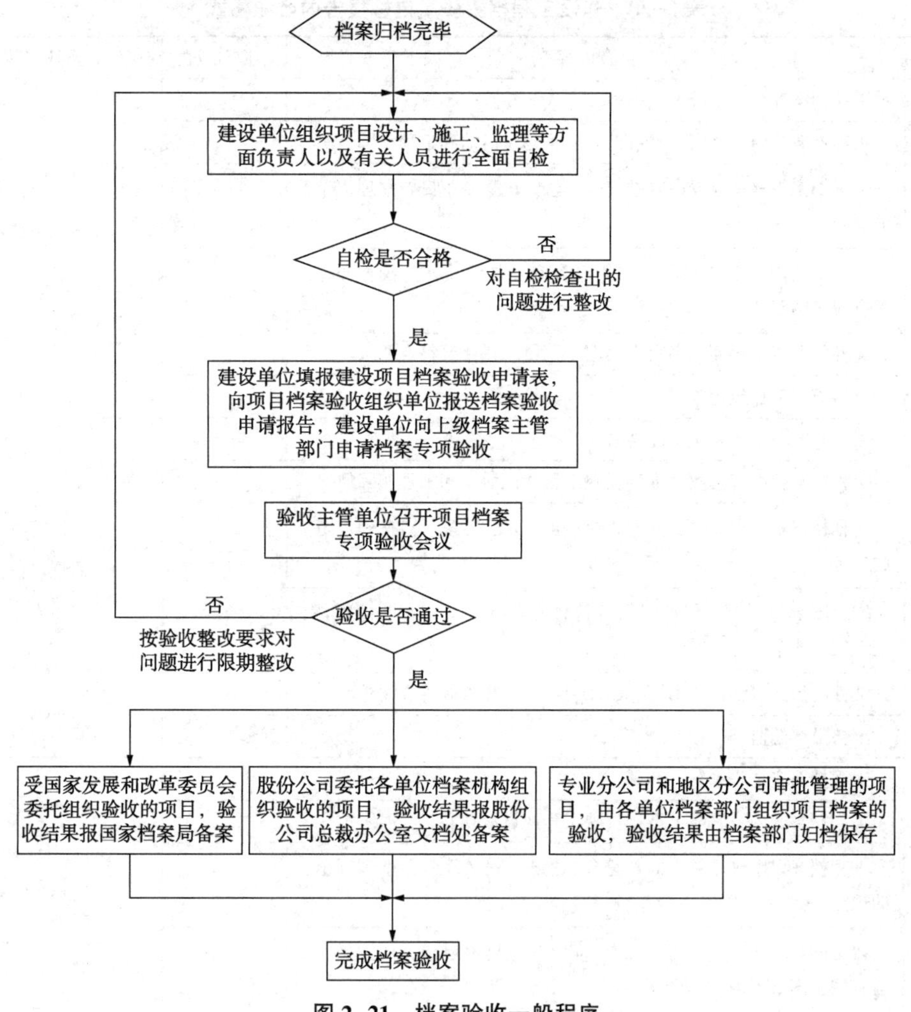

图 2-21 档案验收一般程序

(1) 验收准备。

建设单位在填报建设项目档案验收申请表之前，验收准备主要工作有项目档案自检、编写项目档案验收申请报告和项目竣工档案验收报告三项。

① 项目档案自检。建设单位应组织项目设计、施工、监理等方面负责人及有关人员，根据档案工作的要求，依照《集团有限公司建设项目文件归档范围和保管期限表》和《重大建设项目档案验收内容及要求》进行全面自检，完成项目档案质量报告。建设工程档案质量自检报告内容和格式参照表 2-38。

② 项目档案验收申请报告。建设项目档案验收申请报告由建设单位负责编制，其主要内容包括：

项目建设及项目档案管理概况；

保证项目档案的完整、准确、系统所采取的控制措施；

项目文件材料的形成、收集、整理与归档情况，竣工图的编制情况及质量状况；

存在的问题及解决措施等。

表 2-38　建设工程档案质量自检报告内容和格式

单位	自查内容	自查情况	责任单位
施工单位	工程档案齐全、系统、完整		施工单位：（盖章）
	工程档案的内容真实，准确反映工程建设活动和工程实际情况		
	工程档案以整理立卷，立卷符合《建设工程文件归档整理规范》的规定		
	竣工图绘制方法、图示规格等符合专业技术要求，图面整洁，盖有竣工图章		
	文件的形式、幅面、书写、绘图、用墨、托裱等符合要求		
	资料员：项目经理		
监理单位	工程档案齐全、系统、完整		监理单位：（盖章）
	工程档案的内容真实，准确反映工程建设活动和工程实际情况		
	工程档案以整理立卷，立卷符合《建设工程文件归档整理规范》的规定		
	竣工图绘制方法、图示规格等符合专业技术要求，图面整洁，盖有竣工图章		
	文件的形式、幅面、书写、绘图、用墨、托裱等符合要求		
	审核员：总监		
建设单位	工程档案齐全、系统、完整		建设单位：（盖章）
	工程档案的内容真实，准确反映工程建设活动和工程实际情况		
	工程档案以整理立卷，立卷符合《建设工程文件归档整理规范》的规定		
	竣工图绘制方法、图示规格等符合专业技术要求，图面整洁，盖有竣工图章		
	文件的形式、幅面、书写、绘图、用墨、托裱等符合要求		
	资料员：负责人		

③ 项目竣工档案验收报告。形成档案资料在 1000 卷以上的(含 1000 卷)，建设单位应专门编制有档案情况的项目竣工档案验收报告；形成档案资料在 1000 卷以下的，建设单位则应在竣工验收报告中专章叙述竣工档案的情况。其内容都应包括：

项目档案资料概况；

项目档案工作管理体制；

项目文件、资料的形成、积累、整理与归档工作情况；

竣工图的编制情况及质量；

项目档案资料的接收、整理、管理工作情况；

存在问题及解决措施；

档案完整、准确、系统性评价及在施工、试生产中的作用；

附表，附表中包括的条目有单项、单位工程名称、文字材料(卷、页)、竣工图(卷、页)。

（2）验收申请。

由集团公司总裁办公室负责档案验收的项目，建设单位报送项目档案验收申请报告(附项目档案自检报告)，并填报建设项目档案验收申请表。

其他项目，由生产单位或业主项目部向建设单位档案主管部门报送项目档案验收申请报告(附项目档案自检报告)，并填报建设项目档案验收申请表。

（3）验收组织。

项目档案验收组织单位应在收到档案验收申请报告的10个工作日内作出有关档案验收事项的答复。

项目档案验收由负责验收的主管部门组织成立验收组，采用质询、现场查验、抽查案卷的方式进行。抽查档案的数量不少于案卷总数的10%～15%，抽查重点为项目前期管理性文件、隐蔽工程文件、竣工文件、质检文件、重要合同、协议等，最后以验收组召集会议的形式进行。项目建设单位(负责人)、设计、施工、监理和生产运行管理或使用单位的有关专业人员列席会议。主要会议议程包括：

① 项目建设单位(负责人)汇报项目建设概况、项目档案工作情况。

② 监理单位汇报项目档案质量的审核情况。

③ 项目档案验收组检查项目档案及档案管理情况。

④ 项目档案验收组对项目档案质量进行综合评价。

⑤ 项目档案验收组形成并宣布项目档案验收意见。

对验收中存在的问题，要求建设单位限期组织整改。

8. *竣工决算审计*

项目竣工决算审计应在竣工验收前完成。未实施竣工决算审计的项目，不得办理竣工验收手续。

（1）建设单位应在每年11月前编制完成下一年度一类、二类、三类和四类项目竣工决算审计计划。

（2）建设单位负责审批三类、四类项目竣工决算审计计划，并将一类、二类项目竣工决算审计计划报送勘探与生产公司，由勘探与生产公司统一审核后报送集团公司主管部门审批。

（3）一类、二类项目应由建设单位在试运行之日起12个月内完成竣工决算书，并具备竣工决算审计条件。集团公司主管部门应按批准的竣工决算审计计划完成一类和部分重点二类项目审计，并监督检查建设单位按批准的竣工决算审计计划完成其他二类项目审计。三类、四类项目应由建设单位在试运行之日起6个月内编制完成竣工决算书，之后3个月内完成审计。

（三）初步验收

1. *初步验收组织*

一类项目的储气库地面建设项目初步验收由油气田公司(建设单位)组织本单位相关部门、工程质量监督机构组成初步验收小组进行。建设单位的业主项目部、生产单位，以及勘察、设计、施工、监理、检测等参建单位参加初步验收；二类、三类、四类和其他项目的储气库地面建设项目的初步验收由各油气田公司制定规定执行。

2. 竣工验收申请

初步验收合格并完成问题整改后，由初步验收组织单位向负责组织竣工验收单位提交竣工验收申请书和竣工验收报告书。

3. 初步验收内容和程序

初步验收重点检查设计、施工质量，核查竣工文件、竣工验收文件，为竣工验收作好准备。初步验收程序可分为以下步骤：

（1）建设单位成立初步验收小组，确定初步验收议程。

（2）初步验收小组听取竣工验收报告。

（3）工程质量监督机构通报工程质量监督情况。

（4）听取和审议项目生产准备和生产考核情况总结，以及勘察、设计、施工、监理等单项总结。

（5）对专项验收进行符合性审查。

（6）审查竣工文件完整性和准确性。

（7）现场查验项目建设情况。

（8）对存在问题落实相关单位限期整改。

（9）对项目作出全面评价，形成统一意见，验收小组成员签署初步验收鉴定书，初步验收鉴定书的内容和格式参照竣工验收鉴定书的内容和格式。

（四）竣工验收

1. 验收计划与实施

1）验收计划

建设单位应在每年年底前编制完成下一年度一类、二类、三类和四类项目竣工验收计划，并向勘探与生产公司报送一类项目竣工验收计划。勘探与生产公司形成并组织落实一类项目年度竣工验收计划，监督、检查和考核建设单位的项目竣工验收工作。

2）项目验收

一类项目的验收，勘探与生产公司在收到竣工验收申请和竣工验收报告书后，经审查符合验收条件时，要及时组织安排竣工验收，并在工程竣工验收 7 个工作日前将验收的时间、地点及验收组名单书面通知负责监督该工程的工程质量监督机构。

其他项目的竣工验收，在项目满足竣工验收条件时，各建设单位也要及时组织验收。

2. 竣工验收的组织

勘探与生产公司负责组织验收的一类项目，应组织成立竣工验收委员会。竣工验收委员会设主任委员一人，副主任委员若干人，委员若干人。竣工验收委员会主任委员由勘探与生产公司指定，委员应包含集团公司相关部门、建设单位、工程质量监督机构。必要时可邀请工艺技术、工程质量、工程造价、安全环保、档案管理、生产运行等方面专家参加。

建设单位负责验收的二类、三类和四类项目，根据项目实际情况，可精简竣工验收委员会成员。

建设单位应组织勘察、设计、施工、监理和检测等参建单位参加验收。

3. 竣工验收的内容和程序

项目竣工验收程序可分为以下步骤：

1）召开预备会议

（1）成立竣工验收委员会。

（2）确定竣工验收专业分组。

（3）确定竣工验收议程。

2）召开首次竣工验收会议

（1）听取和审议建设单位关于项目初步验收情况汇报，或听取和审议未组织初步验收项目的生产准备、生产考核情况总结，以及勘察、设计、施工、监理等单项总结。

（2）对消防、竣工环境保护、安全设施、职业病防护设施、水土保持设施、土地利用、档案和竣工决算审计等专项验收进行符合性审查。

（3）听取工程质量监督机构质量监督结论意见。

（4）听取和审议竣工验收报告。

3）现场验收

现场查验工程建设情况，重点查看相关专项验收等发现的问题整改落实情况。

4）竣工验收总结会议

（1）明确验收中发现的问题及整改时间要求。

（2）讨论形成并签署竣工验收鉴定书。

4. 有关事项

（1）项目竣工验收不合格的，建设单位应根据竣工验收意见组织限期整改，并重新履行竣工验收程序。

（2）建设单位应当按照国家和集团公司有关规定办理固定资产预转资和转资手续。

（3）项目竣工验收费用应按照国家和集团公司有关项目核算规定规范列支。由于设计、施工或其他原因造成的额外竣工验收费用，按合同约定由相关责任单位承担。

（4）石油天然气管道工程应当自管道竣工验收合格之日起60日内，建设单位按照《中华人民共和国石油天然气管道保护法》的有关要求，将竣工测量图报管道所在地县级以上地方人民政府主管管道保护工作的部门备案。县级以上地方人民政府主管管道保护工作的部门应当将管道企业报送的管道竣工测量图分送本级人民政府规划、建设、国土资源、铁路、交通、水利、公安、安全生产监督管理等部门和有关军事机关。

（5）房屋建筑工程应当自工程竣工验收合格之日起15日内，建设单位按照《房屋建筑工程和市政基础设施工程竣工验收备案管理暂行办法》有关要求，向工程所在地的县级以上地方人民政府建设行政主管部门备案。

五、竣工验收资料准备

竣工验收准备工作是竣工验收的重要环节，建设单位必须从立项时就开始组织参与工程建设的设计、施工、生产、监理、检测、质量监督等单位做好竣工验收准备工作，做到竣工验收准备工作与工程建设同步进行。这些工作主要包括四个方面。

（一）建设项目开工前工作

建设单位要负责组织设计、施工、材料设备采购、生产和监理单位完成单位工程的划分、统一工程编号、统一交工技术文件的内容和格式，明确试生产考核的内容和格式；并对项目管理、勘察设计、引进、生产准备及试运行考核、施工、无损检测、材料设备采购、监理等单项总结的内容及对竣工图的编制等提出要求。

（二）建设项目开工初期工作

建设单位负责收集和整理项目(预)可行性研究报告或油气田总体开发方案的地面工程部分、初步设计及有关批准文件。

（三）工程建设过程中工作

建设、勘察设计、材料设备采购、施工、生产、监理、无损检测等单位要严格按照国家和集团公司关于竣工验收的有关规定，按照建设单位在开工前的统一要求，认真做好工程管理文件、交工技术文件、投产试运及试生产考核文件的积累归档，确保竣工文件的原始性、真实性、准确性、科学性和系统性，做到与工程建设同步，为建设项目竣工验收打下基础。

（四）竣工文件、竣工验收文件的编制汇编

在项目建成投产后，建设单位应统一要求，分别整理汇编，统一组卷。各单位的主要竣工验收资料准备工作见表2-39。

表2-39　各单位主要竣工验收资料准备工作

类　型	主要文件(工作)	编制单位	负责单位	备　注
竣工文件	可行性研究及批准文件	建设项目组	建设单位	
	勘察设计、初步设计及批准文件	建设单位	建设单位	
	项目批准文件及其他有关重要文件的汇编	建设单位	建设单位	
	项目管理文件	建设单位	建设单位	
	施工文件	施工单位、设计单位	建设单位	
	竣工图	施工单位	建设单位	
	监理文件	监理单位	建设单位	
	无损检测文件	无损检测单位	建设单位	
	工艺设备文件	建设单位	建设单位	
	涉外文件	建设单位	建设单位	
	消防文件	建设单位	建设单位	
	生产技术准备	建设单位	建设单位	
	试生产文件	建设单位	建设单位	
	财务文件	建设单位	建设单位	
	器材管理	建设单位	建设单位	
竣工验收文件	项目管理工作总结	项目管理机构	建设单位	
	引进工作总结	引进部门	建设单位	
	材料设备采购总结	材料设备采购部门	建设单位	
	生产准备及试运考核总结	生产单位	建设单位	
	勘察设计总结	勘察设计单位	建设单位	

续表

类　型	主要文件(工作)	编制单位	负责单位	备　注
竣工验收文件	施工总结	施工单位	建设单位	
	无损检测总结	无损检测单位	建设单位	
	建设监理总结	建设监理单位	建设单位	
	环境监理工作总结	环境监理单位	建设单位	
	监造工作总结	监造单位	建设单位	
	设备监理总结	设备管理单位	建设单位	
	竣工验收报告书	建设单位	建设单位	
	工程质量监督报告	工程质量监督站	建设单位	
主要工作	竣工文件编制的组织、归档工作	建设单位	建设单位	
	检查、督促勘察设计，施工、生产、监理、无损检测等单位编制各单项总结，并负责汇编	建设单位	建设单位	
	办理专项实验手续	建设单位	建设单位	

第十五节　项目后评价管理

一、项目后评价概述

(一) 项目后评价的概念

项目后评价一般是指对已经实施或完成的项目所进行的评价。它通过对项目实施过程、结果及其影响进行调查研究和全面系统回顾，与项目决策时确定的目标以及技术、经济、环境、社会指标进行对比，找出差别和变化，分析原因，总结经验，吸取教训，得到启示，提出对策建议，通过信息反馈，改善投资管理和决策，达到提高投资效益的目的。

根据《中国石化投资项目后评价实施办法》(中国石化计〔2013〕231 号)，项目后评价是指对投资项目的前期决策、实施和生产运营等过程，以及项目目标、投资效益、影响与持续性等方面进行的综合分析和系统评价。

根据油气田建设实际，地面建设项目一般不单独进行后评价，而是作为油气田开发项目的一部分，整体进行后评价。油气田开发项目后评价包括前期工作评价、地质油(气)藏工程评价、钻井工程评价、采油(气)工程评价、地面工程评价、生产运行评价、投资与经济效益评价、影响与持续性评价。油气田管道项目可单独进行后评价。

根据需要，可针对项目全过程管理中的某一环节进行专题评价，对同类的多个项目进行综合性的专项评价，也可对项目从开工到竣工验收前进行阶段性的中间评价，对已开展后评价项目的效益效果情况进行后续的跟踪评价。

(二) 项目后评价的原则

1. 客观性原则

对储气库地面建设项目进行实事求是、客观、全面、深入分析，总结经验，发现问题，分析原因，并提出改进意见。这是后评价工作应遵循的首要原则。

2. 公正性原则

按统一的标准或规范，对储气库地面建设项目作出正确的评价。

3. 科学性原则

要以科学严谨的态度，运用科学的理论和方法，认真总结出成功的经验，找出储气库地面建设项目建设运营存在的主要问题和失误教训。后评价的结论应真实可信，并对今后投资决策和项目管理工作起到借鉴作用，能经得起实践检验。

4. 独立性原则

储气库地面建设项目后评价组织机构应相对独立，独立后评价主要负责人不能由该项目前评估的负责人担任。项目后评价的独立性原则是评价结果的公正性和客观性的重要保障。

（三）项目后评价的分类

1. 按评价时点划分

项目后评价按评价时点划分为项目中间评价和项目后评价。

1）项目中间评价

项目中间评价是指项目开工以后到竣工验收之前任何一个时点所进行的评价。评价的目的通常是：或评价检查项目设计的质量，或评价项目在建设过程中的重大变更，或诊断项目发生的重大困难和问题，寻求对策和出路等，往往侧重于项目层次上的问题。

2）项目后评价

项目后评价是指项目建成投产一段时间后所进行的评价，一般认为，生产性行业在建成投产以后 2 年左右，基础设施行业在建成投产以后 5 年左右。

2. 按详略程度划分

项目后评价按详略程度分为简化后评价和详细后评价。

1）简化后评价

简化后评价主要是采用填报简化后评价表的形式，对项目全过程进行概要性的总结和评价。简化后评价表按照集团公司各类简化后评价模板进行编制。

2）详细后评价

详细后评价是对项目进行全面、系统、深入的总结、分析和评议。详细后评价报告按照集团公司地面工程项目后评价报告编制细则进行编制。

3. 按评价实施者划分

项目后评价按评价实施者划分为自我后评价和独立后评价。

1）自我后评价

自我后评价是指由项目实施企业自行对项目进行的评价。

2）独立后评价

独立后评价是指委托外部具备承担项目独立后评价任务的咨询机构进行的评价。承担项目独立后评价任务的咨询机构与该项目建议书、可行性研究报告和初步设计的编制、评估单位不应为同一单位。

（四）项目后评价的方法

项目后评价应采用定性和定量相结合的方法，主要包括调查法、对比法、逻辑框架法、项目成功度评价法等。其中，调查法包括资料查阅、现场检查、问卷调查、访谈和座谈讨论会等，对比法包括前后对比法、横向对比法和有无对比法。具体项目后评价方法应根据项目特点和后评价的要求，选择一种或多种方法对项目进行综合评价。

1. 前后对比法

前后对比法，是将项目建成投产后的实际结果及预测效果同项目立项决策时确定的目标、投入和产出效益等进行对比，确定项目是否达到原定各项指标，并分析发生变化的原因，找出存在的问题，提出解决措施和建议。

2. 横向对比法

横向对比法，是将项目与集团(集团)公司、国内外同类项目进行比较，通过对投资水平、技术水平、产品质量、经济效益等方面进行分析，评价项目实际竞争能力。

3. 有无对比法

有无对比法，是将项目投产后实际发生的情况与没有运行该项目可能发生的情况进行对比，以度量项目的真实效益、影响和作用。对比的目的主要是分清项目自身作用和项目以外作用。有无对比法主要用于改(扩)建项目评价。

所属企业自评价应侧重前后对比，如实反映项目各阶段工作的实际情况，突出前期工作、实施、生产运营和财务效益等方面的总结与评价，对项目预期目标实现程度进行分析评价。

咨询机构独立后评价应采用前后对比和横向对比相结合的方式，根据项目特点有所侧重，重点对项目前期工作、财务效益、影响和持续性、项目竞争力和成功度等方面进行分析评价。

二、项目后评价内容

(一) 前期工作评价

前期工作评价是指对储气库地面建设项目从(预)可行性研究、初步设计到纳入投资计划前各项工作及其成果的评价。主要包括：

(1) 项目立项条件及决策程序评价。

(2) 项目(预)可行性研究、可行性研究评估、初步设计等项目前期工作评价。

(3) 项目(预)可行性研究单位、咨询评估单位、初步设计单位评价。

(二) 建设实施评价

建设实施评价是指对储气库地面建设项目从施工图设计、建设实施到竣工投产各阶段工作的评价。主要包括：

(1) 施工图设计评价。

(2) 施工准备、工程质量和建设进度评价。

(3) 项目建设管理评价。

(4) 项目施工图设计单位、施工单位和监理单位评价。

(三) 生产运行评价

生产运行评价是指储气库地面建设项目从生产准备到确定进行后评价时点前各项工作

及生产运营的评价。主要包括：

（1）生产准备评价。

（2）投产和试生产评价。

（3）生产运行评价。

（四）投资与经济效益评价

投资与经济效益评价是指对储气库地面建设项目投资执行情况和经济效益的评价。

（1）投资执行情况评价，主要是对储气库地面建设项目实际完成的投资额同项目立项时批准的投资额进行对比，并对投资变化的原因进行分析评价。

（2）经济效益评价，主要是储气库地面建设项目实际实现的以及后评价时点后预测的经济效益指标同立项时预测的经济效益指标进行对比，并对发生变化的原因进行分析评价。

（五）影响与持续性评价

影响与持续性评价是指储气库地面建设项目建成投产后对环境、社会和企业本身的影响与持续性进行评价。

（1）影响评价，主要是指储气库地面建设项目建成投产后对环境、社会和企业本身的实际影响，同时对未来影响进行预测。

（2）持续性评价，主要通过对储气库地面建设项目持续性因素分析和评价找出关键因素，就项目的可持续性发展作出评价并提出相应建议。

三、项目后评价组织管理和工作程序

（一）后评价管理机构和组织体系

1. 管制体制

集团公司对后评价工作实行统一制度、归口管理、分级负责管理。集公司总部、专业分公司(勘探与生产公司)、油气田公司按照权限履行后评价管理职责。

统一制度，就是形成上下匹配、标准统一、管理规范的制度体系。集团公司依据国家现行的后评价相关管理规定，制定适合中国石化特色的统一的规章制度和管理办法，专业分公司(勘探与生产公司)、油气田公司根据集团公司后评价管理办法制定适合本部门与企业性质、业务特点的后评价管理制度。

归口管理，就是集团公司规划计划部、专业分公司(勘探与生产公司)规划计划部门(或其指定部门)、油气田公司规划计划部门(或其指定部门)作为集团公司后评价工作分级主管部门，统一组织和管理本系统后评价工作，分级制定后评价计划并组织实施。

分级负责，就是集团公司、勘探与生产公司、油气田公司根据各自职责和权限，在归口管理的基础上，按照“谁主管、谁负责”原则，各司其职，形成统一领导、分工合作、密切配合、相互协作的管理格局。

2. 职责分工

1）发展计划部

发展计划部是集团公司(股份公司)投资工作的综合归口管理部门，是授权的后评价项目主要委托单位。负责后评价项目的年度计划制订、资金安排、后评价委托和协调等工作，并为后评价提供项目前期工作中的评估、上报、审批等信息和资料；负责组织一类投资项目自评价工作。

2）各事业部(管理部)、资产公司

负责组织二类投资项目自评价工作，协助后评价执行单位评价项目的运行达标情况，提供集团公司(股份公司)其他相关企业同类装置的运行情况，督促各企事业单位、股份公司各分(子)公司积极配合后评价工作，向发展计划部提出需要进行后评价项目的建议。

3）专业公司

负责组织相关项目的自评价工作，协助做好项目后评价工作。

4）经济技术研究院

负责编制修订"投资项目后评价报告编制规定"以及"项目自评价报告编制说明和自评价模版"，协助发展计划部完成项目自评价报告的汇总与总结工作。

5）工程部

协助后评价执行单位评价工程建设的管理、进度、质量等，督促项目建设单位做好后评价项目各阶段的总结。

6）物资装备部(国际事业公司)

协助后评价执行单位评价项目实施过程中在重大设备材料国产化和物资采购与监造等方面的管理、监督和协调工作，并评价实施结果；协助提供后评价项目中引进技术和物资的有关情况。

7）财务部

协助提供与后评价项目有关的各类财务数据。

科技部、安全监管局、能源管理与环境保护部、法律部分别协助提供项目建设过程的相关信息、与项目有关的国内外技术开发和发展、与项目有关的环境安全卫生、合同管理(合同签约、履行情况)及其他法律评价信息等。

3. 后评价组织体系

项目后评价工作组织体系由后评价归口管理部门、职能管理部门、项目责任部门、后评价咨询机构组成。各级后评价归口管理部门应组织职能管理部门、项目责任部门和后评价咨询机构，共同开展项目后评价工作，确保项目后评价各项工作有序实施。

后评价职能管理部门包括财务、人力资源、监察、审计、内控与风险管理等具有监督、考核职能的部门，主要负责以下工作：

(1) 参与项目后评价现场调研和报告评审等工作。

(2) 配套制定项目后评价考核指标及问责制度。

(3) 根据项目后评价结论，执行考核及问责。

后评价项目责任部门是油气田公司的投资计划、财务、工程建设、物资采购、生产运营等参与投资活动和项目运营的相关部门，主要负责以下工作：

(1) 提供项目后评价所需各种资料、数据和信息，配合项目后评价工作。

(2) 根据项目后评价结论，落实后评价意见和建议的整改要求。

后评价咨询机构主要负责接受规划计划业务主管部门委托开展后评价工作。后评价咨询机构还应参与后评价信息管理系统和项目数据库维护，后评价理论方法、技术规范和指标体系研究以及后评价人员培训与交流等工作。后评价咨询机构应具备下列条件：

(1) 具有相应资质且熟悉集团公司相关行业投资项目的特点。

(2) 具有符合后评价业务要求的专业技术、工程经济及项目管理人员。

(3) 项目负责人和骨干人员应熟悉集团公司投资管理、工程建设管理等相关制度和规定，具有相关专业高级技术职称、丰富的管理经验。

(4) 具有良好的信誉和业绩。

(5) 其他应具备的条件。

(二) 项目后评价工作程序

1. 简化后评价

集团公司、专业分公司(勘探与生产公司)或油气田公司批复可行性研究报告的项目，在建成投产运行一年内，由油气田公司规划计划业务主管部门组织开展简化后评价。评价成果按投资管理权限以油气田公司文件形式报集团公司规划计划部或专业分公司(勘探与生产公司)。

2. 详细后评价

详细后评价主要针对重点项目开展。集团公司、专业分公司(勘探与生产公司)或油气田公司规划计划业务主管部门编制后评价年度工作计划时，应结合简化后评价成果，选择一定数量的典型项目开展详细后评价，主要包括：

(1) 对集团公司业务发展、产业结构调整有重大指导和示范意义的项目。

(2) 对优化资源配置、完善产业布局、促进技术进步、节约资源、保护环境和提升整体效益有较大影响的项目。

(3) 采用新技术、新工艺、新设备、新材料和新型建设管理模式，以及其他具有特殊示范意义的项目。

(4) 跨地区、投资大、工期长、建设条件较复杂，以及项目建设过程中发生重大方案调整、投资发生重大变化或项目投产后产品市场、原料供应条件发生重大变化的项目。

(5) 长期不能建成(工期 1 年以上)或建成后长期（1 年以上)不能投产的项目。

(6) 进行重大技术改造和改(扩)建的项目。

(7) 对环境、社会产生较大影响或社会舆论普遍关注的项目。

专业分公司(勘探与生产公司)或油气田公司年度后评价工作计划应报集团公司规划计划部备案。

集团公司规划计划部组织的详细后评价项目主要分为后评价计划下达、油气田公司组织自评价、咨询单位进行独立后评价、油气田公司整改落实、集团公司规划计划部反馈后评价意见 5 个工作程序。

(1) 集团公司以文件形式下达年度详细后评价计划，明确评价范围、评价时点、重点内容、工作组织及进度要求等。

(2) 油气田公司应成立项目自评价工作领导小组，负责制订工作计划、明确职责、报告审查与工作协调。领导小组下设工作组，由油气田公司后评价归口管理部门牵头，组织勘探开发、建设管理、生产运行、财务、质量安全环保、审计等相关部门参加，具体负责项目自评价报告编制。在规定的时间内完成项目自评价报告，经规划计划部组织验收后，以文件形式报集团公司规划计划部；并将自评价标准数据信息采集表等过程文件上传项目后评价信息管理系统和数据库。

（3）咨询机构在接受委托后，应组建满足专业评价要求的独立后评价项目组和专家组，在现场调研和资料收集的基础上，结合项目自评价报告对项目进行全面系统的分析评价。在规定的时间内提交项目独立后评价报告，并将独立后评价标准数据信息采集表、专家意见表和工作底稿等过程文件上传项目后评价信息管理系统和数据库。

（4）油气田公司应依据项目独立后评价报告提出的问题进行整改，并将整改情况报规划计划部。

（5）集团公司规划计划部应根据油气田公司自评价报告、咨询机构独立后评价报告及油气田公司整改落实报告，组织有关部门和单位进行分析和评价，形成项目后评价意见，并及时将项目后评价成果和有关信息反馈到相关部门、单位和机构。

专业分公司（勘探与生产公司）和油气田公司组织的详细后评价工作应参照实施，程序可适当简化。

3. 后评价汇总分析

油气田公司要对重点项目详细后评价和简化后评价进行汇总，形成汇总分析报告，并以文件形式报集团公司规划计划部备案，同时抄送专业分公司（勘探与生产公司）。

四、项目后评价成果应用

（一）成果形式与内容

项目后评价成果主要包括项目后评价报告、后评价意见、简报、通报、专项评价报告和年度报告等。

1. 项目后评价报告

根据后评价工作形式的不同，后评价成果主要包括简化后评价、详细后评价、独立后评价等三类成果。

简化后评价成果包括归类汇总简表和简化后评价报告。简化后评价报告主要包括项目概况表、工作程序评价表、主要评价指标表、综合评价表。

详细自评价成果主要是详细自评价报告。详细自评价报告主要包含 7 个部分：概述、前期工作评价、建设实施评价、生产运营评价、投资及财务效益评价、影响与持续性评价、总体评价结论及主要经验教训。

独立后评价成果主要是独立后评价报告。独立后评价报告主要包含 6 个部分：项目概况、项目全过程总结与管理评价、投资和效益评价、环境和社会影响评价、目标和可持续性评价、后评价结论。

2. 项目后评价意见

后评价意见是由计划下达部门下达，在项目自评价报告和独立后评价报告基础上形成的后评价结论，主要是总结经验和教训，并提出整改意见。后评价意见由计划下达部门组织相关部门进行分析和评议，以文件形式反馈油气田公司，主要包括项目概况、后评价结论、值得推广的做法、存在的问题、下一步工作意见和建议等 5 个部分内容。

3. 简报、通报、专项评价报告

集团公司项目后评价简报、通报和专项评价报告主要由规划计划部完成，不定期发布。

简报、通报是用于后评价工作上传下达有关情况、交流信息、表扬先进、指出存在问题、通报有关情况的成果表现形式。简报、通报将后评价工作进展情况以及工作中出现的新情况、新问题、新经验，及时反映给公司各部门和油气田公司，具有反映情况、交流经验、传播信息的作用。

专项评价报告是在总结开展专题评价经验基础上，围绕对公司发展战略有重大影响及项目全过程管理中存在的共性问题的某类项目后评价成果的分析研究形式，并总结出对同类项目有借鉴意义的经验和教训。报告主要包括基本情况、主要评价结论、经验和教训、问题和建议、启示。

4. 年度报告

集团公司年度报告是对项目后评价工作开展情况的年度总结，由规划计划部每年发布一次。年度报告主要包括投资完成情况、项目基本情况、量化评分和排序、主要评价结论（包括目标评价、管理评价、效益评价）、值得推广的经验和做法、存在的主要问题、启示。

专业公司（勘探与生产公司）、油气田公司年度报告是对专业公司（勘探与生产公司）或油气田公司当年简化后评价和详细自评价项目实际开展情况的年度总结，报告主要内容参照集团公司年度报告。

5. 专项评价报告格式

专项评价报告可根据不同类型项目的特点，参照年度报告格式，选择相应方式进行编写。

（二）成果应用

各级规划计划业务主管部门通过项目后评价工作，认真汲取项目的经验教训，及时将后评价成果提供给相关部门、单位和机构参考，并将后评价成果作为规划制定、项目审批、投资决策、项目管理的重要依据。

集团公司建立后评价与新上项目挂钩机制。所有新上项目应有后评价管理部门出具的意见，其中改（扩）建项目应有对原项目的后评价报告，作为项目立项审批的重要依据。

后评价发现项目存在严重违反相关制度规定的行为，在一定期限内暂停安排该企业其他项目的投资计划。

对于项目后评价发现的问题，公司应认真分析原因，落实整改意见，提出改进措施。规划计划业务主管部门会同职能管理部门，按照职能分工对项目后评价整改落实情况进行监督检查；对未实施整改的，依照有关规定，追究相关单位和人员的责任；对后评价反映的典型性、普遍性、倾向性问题及时进行研究，并将其作为规范管理、完善制度的依据。

发挥项目后评价的监督职能，做好项目后评价与集团公司其他监督体系的有效衔接，及时将项目后评价结论提供给相关监督部门，作为考核和问责的重要依据。

重大投资项目的后评价结论与油气田公司主要领导任期考核相结合，并作为离任审计的重要内容。

重大投资项目的后评价结论与油气田公司项目负责人及相关责任人考核相结合，并作为考核、管理及使用的重要参考依据。

项目后评价结论与承包商及主要设备和材料供应商的信用评价、责任追究相结合，违反法律法规和合同约定，给企业造成损失的，应根据合同约定追究其责任，并在集团公司范围内予以通报；情节严重的，应将其列入集团公司黑名单管理，公司不得再委托其从事相关业务。其中承包商包括项目(预)可行性研究编制、咨询评估、设计、施工和监理等单位。

参考文献

[1] 丁国生，李春，王皆明，等. 中国地下储气库现状及技术发展方向 [J]. 天然气工业，2015，35(11)：107-112.

[2] 周志斌. 中国天然气战略储备研究 [M]. 北京：科学出版社，2015.

[3] 贾承造，赵文智，邹才能，等. 岩性地层油气藏地质理论与勘探技术[M]. 北京：石油工业出版社，2008.

[4] 徐国盛，李仲东，罗小平，等. 石油与天然气地质学[M]. 北京：地质出版社，2012.

[5] 蒋有录，查明. 石油天然气地质与勘探[M]. 北京：石油工业出版社，2006.

[6] 周靖康，郭康良，王静. 文 23 气田转型储气库的地质条件可行性研究[J]. 石化技术，2018，25(5)：175.

[7] 胥洪成，王皆明，屈平，等. 复杂地质条件气藏储气库库容参数的预测方法[J]. 天然气工业，2015. 1：103-108.

[8] 李继志. 石油钻采机械概论[M]. 东营：石油大学出版社，2011.

[9] 孙庆群. 石油生产及钻采机械概论[M]. 北京：中国石化出版社，2011.

[10] 刘延平. 钻采工艺技术与实践[M]. 北京：中国石化出版社，2016.

[11] 金根泰，李国韬. 油气藏型地下储气库钻采工艺技术[M]. 北京：石油工业出版社，2015.

[12] 袁光杰，杨长来，王斌，等. 国内地下储气库钻完井技术现状分析 [J]. 天然气工业，2013，11(2)：61-64.

[13] 林勇，袁光杰，陆红军，等. 岩性气藏储气库注采水平井钻完井技术 [M]. 北京：石油工业出版社，2017.

[14] 李建中，徐定宇，李春. 利用枯竭油气藏建设地下储气库工程的配套技术 [J]. 天然气工业，2009，29(9)：97-99，143-144.

[15] 赵金洲，张桂林. 钻井工程技术手册 [M]. 北京：中国石化出版社，2005.

[16] 赵春林，温庆和，宋桂华. 枯竭气藏新钻储气库注采井完井工艺 [J]. 天然气工业，2003，23(2)：93-95.

[17] 丁国生，王皆明，郑得文. 含水层地下储气库 [M]. 北京：石油工业出版社，2014.

[18] 许明标，刘卫红，文守成. 现代储层保护技术 [M]. 武汉：中国地质大学出版社，2016.

[19] 张平，刘世强，张晓辉. 储气库区废弃井封井工艺技术[J]. 天然气工业，2005，25(12)：111-114.

[20] 丁国生，王皆明，郑得文. 含水层地下储气库 [M]. 北京：石油工业出版社，2014.